Life
Changing
Space
Styling

삶을 바꾸는 공간 스타일링

- 스타일리스트의 맛있는 공간 레시피
특별한 가구 테이스트

Life
Changing
Space
Styling

삶을 바꾸는 공간 스타일링

-스타일리스트의 맛있는 공간 레시피
특별한 가구 테이스트

Prologue……

백문이 불 여 일 컷이다!! (百聞이 不如一見).

미대를 다닐 때 교수님은 항상 "많이 보는 게 이기는 것" 이라고 말씀하셨다.

많이 보면 자연스레 눈썰미란 안목의 나이테가 둘린다.

빅 데이터가 쌓이면서 자신만의 시각적 감각의 도서관을 갖게 된다.

특히, 보는 것의 연결 선상을 업으로 가진 사람에겐 더 그렇다. 필자는 공간 스타일리스트다.

공간 채우는 일을 한다. 무엇으로 공간을 채울 것인가?

상공간이나 주거공간에 가구나 인테리어 소품,

그림 등을 채우기 위해선 일단 남다른 감각이 필요하다.

이런 감각을 충분히 발휘하기 위한 공간의 도구로서 가구가 중심이 되었다.

요즘 너도나도 집안 꾸미기에 진심이다.

불청객 코로나19로 집에 머무는 시간이 늘어나면서 더 그랬다.

자기 공간에 막 눈뜨기 시작한 관심층을 부추기는 경우가 많아졌다.

우리가 몸담은 주거공간은 자신을 표현하는 정체성을 드러낸다.

이런 정체성은 내가 사는 공간에 대한 냉정한 질문을 요구한다.

먼저 지금까지 나는 어떤 모습으로 살아왔었지? 앞으로는 어떤 삶을 살아가고 싶지?

더 나아가 나는 어떤 공간에 살고 싶을까?

다양한 욕구와 내면의 속 깊은 대화가 들려 올 것이다.

누구나 더 나은 삶을 살고 싶어 한다. 나를 품는 공간에 작은 의자 하나, 소품 하나를

구매하더라도 이왕이면 나의 취향을 드러내고자 한다.

거기에는 가족 구성원들의 즐거움이 반영될 당연한 주거 욕구가 있기 때문이다.

그런 공간을 채우고 구성하는 요소 중 제일 중요한 것이 무엇일까? 내 경험으로 그건 가구다.

가구는 가족 라이프 스타일의 취향과 공간에 필요한 쓰임에 맞게 채워진다.

조명, 커튼, 침구와 카펫, 그리고 식물과도 함께 집안을 꾸며주는 시작이자 완성이다.

공간 소비와 경험 소비에 익숙한 MZ세대들은 이젠 자신의 취향을 적극적으로 광고하고 있다.
취향 전성시대가 도래한 듯하다. 전문가들이 꾸며주는 인테리어 견적 금액은 아무래도
부담감이 있다. 그래서 따라 하기 쉬운 한 손 미디어 앱들을 적극적으로 활용한다.
셀프 인테리어에도 도전장을 내며 인기를 끌고 있다.
요즘은 어느 공간이든 가구가 자신의 취향을 여과 없이 드러내는 시대에 사는 듯하다.
유독 공간에 가구가 진심이더라. 덕분에 자신의 선호도를 알아가며,
안목의 고급 버전을 위한 친근한 해외 디자이너 가구가 많은 관심을 받고 있다.
사실 글로벌한 디자이너 가구가 놓여있는 멋진 공간을 보면 부러움도 있지만,
부담감부터 앞서는 게 사실이다. 여성의 명품 백은 너무도 친근해서 늘 소유하고 싶은
욕망의 대상인 데 비해, 명품 디자이너 가구에 대해선 잘 모른다.
그간 북유럽 가구 외에는 별다른 주목을 끌지 못했다.
다행히 요즘 시대적 흐름의 정점에 있는 미드 센추리 모던 스타일 가구가 꾸준한
관심과 애정으로 대중화를 이끌고 있다. 젊은 층에선 그리 비싸지 않은 오리지널 가구 한 점,
내 집에 들이려는 관심과 호응이 내심 반갑다.

공간 스타일리스트로서 가구를 만난 필자의 얘기를 잠시 하자면,
살아가면서 한 번쯤 겪을 법한 위기 때, 잠시 이웃 나라에서 숨 고르기를 하며 지낼 때였다.
까칠한 부적응으로 국내와 국외 생활을 반년씩 오가며 철새 생활을 하던 중이었다.
그런데 뜻밖에 생활의 반전이 기다리고 있었다.
기존에 살던 주거공간을 나만의 시각으로 재배치하여 새롭게 느껴지도록 변화시킨 공간들이
주변 지인들에게 입소문이 났다. 심지어 자기 집을 바꿔 달라는 의뢰가 들어왔고
그렇게 공간에 입문하게 되었다. 국내에 돌아와 본격적인 가구 공부를 시작했다.
인테리어 공간 구성의 중심이 가구라는 것을 현장을 통해 많이 경험했다.

아무리 인테리어를 훌륭하게 마감했다 해도 어떤 가구를 두는가,
어디에 두느냐에 따라 공간은 완전히 다른 표정을 보여주었다.
나는 그때나 지금이나 왜 그렇게 가구가 좋을까?
그냥, 가구 자체가 주는 디자인적 감성이 내 시각의 창을 활짝 열어젖히며 무엇보다
즐거움을 주는 이유에서다. 특히나 인테리어 디자인에서 공간의 중심은 가구라는 사실을
현장을 진행할수록 강하게 느껴졌다.
매번 가구가 공간에 보여주는 자기 언어로서의 매력과 장악력은 어디서 오는 건지?
강력한 호기심이 발동했다. '코끼리 다리 만지기' 식의 조각 지식이 아닌,
숲 전체를 아우르는 시대적 조류의 역사적 배경도 알고 싶었다. 그 숲을 뻗어나가는 거대한 산업과
문화적 뿌리가 있을 테니, 다양한 온 오프라인 매체를 통해 알고자 욕심을 냈다.
가구의 전반적인 지식을 팝콘 터지듯, 새록새록 알아가는 즐거운 여정은 나만의 시각적 감각의
아카이브로 저장되어 있다. 그 후로 국제 디자이너들의 해외 박람회를 쫓아다녔다.
그 본고장 무대에서 가구를 만나는 즐거움은 특별하다. 사실 눈썰미란 시각적 안목은
하루아침에 쌓이진 않는다. 아는 만큼 보이고, 보이는 만큼 즐길 거리가 많은 법이니까.

가구 박람회장은 필자에게 그 모든 갈증을 풀어주는 매우 훌륭한 교실이자 교과서였다.
박람회장은 백화점처럼 한 곳에서 다양하게 볼 수 있는 장점이 있다. 특히 가구 페어를 꼽는다.
우리나라는 매해 코엑스에서 열리는 리빙 디자인 페어가 대표적이고,
해외에는 다양한 가구 박람회가 있다. 필자도 박람회를 통해 시각적 근육과 지평을 넓혔다.
이런 글로벌한 경험은 다양한 감각으로 축적돼 이 일을 하는데 커다란 버팀목이 되어 준다.
그러던 중 흥미로운 점 하나를 발견하게 되었다.

여러분들은 국내에 소개된 세계적으로 핫한 명품 가구 디자이너 8, 90%가 직업이 따로 있다는

사실을 아는가? 놀랍게도 그 직업이 건축가라는 사실이었다. 처음에는 그런가 보다 했다.
그런데 수년간 발품을 팔아 가구 시장을 알아가다 보니, 자연스레 의문 하나를 품게 되었다.
그들이 현재 세계 가구 디자인 시장을 장악하게 된 힘은 무엇이었을까?
다시금 생각해보게 되었고 그러다 이해가 되기 시작했다.
그것은 공간 전체를 바라보는 감각적인 시각, 공간을 살리는 배치 전략, 가구를 이해하는
소재에 대한 판단력 등, 이것이 그들이 가구 시장에서 점유율을 결정짓는 요소였다.
탁월한 디자인 감각은 물론이고, 브랜드를 일구어낸 가구 회사들의 마케팅과
막강 디자이너와의 오랜 협업들이 그렇다.
그것이 더욱 탄탄한 국제적 입지를 굳히는 파워임을 알게 됐다.
가구도 하나의 우뚝 선 세계다. 이 세계를 위해 축적된 디자인의 기본기는 다방면의 경험을
바탕으로 나온다. 디자인에 생명을 입히는 과정에는 소재에 대한 고민도 크다. 가죽으로 할까?
아님, 패브릭이 더 디자인을 살릴지, 몸체는 나무로 할지, 금속으로 할지 고민한다.
인체 공학적 라인을 생각하며 초기 원형의 디자인을 깍고 다듬는다.
물론 컴퓨터와 스텝들이 같이 하겠지만, 오로지 디자인 영감과 결정은 디자이너 몫이다.
몇 날 며칠을 씨름하면서 그렇게 디자이너의 가구는 자기 디자인 정수를 뽑아 이식한다.
세상에 선보인 가구는 모든 디자이너가 기꺼이 시간을 투척하여 쌓아 올리는
과정의 결과물이다. 이렇게 탄생한 가구는 고전의 원형이 보이고, 노고가 보이며,
삶이 보이기 때문이다. 어느 것 하나 허투루 무심히 다룰 것 없는 쫀쫀한 과정이다.
그런 까닭에 의미를 갖고 나온 제품에 미감이 느껴진다. 그런 디자이너의 시선을 느끼는
감각이 중요하다. 점차 내공이 쌓이면, 가구 자체를 바라보는 나만의 시각을 지닐 수 있다.
우리의 삶도 이와 비슷하다. 삶을 바라보는 긍정적인 시선이 필요하고,
꼭 시간을 투자해야 얻을 수 있는 고됨의 결과물이 있다. 그리고 매 순간 전략적인 판단으로
결정해야 하는, 과정 속 일들이 쌓여있긴 마찬가지다. 그게 삶이니까!

가구를 오래 보다 보면 자연스레 자기만의 시선 하나가 생긴다.
공간에 대한 내 나름의 시각이 잡히기 시작한다.
거기에 혹 놓치는 포인트가 있지는 않을까? 한 발 더 나가 못 보고 지나칠 수 있는 부족한 것은 무엇일지 생각해보았다. 그건 바로 취향이었다. 내 취향의 주파수가 가구였다는 것을 발견하게 된 것이다. 이 책에서 국가별 카테고리로 묶은 세계적인 건축가이자 가구 디자이너들은 어찌 보면 내가 사랑한 취향 저격자들이다. 그래서 전지적 사심으로 알았으면 하는 해외 유수의 12명 디자이너를 선별하여 소개하였다. 그렇지 않아도 요즘은 가구가 자신의 취향을 대변하는 다크호스 아이템으로 떠오르고 있지 않던가!

취향은 발견이다. 발견하기 위해선 먼저 내 주변부터 둘러봐야 한다. 꽉 찬 공간에 내가 가장 좋아하는 것들의 목록을 한 번 적어 보자. 만약 이사를 한다면 꼭 데려갈 것과 버리고 갈 것들은 무엇인지 골라내 보자. 가져갈 것들은 정말 좋아하는 것인지, 필요에 의한 것인지를 생각해 보라. 그러다 보면 걸러지고 비워진다. 자신의 취향을 발견하기 위해선 우선 많이 봐야 한다. 전시회나 요즘 핫하다는 카페도 다녀보자. 그러면서 삶의 카피 라이팅을 엿보기도 하고, 다른 사람 흉내 내기도 필요하다. 다양한 오픈 소스를 찾아 맘만 먹으면 엇비슷하게 자기 공간을 꾸밀 수도 있다. 어떤 방향성을 갖든 취향은 자기다움을 찾아가는 과정이니까. 자기다움을 드러내기 위해선 자신이 무얼 좋아하는지를 먼저 발견해야 한다. 그렇게 보다 보면 끌리거나 좋아하는 것 몇 개가 잡힌다. 이처럼 어떤 공간을 원하는지 자신의 취향을 알아가는 과정이 필수다. 여러분들도 삶 속에서 취향을 발견하면 켜켜이 달라지는 것들이 있다. 좀 더 나아가 인생을 풍성하게 만드는 도구로서의 방법을 이 책을 통해 알아가 보면 좋겠다. 여기에 공간 스타일링 경험의 스토리텔링과 에피소드도 풀어놨으니, 여행을 떠나듯 느긋하게 떠나보자.
나를 지금까지 이토록 매력적으로 끌리게 하는 지속력은 무엇인지! 공간 속으로….

인테리어 의뢰를 받았을 때 먼저 고객분을 만난다. 한 현장을 시작할 때마다 새로운 사람을 만나는 것은 늘 설렌다. 공간 스타일링을 진행하기 전에 고객의 라이프 스타일을 시간 내서 충분히 들어보는 것은 아주 중요하다. 그간 살아왔던 삶을 이해하기 위함이며, 내가 알고 싶고, 체크하고 싶은 것들이 있다. 새 공간에는 어떤 분위기를 기대하고 있으며,
각자 취향은 어떤지, 가족들 간에 구현하고 싶은 포인트는 무엇인지 알아가는 과정이 필요하다.
그렇게 미팅을 통해 고객 공간의 밑그림이 떠오르면서 그려진다.
그런데 늘 예산 문제가 관건이다. 누구나 여유있는 예산을 갖고 인테리어를 진행하진 못한다.
대부분 고객에게 예산에 관해 물으면 소심한 반응을 보이기 일쑤다.
그래서 궁금한 점에 대한 신상 털기를 병행한다.
생활 방식을 분석하면서 예산 안에서 부각해야 할 공간과
상대적으로 느슨하게 풀어야 할 그곳을 조정한다.
즉, 어디 공간에는 힘을 주고, 다른 공간은 풀어주는 강, 약의 묘미를 부릴 수 있기 때문이다.
이 책에서 보여준 공간 사례는 대부분 인테리어 마감 현장 사진이다. 일반적인 평수보다 좀 더 넓고 큰 평수가 주류다. 이들 고객층이 사는 주거공간은 빌라도 있지만, 아파트가 대부분이다. 아파트의 기본 벽체가 주는 답답함을 풀어내야 하는 명제는 다 같다.
그래서 이 고객들도 공간에 포인트를 두고 있는 것은 역시 가구다. 모든 주거공간에는 사는 거주자들의 개성과 취향을 오롯이 담아 만족스러움과 편안함을 주어야 한다.
다양한 솔루션이 있겠지만, 필자는 공간이 변화되어 삶이 바뀌는 고객들을 지금까지 많이 봐왔다. 공간이 달라지면 사람도 긍정적으로 변하기 마련이다.
이러한 공간별 가구 스타일링 비법과 요즘 트렌드인 가구를 통해 자기 공간의 소소한 변화에 관심 있는 분들과 함께 나누고자 이 책을 쓰게 되었다.
자의든 타의든 자신의 주변 환경과 자기 공간을 다시 돌아보는 강력한 계기가 된
포스트 코로나 시대에, 영화 〈신비한 동물 사전〉처럼 펼치면 마법을 부리는 공간은 없을까?

지금까지 집은 그냥 사는 공간이었기에,

그간 별생각 없이 살던 기존 공간에 빨간약 처방이 내려졌다.

주거에 대한 패러다임이 바뀌기 시작한 것이다.

팬데믹을 통해 깨닫게 된 집이란, 이젠 행복과 의미를 주는 공간으로서 변화를 꿈꾼다.

지루한 공간을 다시 바라보며 자기 취향이 드러나는 공간으로의 전환을 요구하기 때문이다.

이참에 인테리어를 바꿔 가족 간의 공유 공간을 신선하게 재탄생시켜 보자는

야무진 계획을 잡는다. 가족 간의 동선이 겹쳐지면서 밀도가 높아진 공간에 이런 시도는

응원이 따른다. 이 기간에 인테리어 니즈가 증폭되었다는 보고서도 나와 있다.

나만의 '카렌시아(Querencia)' 적인 사적인 공간에 대한 갈증과 중요도도 그만큼 높아졌다.

누구나 위로받을 공간이 필요하다.

우리는 살아가면서 외부로부터 일상의 소란스러움을 겪는다.

그래서 이런 몸과 마음을 안아줄 수 있는 안식처 같은 공간을 찾게 된다.

거기에 한 번 더 쉼을 권하는 가구가 있다면 얼마나 많은 위로를 받을 수 있을까!.

잠시나마 엄마 품과 같이 안길 수 있는 편안한 의자와 하루의 피로를 모두 내려놓을 수 있는

넉넉한 소파가 있다면!! 우리는 그 조용한 위로가 있는 공간을 격하게 사랑할 것이다.

마치 찰리 브라운 친구 라이너가 늘 껴안고 다니는 애착 담요처럼 말이다.

사람이 주는 위로가 있고 음악이 주는 위로가 있듯이, 분명 공간이 주는 위로 또한 우리에겐

너무나 필요하다. 조금 귀찮더라도 작은 위로의 공간을 만들어 보자.

이 책자를 통해 작은 동기가 부여되길 바란다.

공간 스타일링을 하면서 공간의 매력도와 완성도는 무엇으로 구현될 수 있는지

한마디로 단언하긴 어렵다.

다만 주거공간은 우리에게 가장 많은 시간과 금전이 들어간 장소다.

그래서 기능이라는 기본적인 옷 틀에 취향과 라이프 스타일을 적절하게 덧입혀야 한다.
고객 분이 사는 곳을 좋은 운과 행복한 시너지를 만들어 내는 곳으로 재구성시켜야 한다.
스타일리스트로서 늘 무게감을 느낀다.
그렇게 내가 세상과 공감하면서 풀어낸 메시지가 스타일링이고 키워드는 가구였다.

일상에서 취향을 발견하고자 하는 밀레니엄 세대와 숫자라는 세월에 갇히지 않는
세련된 기대 층이 있다. 가구에 대한 호기심을 갖고 자기 공간에 적극적이었으면 좋겠다.
중요한 것은 나에게 맞는 것을 하나씩 발견하면서 즐거움을 찾아가길 바란다.
앞으로 디자이너 가구와 공간 스타일링에 대한 애정 어린 관심의 고객층이
더욱 늘어나길 기대해 본다.
알고 있듯이, 꼭 명품 디자이너 가구로 채운 공간이 다 멋진 것은 아니다.
행복이 부록처럼 따라오지도 않는다.
공간의 처방은 결국 친근감과 안락함을 주는 매력적인 공간으로의 변신이다.
이처럼 흐름은 알되, 다만 무작정 따라가지는 말자.
이 책을 읽어나가면서 자신이 끌리는 근거를 찾아가길 바라본다.
그런 것들이 쌓여 취향이 되고,
거기에 지식과 경험치가 보태져 여러분 모두가 공간 전문가가 되길 꿈꿔 본다.
무엇보다 내가 좋아하는 일을 나눠줄 수 있는
행복과 가치를 발견할 수 있었으면 좋겠다.

Contents……

Chpter 2. 매력적인 공간 보정 • 83

Chapter 1

심플 하지만
확실한공간 패턴 레시피

1.공간 둘러보기

대부분 사람은 일반적으로 한 장소에만 박혀 붙박이로만 살지 못한다.
그러기엔 라이프 사이클에 의한 변동이 늘 있기 마련이다.
자연스레 지역 이동에 따른 이사도 동반된다. 취직하거나 가족을 떠나 독립하여
결혼도 하면서 자녀 수가 증가한다. 혹은 은퇴에 따른 변화도 기다린다.
따라서 우리 삶은 어느 것 하나 못 박듯 고정된 것은 없다.

자의든 타의든 생활이 변하면 환경도 바뀌고 몸을 담는 공간도 변한다.
그러기에 이젠 내가 사는 공간에 대한 냉정한 객관적 시각을 한번 가져 보자.
먼저 지금까지 나는 어떤 모습으로 살아왔었지? 앞으로는 어떤 삶을 살아가고 싶지?,
내부적인 속내를 가감 없는 눈으로 들여다보자. 더 나가 나는 어떤 공간에 살고 싶을까?
의 욕구를 내면의 속 깊은 대화로 진솔하게 물어보라.
자신과 가족 간의 크로스 체크가 이제 필요한 시점이다. 왜냐하면 누구나 더 나은 삶을 살고
싶어 한다. 나를 품는 공간에 나의 취향과 가족 구성원들의 즐거움이 반영된 당연한 주거
욕구가 있기 때문이다. 이렇게 대화의 물꼬가 터지고 접점을 찾아야 한다.
그래야 모두가 즐겁고도 유연한 주거 공간 계획을 할 수 있다. 이렇게 우리가 원하는
삶의 방식에 맞는 집을 찾는다면 그런 공간을 어떻게 얻을 수 있을까?

공간의 변화를 원한다면 우선, 첫 번째로 내가 원하는 라이프 스타일을 상상해 보자.
이것은 사실 나도 모르게 이미 굳어진 생활 습성과 맞물려 있다. 그러나
현재에 만족하는 사람은 드물기에, 다른 곳을 쳐다보며 다른 삶을 분명히 꿈꾸게 되어있다.

두 번째로 상상하거나 구상하던 이상적인 이미지를 찾아 자료를 시각화하여 보자.
꿈꿔왔거나 어디선가 취향 저격 소스를 찾는다. 머릿속으로 그려왔던 구체적인 이미지들을 내 파일에 담기만 하면 된다. 요즘은 친절하게도 클릭 한 번으로 펼쳐지는 다양한 인테리어 소스 어플이 많이 있다. 이 자료를 가지고 일명 드림 보드(Dream Board)라는 것을 만들어 시각화하는 거다. 책상 위 보드 판이 있다면 어디서든 가져온 출력된 자료를 붙여놓고 자주 보면 된다. 보드판이 없다면 냉장고 마그네틱을 사용해 두서없이 붙여 본다.
결국 자신이 좋아하는 이미지를 시각적으로 각인시키기 위함이다. 그것이 잠정적인 취향의 컨셉이 될 수 있는 이유다.

내가 무엇을 좋아하는지는 오직 자신만이 알고 있다. 마지막으로 내 공간에 이동시키거나 구현시키고자 하는 청사진을 실행시켜보자. 이젠 나만의 스토리를 담을 공간에 대한 열망을 실현하게 해보자. 즐거운 사람의 뇌는 그림으로 형상화되어야 오래 기억되며 실현된다고 한다. 그래서 백문이 불 여 일 컷이다!! (百聞이 不如一見).

우리나라 주거 문화의 50% 이상을 차지하는 아파트는 벽체를 지지하는 구조다.
내력벽의 변형이 자유롭지 못하고 고정되어 있다. 일반 주택과 비교해 상대적으로 다양한 용도 변경을 기대하기 어렵다. 그래서 한 공간에 재미를 만들어내기는 더욱 쉽지 않다.
그래서 다 같이 정형화된 구조의 단조로움이 따른다. 이와같이 우리가 삶을 살아가며 이동하는 공간, 실제 거주하는 '실내 공간' 이란 무엇인지 정의를 먼저 이해하고 가도록 하자.

우리는 외부에서 내부로 들어와 지친 심신의 휴식을 허락받기를 원한다.
안전한 동굴처럼 보호받는 곳, 인간이 욕구하는 다양한 행위의 기능을 충족시키며

기거하는 곳이 '집' 이다. 이런 '집' 이라는 주거 형태는 다양하지만,

몸을 담는 집이란 공간의 기본 구성 요소는 같다.

집이라는 일반적인 구조는 이렇다. 대부분 외부 공간에서 내부 공간으로 진입하는 사적영역의 첫 관문은 현관이다. 문을 열어 안으로 이동하면 공간의 중심이 되는 거실이 보인다. 벽과 바닥, 천장 그리고 문과 창문, 방으로 향하는 통로 등의 수직과 수평의 기본적 요소를 볼 수 있다. 거기엔 가구와 조명, 색채 그리고 소품 등의 장식적 요소가 더해진다. 이러한 상하좌우, 전후 인간의 공감각을 통해 지각하는 요소를 통칭하여 '실내 공간(interior)' 이라 정의된다. 위의 구성 요소들을 어떻게 조합하느냐에 따라 공간의 형태와 분위기는 사뭇 달라진다.

* 실내 공간 = 수직과 수평의 기본요소 + 장식적 요소 + 상하좌우 공감각을 통칭

- 가구가 공간의 중심이더라

예기치 않던 코로나 시대를 겪으면서 그간 소원했던 가족 구성원의 존재감이 드러났다.
한정된 면적에서 그에 따른 동선이 자꾸 겹쳐지고 꼬이면서 객관적인 시각으로
공간을 보기 시작했다. 공간의 밀도가 높아졌기 때문이다.
자주 부딪치다 보니, 지금보다 더 큰 생활공간에 대한 필요성이 커졌다.
당연히 더 넓은 공간의 확장감과 기대감을 부추겼다. 그 답답함의 해소를 위한 발코니가 있는
공간이 새삼 부러운 공간으로 부상하였다.
그동안에는 거실을 좀 더 넓게 쓰기 위해 베란다를 밀었다. 그 밀었던 확장공사가

이제는 아쉬움을 불러일으키며 기존아파트 디자인의 구조를 위협하고 있다.
이런 변화는 자연스럽게 공간 설계에도 변경을 요구하며 영향을 미치고 있다.
이젠 건설사가 기존의 거실처럼 넓게 보이게 하는 것을 기본으로, 툭 터진 베란다의 확장성도 같이 고민해야 한다. 디자인 도면의 재배치를 주력해야 할 때이다.
이렇듯 시대에 따라 공간 영역의 더하기 빼기의 적절한 분배란 얼마나 큰 미덕인지를 보여주어야 한다.

작년 리빙 잡지에서 건축가 A 씨가 "우리나라 공간은 안방, 건넛방, 사랑채 등 관계에 의한 공간을 지칭했다고 한다. 그러나 서양 문화가 유입되면서 거실, 주방, 침실 등 공간의 기능적인 부분만 강조한다고 지적한다. 특히, "아파트라는 공간구조는 특수성에 의해 획일화되어있다. 이제는 사람을 위한 공간만이 아닌, 쓰임에 맞는 인간 중심적인 공간으로 변해야 하듯, 유기적인 재배치로 가치 있게 변화되어야 한다." 라고 말씀하신다.
이렇듯 공간의 쓰임이란 기능에만 매여 있는 것이 아니다.
각자의 공간을 바라보는 유연한 재배치로 다시 태어나야 한다.
사람과의 관계를 개선하는 연결된 공간으로 먼저 변해야 한다는 말씀이리라.

그렇다면 우리가 사는 '집' 이라는 주거공간을 디자인하는 목적은 무엇일까?

우선 거주자 삶의 쾌적한 환경을 만드는 것을 처음으로 꼽을 것이다. 쾌적한 환경이란 사람이 원하는 다양한 욕구와 행위를 충족시키는 필수 기능이다.
거기에 거주자의 주거공간을 편안하고 친밀한 관계로 긴요하게 연결해 주어야 한다.
인테리어 설계와 가구의 적절한 배치는 삶의 편의를 위한 가장 기본적인 요건이다.

따라서 공간은 거주자의 편리를 위한 목적을 파악하는 것이 선행되어야 한다.

동선을 최소화하기 위해 같은 동선끼리 묶어 준다. 위치를 선정하여 공간을 분리해주는 것이 공간 배치도의 기본이다. 그래서 각 공간엔 주연과 조연이 있다. 주거공간을 구현하기 위한 트라이앵글 구조가 있다. 가구와 색채 그리고 조명이다. 그중 공간을 채우는 구성 요소 중 가장 중요한 것은 가구다.

그렇다면 우리는 공간에서 가구가 어떤 기능을 하며 어떤 역할을 기대할 수 있을까?

"가구(Furniture)란 실내에 놓이는 모든 종류의 집기를 지칭하는 용어" 로서 정의된다.

영어의 가구는 '실내에서 갖춰진 물건' 이라는 뜻이다. 프랑스와 독일에서의 가구는 '움직일 수 있는 물건' 을 뜻한다. 가구는 인간과 건물을 연결해 주는 공간의 매개체다.

이동이 가능한 공간 표현 수단 중 하나이다. 이러한 가구는 우리 신체에 이바지하는 공간적 장치이기도 하다. 가구가 가정마다 필수적인 이유가 있다. 무엇보다 매일 옷을 입듯, 내 신체와 제일 먼저 닿는 밀착 기능성의 편리함이다. 그래서 우리는 매우 심리적으로 편안한 가구를 찾고 있다. 삶의 시간을 즐기기 위해서도 생활 방식 전반에 가구는 직접적인 영향을 미친다. 공간을 개성 있게 살리는 오브제 역할도 수행한다.

더불어 집의 첫인상을 좌우한다. 거실의 전체적인 스타일을 결정하는 중심이 가구가 된다.

르코르뷔지에 말처럼 가구는 그 딱딱한 '생활 기계' 가 될 수도 있지만 무엇보다, 가구가 이처럼 중요한 이유가 있다. 일단 공간의 가장 큰 면적을 차지한다.

각 디자인의 형태 등이 어떻게 배치되느냐에 따라 공간의 분위기는 완전히 달라지기 때문이다. 따라서 가구는 가족의 사는 방법과 취향에 맞게 조화를 이루도록 구성되어야 한다.

거기에 공간 스타일링 노하우가 충분히 발휘되어 일상에 날개를 달아주어야 한다.

● Stylist Point

- 공간의 변화를 원한다면

1. 내가 원하는 삶의 방식과 더 나은 삶을 상상해 보자
2. 상상하거나 구상하던 구체적인 이미지를 찾아 자료를 시각화하여 보자.
3. 내 공간에 이동시키거나 구현시키고자 하는 청사진을 실행시켜본다.

- 공간은 거주자의 편리를 위한 목적을 파악하는 것이 선행되어야 한다. 인테리어 설계와 가구의 적절한 배치는 삶의 편의를 위한 가장 기본적인 요건이다. 동선을 최소화하기 위해 같은 동선끼리 묶어 준다. 위치를 선정하여 공간을 분리해주는 것이 공간 배치의 기본이다.
- 각 공간에도 주연과 조연을 결정하고 구현하기 위한 트라이앵글 구조가 있다.
 가구와 색채 그리고 조명이다.
 가구의 기능에는 편리한 신체적 기능과 심리적인 욕구를 채워주며 공간에 오브제 역할도 수행한다.
- 가구는 가족의 라이프 스타일과 취향에 맞게 조화를 이루도록 구성한다.
 거기에 공간 스타일링 노하우가 충분히 발휘되어 일상에 날개를 달아주어야 한다.

2. 주거공간 플레이리스트

- 인테리어에 맵이 있는 이유

실내 공간에서 일단 생활이 집약된 곳, 가족들이 가장 많은 시간을 보내는 곳을 제 1st 공간이라 명하자. 그곳이 거실이든 주방이든 가장 바꾸고 싶은 곳으로 정한다. 오랫동안 머물면서 휴식과 때론 작업도 병행할 수 있는 곳을 정하면 좋다.

그곳만큼은 나름 폼 나게 보여주고 싶은 곳, 그래서 굳은 맘으로 최대치 예산의 카드를 긁기로 한 공간 말이다. 다음은 2nd 세컨드 하우스나 전원주택을 갖진 못해도, 세컨드 공간은 정할 수 있다. 크기에 구속받지 않고 내 맘대로 개성과 취향을 오롯이 많이 드러낼 수 있는 곳이면 된다. 중간 어딘가의 알파 공간을 결정한다. 우리는 이제 공간이 변하길 열망하는 실행만이 남았다. 그러기 위해선 제1, 제2 우선순위 공간의 깃대를 중심으로, 현실적인 공간 전체를 변화시킬 인테리어 프로세스 지도를 따라가 보자.

첫 번째로 예산 파악이 먼저다. 아무리 세상 적 이미지가 내 파일 속에 천 장이 저장되어 있다 하더라도, 현실적인 통장 잔액을 먼저 째려보면서 결심해야 한다. 내가 딱 쓸 수 있는 여력만큼만 맞추어 계획적인 예산을 결정해야 한다. 물론 사심이 추가돼 당겨쓸 주변 여건이 된다면, 이왕 바꿀 때 범위를 좀 더 확장하는 것도 고려해볼 수는 있다. 그러나 지나친 욕심으로 지름신이 강림한 다음 달 카드 입금액 문자를 통보받았을 때, 그 쭈뼛했던 경험을 해봤지 않은가?. 편안해 보고자 계획했던 공간이 짐처럼 뒷감당으로 다가와서는 안 된다. 마음이 편치 않으면 두고두고 즐길 수 없는 공간이 돼버린다.
금액의 악몽이 먼저 생각나는 이유에서다. 인테리어를 진행하다 보면 예산 외로 추가되는 금액이 있기 마련이다. 아무리 우아하면서 단호박처럼 예산을 넘기려 하지 않아도, 자재에서 오는 견물생심의 욕심에 평정심을 잃을 수도 있다.
공정에 따른 예상치 않은 금액 추가가 반드시 생긴다. 그래서 이에 대비해 10%에서 좀 더 20%까지 예비비를 준비해 두는 것이 찰떡 멘탈 유지에 좋다.

두 번째로는 공사 영역 정하기다. 가족 가구 수에 따라 점유 공간을 파악하자.
공간에 따라 유지할 곳과 변경할 곳 즉, 전체 공사를 할 것인지, 부분적으로 할 것인지에 따라 공사 기간이 결정된다. 물론 전체로 인테리어를 계획하는 것이 보편적이다.
어느 구획화(zoning)에 중점을 둘 것인지 생활 방식에 따른 충분한 대화가 중요하다.
가족 구성원이 가장 많은 시간을 보낼 수 있는 곳이 거실이 될 수도 있고 아니면 주방이
될 수도 있다. 한정된 면적의 평형대에 따른 거주자들의 공간 배분 우선순위를 둔다.
가족이 욕구하는 공간 영역의 더하기 빼기의 결정이 필요한 시점이다. 이런 인테리어 공사를
진행하는 방법에는 두 가지 있다. 하나는 홈 드레싱이 있고 다른 하나는 레노베이션이다.

홈 드레싱(Home dressing)은 집안 구조 변경 공사 없이, 인테리어를 진행하는데
집에 옷을 입히는 작업이다. 얼굴에 화장하고 옷을 갈아입듯이 마감재, 가구, 조명, 패브릭 등의
조화를 통해 스타일링을 완성하는 홈퍼니싱(Home Furnishing) 작업이다.
기존 가구를 활용한 재배치가 공간에 새로운 느낌을 부여한다.
상대적으로 예산을 아끼면서 가성비 높은 공간의 변화를 기대할 수 있다.
레노베이션(Renovation)은 공간 전체, 혹은 소규모든 다양한 형태로 건축적인 외관
변경뿐만 아니라, 인테리어 보수의 시공을 거치는 공사까지를 일컫는 과정의 다른 이름이다.
뼈대는 살리는 리모델링(Remodeling)처럼 보존과 신축의 중간공사로
비슷한 개념이라 볼 수 있다. 이처럼 인테리어의 전 과정을 레노베이션 이라 부르기도 한다.

세 번째로는 공간 컨셉 정하기다. 일반적으로 인테리어 공사를 결정하기 전에 늘 꿈꿔왔던,
그래서 실현해 보고 싶은 꽂힌 이미지들이 있다. 대부분 휴대폰에 저장된 파일로 갖고 있다.
이제 기대감에 부푼 인테리어를 진행하고자 결심했다. 먼저 사이트에서 자신이 생각했던
컨셉을 구현해 줄 시공사를 눈에 불을 켜고 찾아볼 것이다.
여러 군데를 찾아보고 결정하겠지만, 의외로 자신의 컨셉이 모호하고 잘 모르는 고객들도 있다.

그래서 그냥 디자이너가 제안해준 데로 결정하는 부류도 있게 마련이다.
자신이 거주할 공간 컨셉을 디자이너와 상의하면서 좀 더 이상적인 공간으로
구현하게 해야 한다.

이미 레퍼런스 제공자인 포털 사이트가 넘쳐난다. 유튜브를 보면 셀프 인테리어가
대세인 듯하다. 2021년 리빙 트렌드 리포트에 따르면, 요즘 2.30대 특히,
남자가 셀프 인테리어를 선호한다. 진짜 몸 셀프로 직접 부딪히며 해나가는 용감한 부류가
증가세다. 공정별로 전문가를 섭외하여 진행하는 야무진 부류도 만난다.
그러나 모처럼 호기 넘치게 시작은 했지만, 인테리어 과정 중에 생각지 못했던,
모르기 때문에 당하는 변수가 다양한 사례로 출몰한다.
그래서 공정 중에 골머리를 앓으며 후회하는 주변 분들도 의외로 많다.
주거공간에 일반인들의 도전 욕구와 본인의 감각을
믿으며 액션 플랜으로 시작해 볼 수는 있다. 그러나 초보자는 일관된 디자인 컨셉을
전문가 도움 없이 구현해내긴 쉽지 않다. 컨셉이 명확하지 않으면 결과적으로 개성 없고
만족스럽지 못한 결과물이 나올 수 밖에 없다.
공간에 중요한 컨셉을 유지하는 자제 선정과 색상 등을 일관되게 보기 힘들다.
전체적인 공간을 보는 디자인 감각과 통일감도 기대하기 어려워
배가 산으로 가기가 십상이다. 언제나 모든 만족에 이르는 과정에는 수업료의
대가를 치러야 한다. 그런 경험의 실패와 성공 사례는 언제나 오징어 안주처럼 씹힌다.
그래서 첫 인테리어를 꿈꾼다면, 웬만하면 전문시공사에 맡기는 편이 훨씬 가성비가
낫다는게 필자의 견해다.

● Stylist Point

- 인테리어 맵 프로세스

1. 첫 번째로 현실적인 예산 파악이 먼저다.
2. 전체일지 부분일지, 가족 구성원의 점유 공간을 파악하여 공사 영역의 우선순위인 더하기 빼기를 정한다.
3. 공간의 컨셉을 정하기를 위한 레퍼런스를 활용한다. 셀프 인테리어를 진행할지 전문가에게 맡길지 액션 플랜을 정한다.

- 스타일리스트의 공간 활약

인테리어 진행 과정에서 스타일리스트는 어떤 역할로 공간에서 존재감을 증명할까?

스타일리스트 하면 패션스타일리스트가 먼저 떠오르는 게 사실이다. 아직 낯설어하시는 일반 고객분들이 여전히 계신다. 많이 나아지긴 했지만, 국내에선 아직도 공간 스타일리스트가 무엇을 하는 직업이며, 왜 필요한지에 대해 어색해하신다. 인테리어 업체마다 한 디자이너가 같이 진행하는 곳도 많다.
그러나 요즘은 전문 스타일리스트에게 별도로 전체 스타일링을 의뢰하고자 하는 고객층이 증가세다. 완성도 있게 공간을 마감하고 싶어 하는 홈퍼니싱(Home Furnishing) 니즈가 고객분의 공감대를 형성하고 있다.
홈퍼니싱(Home Furnishing)이란 '집' 을 뜻하는 'Home' 과 '꾸민다. 단장한다.' 라는 뜻을 가진 'Furnishing' 이 합쳐져 '집 꾸미기' 에 관한 모든 것을 말한다.

공간 스타일리스트(Stylist)는 인테리어 디자인 설계부터 참여하여 고객이 입주하는

마감 기간까지 동행한다. 음악의 지휘자처럼 총체적인 다재다능한 감각으로

공간을 채워주는 코디네이터 역할을 한다.

그 총체적이란 의미는 실내디자인의 형태 즉, 마감재는 무엇을 썼으며 전체적인 메인 색감과

조명, 패브릭 등, 전체 스타일링을 위한 공간 분위기를 매의 눈으로 파악한다.

고객의 취향과 가족 구성원의 생활 방식에 맞는 가구와 소품 등의

디테일한 디스플레이까지 예산에 맞게 기획한다,

이러한 공간 전체를 완성도 있게 이끄는 디자인 작업을 수행한다.

이런 디자인적인 감각을 유지하기 위해선 문화적인 트렌드 파악과 다방면의 전문적인

소양이 필수다. 모든 진행은 거주자가 살아갈 공간에 개성과 취향이 반영되어야 한다.

거기에 가족 구성원들의 안락하고 친밀한 공간으로 변신시키는 고객 만족에 정점을 찍는

멋진 직업이다. 진심으로 그 공간에서 가족 공동체가 만족한 삶을 살아가는데

이바지한다는 즐거움이 가장 크다. 그래서 매사에 내가 살 집처럼 살뜰하게 살핀다.

좀 더 좋은 조건으로 제품을 구매하도록 제안한다. 그렇게 살아있는 감각의 촉수로

공간마다 고객들이 디자인적으로 풀 수 없는 요구를 풀어준다.

쉽게 말해 개인별 모델하우스처럼 공간을 새롭게 변모시켜주는 임무를 수행한다.

모든 직업이 그렇듯이 일을 진행하다 보면, 너무도 다양한 환경에서 야기되는

다양한 인간사가 나타난다. 감정을 일으키는 일들도 겪게 되고 웃지 못한 일들도 벌어진다.

사실 겉으로 멋진 듯이 보여도 발품을 팔아야 하며 때론 힘도 필요하다.

무엇보다 다양한 스타일의 고객과의 진행에 항시 긴장과 인내가 따른다. 피아노 조율사가

모든 연주를 잘하는 것이 아니듯이 사실 어디 일만이 힘들던가! 인간관계가 힘들지.

우리나라 사람들은 눈으로 드러나는 결과를 금방 보고 싶어 안달하는 조급증이 있다.
도깨비방망이처럼 금방 눈앞에 가구가 뚝딱 떨어지는 것을 희망한다.
스타일링은 보통 공간에 따라 한 달에서 몇 개월 정도 소요되거나,
때론 사계절을 넘겨 진행되는 경우도 종종 있다.
국내 가구는 재고 상황에 따라 움직이고 결정되나 대부분 기간에 맞춘다.
다만 수입 가구 주문 시에는 큰 소파나 식탁, 침대 등은 재고량이 없는 경우가 다반사다.
그 나라에 오더를 넣어 국내에 입고되는 기간을 기다려야 한다.
코로나 이전에는 약 4개월, 길면 5개월 정도였으나 지금은 반년 정도가 소요된다.
결국 계절이 바뀌거나 해를 넘겨서 전체 스타일링이 완성되는 경우가 많다.
그 기간 고객들이 견우직녀의 오작교 만남을 기대한다. 참고 기다린 만큼,
전체 스타일링의 완성도는 높아지고 고객의 인내는 만족감으로 보답받는다.

일을 진행하다 보면 사람도 인연이 있듯이 가구도 인연이 있다. 어느 고객은 제안서를 들고
몇 주 이상을 쫓아다녀도 내 맘에 차는 가구가 없을 때가 있다. 어느 고객은 단 하루만의
가구 라운딩으로 공간별 가구를 전체로 구매한 경험도 있다.
현재 고객 집에 있는 가구들과 필요한 제품을 잘 믹스해서 감각적으로 제안해주는 것도
스타일리스트가 할 일이다.
고객의 취향이 반영되어 그 집의 역사가 남아있도록 세심한 링크의 연출이 필요하다.

따라서 스타일리스트가 갖추어야 할 덕목으로는, 전체를 볼 수 있는 총체적인 감각과 다방면의
지식으로 무장되어야 한다. 특히 공간의 실제 치수를 눈이 줄자가 되어 판단할 수 있는
공감각을 지니는 훈련을 해야 한다. 예를 들면 테이블을 눈대중으로라도 몇 센티 정도 되는지?,

각 가구의 기본 치수를 알고 있어야 한다. 그러면 줄 자 없이도 공간의 치수를 가늠할 수 있다.
이렇게 스타일링의 기본인 비율과 크기, 치수 등을 판단하는 공감각을 장착하여야 한다.
특별하게도, 색채감각은 하루아침에 쌓이지 않는다.
늘 주변 환경과 다양한 매체를 통해 배색에 대해 예민하게 관찰해야 한다.
전천후 색 감각의 빅 데이터가 축적되어 있어야 자신이 있는 색감을 제안할 수 있다.
마지막으로 다양한 고객을 대하는 태도는 진정성과 인내심을 갖추고 있어야 한다.
무엇보다 적성에 맞으면 즐길 수 있다. 내가 살 공간처럼 그곳에 거주할 고객들의 만족도가
스타일리스트의 즐거움이자 보상이 되어야 한다. 진심은 어디서나 통하기 때문이다.

- 공간 스타일링에도 다 계획이 있다.

고객들을 위한 스타일링은 어떤 루틴으로 완성되어 가는지 알아보자.

일반적으로 인테리어 상담을 진행하려면 먼저 공간의 주인이 될 고객분을 만나게 된다.
현장의 공간 스타일링을 진행하기 전에 고객의 라이프 스타일을 시간 내서
충분히 들어보는 것은 아주 중요하다.
그간 살아왔던 삶을 이해하기 위함이며, 내가 알고 싶고, 체크하고 싶은 것들이 있다.
새 공간에는 어떤 분위기를 기대하고 있으며, 각자 취향은 어떤지, 가족들 간의 구현하고
싶은 포인트는 무엇인지 알아가는 과정이 필요하다.
스타일링을 제안하기에 앞서 고객을 만나면 사실 감지되는 첫인상이 내겐 있다.
그 고객분만이 지닌 고유한 분위기와 언행이 지금까지 살아오신 삶의 방향과 감각에
어울리는 가구 브랜드가 대부분 떠오른다.

그러나 우선은 고객의 니즈를 파악하기 위해 먼저 들어본 후.

구성원 즉, 호구조사부터 신상 털기를 진행한다.

그 다음 어떤 공간에 살고 싶은지에 대한 생활 방식의 선호도를 알아간다.

그렇게 미팅을 통해 고객 공간의 밑그림이 구체적으로 떠오르면서 그려진다.

예를 들면 40대 부부가 남편은 일반 회사원이고 본인은 요리 블로거이며 10대 두 자녀를 두었다.

주말엔 가족, 지인들을 불러 요리를 해서 소소한 파티를 즐기는 라이프 스타일을

선호한다고 가정해 보자. 그 고객은 먼저 손님 초대를 위한 큼직하고 멋진 다이닝 식탁을

구매하려고 마음먹었을 것이다. 식탁이 중심이 되어 예산 계획을 했을 것이며,

주방에 큰 비중을 둘 것이다.

이렇게 생활 방식에 따른 공간 비중 도를 파악해 나가면서 예산 분배를 하지만,

사실은 예산에 따라 공간이 달라지기도 한다. 그래서 먼저 예산 금액을 물어보면 고객들이

대부분 소심해기 일쑤다. 그러나 대략적인 금액을 알아야 예산을 나눌 수 있다.

어느 공간에 비중을 두고 힘을 줄지, 상대적으로 다른 공간은 힘을 빼며 분산한다.

이렇게 예산은 선택과 집중의 세분된 맞춤형으로 컨셉을 제안할 수 있다.

예산이 대강 정해지면 고객을 만나 감지된 촉으로 도면과 기존 현장을 방문해서

다음 미팅을 위한 제안서를 준비한다. 미팅을 통해 다른 분위기를 드러내는

고객도 있지만, 대부분 8.90% 이상은 내가 제안한 가구가 선정된다.

그 이유는 다 돌아보시고도 혼자 결정을 못 하는 부분도 있다.

그러나 결국은 본인보다 전문가의 감각적 스타일링을 따르는 것이 낫다고

판단하기 때문일 것이다.

이미 공간을 분석하여 구현될 공간에 딱 맞는 가구 제안서를

탭으로 보여주면서 설명하다 보면, 고객의 취향과 생활 방식까지 해석하는

전문적인 능력의 신뢰도가 쌓이게 된다. 이로써 고객과의 사적인 관계도 오래 유지된다.

스타일리스트는 무엇보다 거주공간을 감각적으로 제안하여 고객분을 만족시켜야 드려야 한다.

어디 사느냐 보단 어떻게 사느냐가 더 중요하다.

외부의 시선과 관계 맺음을 적절하게 풀어내어야 하고, 본인다운 편안함과

가족 구성원의 만족을 최대치로 끌어내는 공간의 역할을 해야 진정한 마감이다.

어찌 보면 전문적인 서비스직에 가깝다.

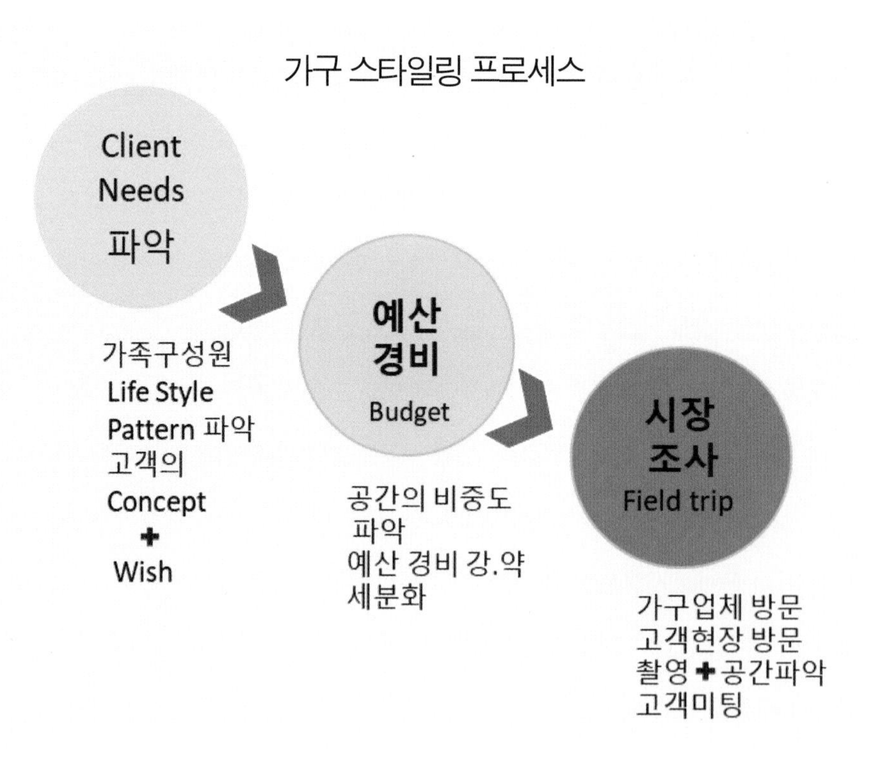

● Stylist Point

- 스타일리스트는 인테리어 디자인 설계부터 참여하여 고객이 입주하는 마감 기간까지 동행한다.
  음악의 지휘자 처처럼 총체적인 다재다능한 감각으로 공간을 채워주는 코디네이터 역할을 한다.
  고객의 취향과 가족 구성원의 생활 방식에 맞는 가구와 소품 등의 디테일한 디스플레이까지,
  예산에 맞게 기획한다. 공간 전체를 완성도 있게 이끄는 디자인 작업을 수행한
  고객을 대하는 태도는 진정성과 인내심을 갖추고 있어야 한다.
  무엇보다 적성에 맞으면 즐길 수 있다. 내가 살 현장처럼 그곳에 거주할 고객들의 만족도가
  스타일리스트의 즐거움이자 보상이 되어야 한다.
  가구 스타일링 프로세스에서 중요한 것은 고객의 생활 패턴 니즈에 맞는 예산 편중을 해야 한다.
  어느 공간에 힘을 주고 다른 공간은 상대적으로 힘을 빼는, 선택과 집중의 세분된 맞춤형
  라이프 스타일 컨셉을 제안해야 한다.

- 공간 컨셉 정하기와 트렌드

인테리어 스타일에도 유행이 있다.
주거공간 컨셉을 잡는 방향성은 다양하다.
어떤 컨셉을 지향하는지에 따라
디자인이 달라진다.
공간은 종일 그 안의 사람들과 대화하면서
어떤 '느낌' 을 주고받는다. 이것은 전적으로
개인적인 취향과 선택에 따라 향방이 갈린다.
요즘은 나이가 낮을수록
'모던하고 현대적인' 컨셉을 선호한다는

casa_de_jerry

리서치가 나와 있다. 많이 들어본 '미니멀리즘 (Minimalism)' 은

말 그대로 공간의 군더더기 없는 단순함에 치중하여 가구나 장식 등을 최소한으로 한다.

기본적으로 공간의 막힘 없는 흐름을 부여하여 원활하게 이동할 수 있는

심플한 공간을 말한다. 기능을 위한 최소한의 면적으로 욕구와 필요를 절제한다.

소품 하나도 조각 같은 디자인의 계획된 공간으로 핵심만 남긴다. 이러한 미니멀리즘은

화이트 앤 우드(White&Wood) 등의 밝고 무난한 단 색상으로 선택되어 진다.

'스칸디나비아(Scandinavian)' 스타일을 반영한 인테리어 디자인은 여전히 대중의 선택을 받는다.

북유럽 인테리어와 같은 맥락으로 따스한 모던 디자인을 기본으로 한다.

단순함과 기능성의 미니멀리즘으로 구성된다.

우리에게 익숙한 북유럽 디자이너들 가구가 공간에 선택돼 활약 중이다.

behance

오히려 20대에서는 현대적이며 고전적인 뉴트로 풍과, '빈티지 하고 앤티크한' 컨셉의 선호도가 연령층을 대비해 높게 나타나 흥미를 주고 있다. MZ세대들의 전폭적인 호응으로 선풍적인 인기를 끄는 앱 참여 수가 이를 입증해주고 있다. 지금은 조금 더 깊어진 '미드 센츄리(Mid_century)' 가구가 빈티지한 멋과 함께 요즘 세계적으로 화려한 복귀를 하고 있다. 이런 미드 센츄리 모던 스타일은 기하학적 모양과 깨끗한 라인 등 목재의 어둡거나 밝은 색상의 패턴을 활용하여 가구에 시선을 집중시킨다. 형태와 기능을 겸비하여

fpost.co.kr

편안하고 단순한 장식을 공간에 부여한 느낌으로 개성 있게 조금씩 다르게 연출되는 양상이다.

그러나 엄밀하게 말하자면 북유럽이든 프렌치 스타일이든,

절대적으로 기후와 토양에서 수반된 문화적 라이프 스타일이 반영되어있다.

각 나라의 독자적인 인테리어의 기준을 갖게 된 것이다.

다른 트렌드로, 최근 관심층이 넓어지고 있는 '맥시멀리즘(Maximalism)' 은 미니멀 컨셉의

반대 성향이다. 이 스타일은 공간을 통일감 있게 유지하면서도 오래된 것과 새로운 것을

혼합하는 방식이다. 그 안에서 벽지나 바닥, 가구, 침구 등의 색상을 정할 때 무늬가 있거나

다채로운 색상을 선택하여 혼합한다. 다양한 색상과 패턴을 대담하게 활용한다.

취향 저격의 소품이나 장식을 선호하며 적극적으로 반영시킨다.

세상에 하나뿐인 나만의 공간을 만드는 좋은 방법이다. 여기에 팝 아트(Pop Art)적 요소도 가미되어 있다. 최대한 컬러풀하고 톡톡 튀는 디자인은 자극적이며 밝고 화려한 컬러를 사용하여 젊고 개성 넘치는 분위기를 주도한다.
때론 공간정리에 대한 강박도 맥시멀리즘으로 풀 수도 있다.
다만 너무 어수선하게 느껴지지 않도록 주의한다.
나름의 절충주의적 질서가 부여된 창의성 있는 공간 연출을 기대해 볼 수 있다.

인테리어 트렌드는 하루 만에 변화를 주도하지 않으며 꾸준한 흐름으로 진행된다.
모든 트렌드는 지속해서 재활용되고 재창조된다는 것을 과거와 현재의 스타일 트렌드에서 배워왔다.
따라서 트렌드라는 흐름에 올라타는 것만이 본인의 감각을 인정받는 것도 아니다.
흐름 속에서 본인이 좋아하는 취향은 발휘하되 간과하지도,
또 너무 집착하지 않도록 자기만의 안목을 믿는다.
핵심은 자기 균형을 유지하는 데 있다.
그러나 무엇이 진화하고 왜 진화하는지 알고 이해하는 것이 유용하다.
먼저 자신의 가치관과 삶의 계획한 스타일을 알고 주거공간에 반영해야 한다.
꼭 사조나 트렌드를 큰 축으로 인테리어 스타일을 정할 필요는 없다.
인테리어에 대한 디자인 정보와 최근 유행하는 다양한 마감재 등을 한 곳에서 볼 수 있는 박람회를 둘러보는 것도 제안한다.
모델 하우스도 트렌디한 공간의 공식을 제대로 배울 수 있는 곳이기도 하다.
이처럼 온 오프라인의 경계를 넘나들어 무엇보다 발품을 팔며 많이 둘러봐야 한다.

● Stylist Point

- 미니멀리즘 (Minimalism)은 기본적으로 공간의 막힘없는 흐름을 부여하여 원활하게 이동할 수 있는 심플한 공간을 말한다. 북유럽 인테리어와 같은 맥락으로 일본의 와비사비 모던 디자인의 기본은 같은 맥락이다.
-미드 센츄리 모던 스타일(Mid_century Modern style) 가구가 빈티지한 멋과 함께 요즘 세계적으로 화려한 복귀를 하고있다.
- 맥시멀리즘(Maximalism)은 오래된 것과 새로운 것을 혼합하는 방식이다. 다양한 색상과 패턴을 대담하게 활용하고, 취향 저격의 소품이나 장식을 선호하여 적극적으로 반영시킨다. 세상에 하나뿐인 나만의 공간을 만드는 좋은 방법이다. 다만 나름의 절충주의적 질서가 부여되어 창의성 있는 공간 연출을 기대해 볼 수 있다.

3. 레벨 업 공간 배치 시크릿

- 가구가 열일하는 재배치 매뉴얼

'리빙 트렌드 리포트 2020년' 에 따르면, 인테리어 관련 니즈로 "주로 가장 많은 시간을 보내는 곳에 대한 인테리어를 희망하는 경우가 많았다" 라고 한다. "거실은 집에서 가족들이 가장 많은 시간을 보내는 곳이다. 손님들에게 노출되는 공간이면서 보여주고 싶은 곳" 이기에 첫 번째 요구의 영역이었다. 이에 거실→ 침실→ 수납→ 주방 순으로 가구에 대한 투자 요구가 높았다. 공간에도 주연과 조연의 구분이 있다. 특히, 나이별로 구별된다. 20대는 침실 가구와 소품 위주로 나타났다. 4. 50대는 거실 가구와 다이닝 주방 가구 투자의 니즈가 상대적으로 높게 나타났다. 2021년 실내 공간은 거실→ 침실→ 주방 순으로 나타났다.

남성은 서재, 여성은 주방과 욕실 인테리어를 상대적으로 더 요구한 것으로 드러났다.
역시 작년과 같이 가장 많은 시간을 보내는 거실에 대한 인테리어 욕구 영역은 같았다.
연령대가 높을수록 거실과 주방을 선호했다. 나이가 낮을수록 또는 일인 가구에서는
침실 인테리어 니즈가 작년과 같이 높게 나타났다. 향후 구매 희망 제품은 지속해서 '가구' 를 중심
으로 나타난다. 이렇게 공간에 중요한 역할을 하는 가구를 기존의 가구를 활용한
재배치를 해보자. 예산을 아끼면서 가성비 높은 공간의 변화를 기대할 수 있다.

각 실내 공간을 채우는 가구에는 기본 배치가 있다.
주거공간의 대표적인 거실과 식당, 침실을 위한 가구의 구성과 재배치를 살펴보자.

1. 거실(Living Room)

거실은 집의 중심이 되는 얼굴이라 할 수 있다. 어느 집에 가도 거실이 보여주는 분위기는
가족 구성원의 공동생활 방식이 반영되어 있어, 그 집의 인상이 된다.
거주하는 사람들의 직업과 기호, 취향 등 분위기를 고려한 사용자 중심의 편안한 배치를
선호하게 되어있다. 아무래도 집에 오래 머무는 주부들 위주로 거실의 분위기는 결정되기 쉽다.
손님을 맞는 격식을 갖춘 공간으로 외부인에게 노출되기도 하는 개방된 형태의
기능도 겸용된다. 그래서 거실은 모두 함께 할 수 있는 공간으로서의 활용도가 넓다.
번잡하지 않게 꼭 필요한 물품만 자연스레 노출한다. 편안한 시선 처리와 전반적으로
자연채광의 밝고 따스한 기운이 편안하고 안락함을 주어야 한다.

- 우리나라 사람들은 일반적으로 한 곳에만 시선을 꽂아두는 경향이 있다.

그것이 바로 한 벽면을 차지하는 TV 때문이다. 이 TV를 중심으로 맞은 편 벽면에 소파를 붙이는 전형적으로 흔한 일자형 배치다. 한쪽 벽면에 소파를 두는 일자형 배치는 TV와의 거리를 두기 위해 커피 테이블 외 중앙은 비어 있는 형태다.
일자형은 공간 크기에 구애를 받지 않아 2, 3인용 소파를 배치하기 쉽지만, 가족 간의 얼굴을 마주보기가 쉽지 않다. 자연스레 대화를 오래하기도 어렵다. 이럴 땐 일인용 체어나 작은 스툴을 두어 밋밋한 공간에 포인트가 되게 한다. 스툴은 움직이기 쉽고, 앉는 기능 외 사이드 테이블처럼 사용할 수 있는 디자인도 시중에 나와 있다.
작은 스툴은 액센트적인 요소로 톡톡 튀는 컬러를 사용해도 무방하다.
자유롭게 이동하면서 사용할 수 있어 실용적이며, 공간에 양념 치듯 개성을 살려준다.

TV 디자인의 진화로 다리가 마치 가구처럼 보이는 제품이 시중에 많이 나와있어 붙박이처럼 고정하지 않아도 된다. 어느 현장에선 거실 벽면 중앙에 안방극장의 기능을 극대화한 듯한

인상을 받는다. 70인치 이상 압도적 크기의 대형 TV를 설치했는데,

마치 TV가 거실의 주인인 듯 공간 분위기를 무겁게 압도할 수 있다.

될 수 있으면 벽면의 6:4 황금비율에 맞는 크기를 권한다. 이럴땐 시선을 분산 시키는 인테리어

소품을 활용하자. TV옆에 커다란 식물이나 조명, 그림 등을 같이 연출하는것도 제안한다.

홈시어터는 공간이 허락된다면 AV 방을 따로 사용하는 편이 효율적이다.

거실 또는 다른 곳에 한 벽면을 빔 프로젝터를 사용해 공간의 활용도를 높이는 방법도

많이 선택된다. TV 대신 다른 용도의 가구나 그림 또는 식물 등을 두어 개성 있는

공간 배치를 시도해 보자.

- 공간을 구획해주는 역할과 경계를 만들 수 있는 L자형 배치 역시 일반적인 아트월 중심에 TV가 차지한다. 한 코너가 꺾어져 있는 형태여서 한 명 정도는 대화를 할 수 있다. 대부분 코너형 소파는 부피가 큰편이라 자리를 차지한다. 공간에 여유가 있는지 규모에 신경을 써야 한다. 요즘은 이러한 거대한 카우치 형태보다는 일자형 소파를 선호한다. 동선이 더 원활해질 수 있기 때문이다.

여기에 추가로 등받이가 있는 일인용 이지 체어(Easy Chair)나 등받이가 낮은 라운지체어(Lounge Chair)를, 개성 있는 테이블과 배치한다. 필요에 따라 옮길 수 있는 활용도와 다른 분위기를 즐길 수 있다. 특히, 일인용 이지 체어(Easy Chair)는 머리를 받쳐줄 수 있는 등받이가 높은 형태다. 공간의 개성을 살리는 포인트적인 요소로서도 가장 많이 제안하는 잇템이다. 이런 다양한 디자인으로 공간의 개성과 분위기를 확실하게 업 시킬 수 있기에 꼭 권해드린다.

다만 우리나라에만 있다는 공용 공간 거실의 분위기 테러리스트가 있다.
바로 원성이 자자한(뇌피셜) 공간 하마는 바로, 바디 마사지 기계다. 가구라 해야 할지 가전이라 해야 할지!?, 그 존재감은 또 눈치 없이 얼마나 크게 다가오는지!.
특히나 작은 거실에 떡 하니 자리 잡은 그 기계는 일인 체어가 아닌 공간 점유 일 위의 천덕꾸러기다.
대부분 남편의 애장품이라 설득이 필요하긴

하지만, 거실 공간 분위기를 주도적으로 저해하기에 이동이 필요하다.

되도록 거실 아닌 다른방이나 서재 쪽에 배치하도록 권면한다.

거실에는 기능보다 우리는 에스테틱한 심미성에 신경을 더 써 보자.

다행히 요즘은 안마 기계가 일인용 리클라이너 일인 체어처럼 가구답게 디자인된 제품을

선보여 비교적 좋은 호응을 얻고 있다고 한다.

- 아래 컷은 공간의 크기에 따라 코너 형태의 3인용 L자 소파 배치가 기본인 구조다.

테이블 중앙 맞은편에 일인 이지 체어가 배치되는 ㄷ자형 또는 U자형 배치 구조다.

일단 마주 보며 대화도 가능하고 동시에 앞쪽 벽면에 TV나 그림 또는 포인트 가구를

배치해도 무방하다. 이와 비슷한 구조의 H자형 배치는 일반 크기 소파와

일인용 디자인 체어 두 개가 서로 마주 보게 놓아진 배치다. TV를 두지 않아 사람과

마주 보면서 심리적인 안정감과 쾌적성을 준다. 최적의 대화를 위한 이상적인 배치 방법이다.

메인 소파 뒷면에 여유가 있다면 작은 테이블을

두어 스타일링을 할 수 있다.

스탠드 조명을 두거나 오브제를 두어 표정을

줄 수도 있다. 아니면 노트북을 두어 간단한

오피스 작업도 가능하다. 이것은 의외로

일반적 배치인 소파 뒤에 여유 공간을 넓혀 두면

오히려 공간이 무언가 비어 보이면서

더 넓게 보이는 시각적 효과도 가져다준다.

그래서 고객 집에 자주 권하는 스타일링이다.

pinterest

- 프리 스타일 배치는 정해진 패턴 없이 감각과

취향에 맞게 자유롭게 배치된다.

요즘 공간 구성에 안성맞춤이다. TV를 놓더라도 작은 크기로 둔다. 코너를 점유하거나,

일인 체어도 필요에 따라 배치된다. 다양한 가구와 소품, 물건을 규칙에 얽매이지 않고

자유자재로 혼합 배치한다. 소파도 고정되지 않게 무게감이 크지 않은 디자인으로

공간의 비율을 조율하면서 자유롭게 배치한다. 기존에 가진 가구들을 활용해 조화롭고

유연하게 재배치하는 것만으로도 남들과 다른 개성 넘치는 자기만의 고유한 감각을

발휘할 수 있다. 나만의 확실한 취향이 반영된 유연한 배치는

공간에 재미와 새로운 시각적 리듬감을 부여한다. 이런 최대한의 장점을 기준으로

공간의 틀에 짜인 배치의 답답함에서 벗어나 자기 공간만의 묘미를 살린다.

주거공간은 오직 거주자만의 특화된 공간이어서 어느 공간에도 정답과 오답은 없다.

다만 편리함과 거기에 감각이 플러스 된 자신만의 공간을 만들기 위한 여정이 있을 뿐이다.

사실 거실에 꼭 소파를 두라는 법도 없다. 아래의 컷은 거실 안과 밖의 경계는 거주자의 철학과 주관에 따라 공간이 변화될 수 있음을 보여준다. 꼭 거실을 많은 가구로 채우지 않아도 사용자의 편안함에 선택받은 정예 가구만 놓여있다. 아르헨티나의 일인 체어 'B.K.F 체어' 는 한정된 예산으로 집을 꾸미려는 디자인에 민감한 소비자들에게 적합한 의자라는 배경을 갖고 있다.

행복이가득한 집

이 공간과 너무도 잘 어울린다. 사이즈 테이블 겸용의 나무 스툴과 미니멀한 나무조명으로 소재도 통일했다. 무지주 선반 위의 TV 대신 음향기기를 선택한 감각은 자기 주도적인 사는 방법을 드러내는 결과다. 심지어 베란다 외부에서 실내를 바라보는 배치는 공간에 대한 확실한 자기 소신과 철학이 엿보인다. 그래서 이미 충분한 존재감으로 비어 있어도 차 보인다.
이렇게 꼭 시선이 텔레비전을 향하지 않고 외부 창 쪽을 바라보게 배치해 본다.
아님 반대로 창을 등지며 주방 쪽을 향하게 바라보게 배치해보자. 자연스레 다이닝 쪽으로 시선이 가면서 시야가 넓어진다.

이젠 거실에 대한 고정관념을 깨고 적어도 30평 기준 2m 크기 정도 되는 커다란 멀티 테이블을중앙에 과감하게 배치해 보자.
자연스레 가족들이 모이게 되고 책을 보거나 업무도 할 수 있다.
지인들이 와서 카페처럼 사용하며 다양한 용도를 충족해 줄 수 있다.
이런 다기능의 공간은,
경계를 허무는 개성 있는 오픈 공간으로서 활용도와 밀도를 높일 수 있다.

또 다른 배치로는, 필자처럼 의자를 좋아하는 마니아라면 개성 넘치는 일인용 안락의자 두어 개나, 공간에 따라 개수를 늘려가 보자. 리듬감 있게 배치하면, 그 흔한 소파를 둔 일반적인 방식에서 벗어나 자유스럽고 개성 넘치는 공간 배치로 멋스러울 수 있다. 한 고객분은 남편과 본인 두 분의 일인 소파 하나씩만 거실에 두고, 가운데 사이드 테이블을 이리저리 움직이며 쓰신다고 하신다.
공간의 붙박이 같은 소파 배치보단 프로그램을 재편성하듯, 자기 주도적인 공간 배치로 늘 새롭게 변신시키는 묘미가 있다고 말씀하신다.

기존 가구를 없애고 싶지 않다면, 때론 다른 방으로 가구를 이동시켜보자.
공간이 변화된 것은 아니더라도 새롭게 느껴질 수 있다. 가구 하나 이동했을 뿐인데, 재배치하여 공간을 업데이트할 수 있다. 이처럼 다양한 레이아웃을 시도해서 공간에 자율성을 부여하자. 시선이 바뀌야 비로소 공간 배치도 유연하게 보이는 법이다.
거실의 테이블도 중심역할을 할 수 있다. 소파가 좀 평범하다면 커피 테이블로 감각적인 변화를 꾀할 수 있다. 거실 평수가 넓다면 중심에 큰 테이블 하나를 놓는다.
아니면 서로 높낮이와 크기 변화를 준 테이블은 대, 중, 소 사이즈 두세 개가 모여 공간에 변주를 주는 디자인이 인기다. 시중에 다양한 디자인이 나와 있다.
모여 해체하면서 움직이며 사용한다. 실용성과 재미를 줄 수 있다. 카펫이 깔려 있다면 더욱 아늑한 거실이 연출된다.

때로는 소형 커피 테이블을 침실에 작은 탁자 대신 사이드 테이블로 공간을 바꿔 활용할 수 있어 더욱 실용적인 아이템이다. 요즘 커피 테이블은 소재를 다양화해서 우드와 마블, 스틸 등 재료를 서로 믹스하여 디자인된 제품이 계속 출시되고 있다.

소파도 이제는 가죽만을 고집하지 않고 유연한 패브릭 소재가 인기다.
이런 소재 질감의 변화는 공간에 지루함을 거둔다.

소파의 전성기가 도래한 것처럼 다양해지고 있다. 색감과 커브 곡선의 부드러움의 미학으로

나이 구분 없이 선호하는 폭이 넓어지고 있다.

무엇보다 소파는 휴식을 취하기 위한 몸을 맡기기 때문에 자기 인체에 편한지

일단 앉아봐야 한다. 꼭 체험해 본 후 결정해야 후회가 없다.

디자인과 등받이가 없는 벤치 형태의 데이 베드(Day Bed)도 공간에 따라 제안한다.

moroso

공간을 넓어 보이게 하는 좋은 방법은, 가구를 전체적인 밝은 색상으로 통일하는 것이다.

시선을 넓게 펴서 흩어지게 하면 시야가 넓어진다. 창문 쪽을 가리지 않는 수평적 라인을

맞추어 가구를 선택하여 시선이 분산되면 더욱 넓은 공간감을 만들어낸다.

husos.info

특히, 거울의 착시를 적극적으로 활용하자. 시각적 트릭을 이용하는 방법으로 한 벽면에 큰 거울을 다는 것이다. 잘 배치하면 공간을 넓게 보이는 효과가 충분히 발휘된다.

패브릭 직물의 직조 감도 너무 무겁거나 색상이 어두워 전체적인 분위기를 다운시키지 않도록 한다. 작은 공간으로 여유가 없다면 가구 개수를 줄여 꼭 필요한 가구만 배치하자. 가구도 무거워 보이지 않게, 크기나 재료 면에서도 경쾌하면서 밝은 색상과 슬림한 유리 제품은 작은 공간에 부담을 주지 않는다.

색도 화사한 밝은 단색으로되도록 디자인적인 요소가 없는 단순한 것을 선택한다.

등받이가 낮은 가구 디자인은 시야가 낮게 보여 실제보다 더 넓어보이는 효과가 있다.

자연광이 많이 들어오지 않는 공간을 꾸밀 때는 어두운 재료와 색상은 피하는 것이 현명하다.

● Stylist Point

- 거실은 거주하는 사람들의 직업과 기호, 취향 등 분위기를 고려 한 사용자 중심의 편안한 배치를 기준으로 해야 한다.
- 거실의 크기에 따라 가구의 배치는 달라지며 정답도 오답도 없지만, 기준은 있다. 거주자의 편안함과 감각이 플러스 된 자신만의 취향과 개성이 드러나는 스타일 공간으로 배치되어야 한다.
- 대화를 위한 최적의 배치는 H자형 배치와 U자형 배치다. 사람과 마주 보면서 심리적 안정감과 쾌적성을 주며 대화를 위한 이상적인 가구 배치 방법이다
- 공간을 넓게 보이게 하는 방법은 가구의 전체적인 색상을 통일해 시선을 넓게 퍼지게한다. 시각적인 개방감을 확장하며 큰 거울을 달아 공간의 트릭을 최대한 이용한다.
- 다양한 레이아웃을 시도해서 공간에 자율성을 부여하자. 시선이 바뀌야 비로소 공간 배치도 유연하게 보이는 법이다.

2. 식당(Dining Room)

삶의 역할로 보면 다이닝 룸도 공간의 중심이 될 수 있다. 식당이란 가족들이 식탁에 둘러앉아 정성이 담긴 음식을 나누며 자유로운 대화가 오가는 삶의 중요한 기본이 되는 공간이기 때문이다. 어느 집이든 식탁이 살아있어야 건강한 삶을 살아갈 수 있다고 믿는다. 그래서 주방은 소홀하기 어려운 공간이다. 이젠 더는 주부 혼자 독식하는 주방이 아니다. 외국처럼 온 가족이 스스럼없이 드나드는 빈도수가 늘어나고 있다. 같이 요리하면서 관계가 돈독해지고 유대감을 높이는 친근한 공간으로 변화되고 있다.
최근 트렌드는 큰 평수에서는 주방의 크기가 커지면서 가전제품도 늘어나고 주방의 크기를 키우면서 무엇보다 기능성을 요구한다.

물론 일인 가구나 배달음식의 대중화로 주방의 기능이 축소되는 경향도 있지만
작업의 편리성을 고려하는 것은 기본이다. LDK(Living-Dining-Kitchen)구조는
거실과 식당, 주방이 하나의 공간으로 구성되어 있다. 요즘은 작은 평수라도 거의 같은 구조로
시공되고 있다. 일반 주부들의 로망인 거실 대면형 오픈 키친은 아일랜드와 혼용된다.
주방 일을 하면서 탁 트인 넓은 시야로 소외되지 않고 가족들의 모습을 볼 수 있다.
음식을 준비하는 동안 소통할 수 있는 장점이 있다.
향후 주방 가구를 교체하고자 하는 니즈는 꾸준히 증가하는 양상이다.
주방은 수납과 효율적인 동선이 매우 중요하다. 이에 공간의 효율성을 높일 수 있는
아이디얼 한 인테리어를 희망하는 경향이 두드러지고 있다.

다이닝 룸도 외부인과, 친지나 지인들이 방문할 수 있는 곳이다.
대화하기 위해 더욱 중요하다.
사실 소파에 앉아 대화하기보단 대부분
식탁에 앉아 담소를 나누는 것을 편해한다.
그러기에 주인의 취향이나 감각을
보여주기 좋은 공간이 다이닝 공간이다.
식탁은 형태나 비율 등 공간의 범위를
고려하는 것이 중요하다.
국내 식탁 사이즈는 4인에서 6인 기준
1m 60×80cm 또는 1m 80×90cm 정도이다.
수입은 2m×1m 너비로 국내 것
보다 더 넓다. 따라서 식탁 너비와 의자

면적 60cm 정도를 잡으면, 약 2m 정도의 면적이 확보되어야 한다. 그러나 작은 평수라고 꼭 그 면적에만 맞추어 작은 것을 구매하게 되면 공간이 오히려 옹색해질 우려가 있다. 욕심을 내어 식탁의 크기는 10센티 이상 더 크고 단순한 것을 과감하게 고르라고 제안하고 싶다. 직선적인 요소가 오히려 공간을 커 보이게 하는 시각적 확장 감을 느낄 수있다. 멀티플(Multipul) 하게 사용할 수 있다. 다만 그렇다고 치이면서 다닐 정도가 되면 안 되겠지만 줄자로 재보고 빡빡하지 않다면 재고해 보자.

hpix

식탁 디자인은 일반적으로 직사각 형태가 기본이다. 근데 최근 라운드 형태의 멋진 테이블이 심심찮게 나와 있어 구매 선택을 고민하는 고객분이 있다. 사실 라운드 테이블을 쓰고 싶어도 의외로 자리 차지를 많이해 공간의 여유가 있지 않으면 만류시킨다.

이런 라운드 형태는 곡선이 주는 유연함이 있다. 둘러앉아 서로를 다 볼 수 있는 장점이 있다.

필자도 라운드 테이블을 제안한 고객 집은 몇 손가락에 꼽는다.

그래서 처음부터 디자인 설계 단계에서 공간 확보를 해두어야 한다.

미리 식탁 디자인과 크기를 고른 후에 인테리어를 진행하는 게 순서다.

요새 젊은 신혼 층에선 예전에 비해 작은 크기의 라운드 테이블을 선택하기도 한다.

식탁의 기능에 기울기보단 하나의 공간 요소로서 예쁘고 가볍게 매칭된 디자인을 선택한다.

다기능적인 용도로 테이블의 활용도를 높인다.

라운드의 곡선이 끌린다면 대안으로 오벌(Oval) 형태의 디자인 테이블도 있다.

직선보다는 부드러운 경계를 만들어주어 비교적 작은 공간에도 추천할 만하다.

공간은 작아도 지인들의 왕래가 잦다면 익스텐션(extention) 확장형 테이블도 제안한다.

옆 이미지는 30평형으로, 1m 60cm 사이즈의 4인용 식탁이다.

사용하다 손님이 오면 한쪽만 확장하여도

2m 정도 너비의 6인용 멋진 다이닝 식탁이 된다.

이젠 착한 금액대의 디자인 테이블이

예전과 비교해 많이 나와 있다.

식탁을 구매하기 위해선 주방과 연결될 분위기와

조화를 고려하여 디자인만 보지 말고

소재의 재질과 실용성을 꼼꼼히 따져본다.

많이 다녀보고 온, 오프라인을 비교해서 결정해야

후회가 없다.

사실 오래 쓰고 싶어 잘 고른 다이닝 테이블도

세월에 따라 굳어진 얼굴처럼 변화가 필요하다.

지겨워지기도 하고 분위기도 바꿀 겸 교체하려면 금액이 만만치 않아 고민하게 된다.

이때 공간의 확실한 표정을 바꿀 수 있는 경제적인 아이템이 의자다.

의자는 용도와 활용 면에서도 탁월하다. 예전에는 세트 개념으로 짝 맞춰 구매했지만,

이제는 이미 제안된 세트로 한꺼번에 구매하지 않는다. 식탁에 4개의 의자가 필요하다면,

두 개씩 같은 디자인 다른 컬러로 정해본다. 혹은 6개 의자가 필요하다면 3개씩

묶어서 제품을 결정하는 것도 재미를 줄 수 있다. 요즘 미스매치(mismatch)라는 부조화의

의외성은 각자 다른 디자인 조합으로 하나씩 구매한다.

기존의 시각에 어울리지 않을 것만 같은 다른 디자인을 매치해 본다.

우연한 효과로 신선한 재미를 주며 식탁 공간에 새로운 개성이 부여될 수있다.

공간 어딘가로 비어 있는 곳이 있거나,

무언가를 두기 애매한 경우가 있다.

이때 의자 하나를 선택해 다르게 배치해 보자.

때론 독립된 가구가 오브제처럼 느껴지도록 한다.

오히려 공간에 포인트 요소로서 표정이 생겨

지루해지지 않는다. 이렇게 하나하나씩 골라 가는

과정에서 즐거움을 줄 수 있고

공간에 대한 애착도 갖게 된다.

옆의 이미지도 현관 입구 정면에 구태의연한

그림이나 조각 작품을 두는 것보단,

단순한 포컬 포인트 감각을 보여주는 디자인 체어로 시각을 정리했다.

기존 식탁에 유명 디자이너의 카피 제품을 섞는 것도 방법이지만,

이탈리아 가구는 비쌀 것만 같아 로드 제품을 선택하게 된다. 그러나 '카르텔(Kartell)' 이라는

세계적인 디자이너의 플라스틱 제품이 있다. 세일 기간을 잘 이용하면 비교적 저렴하고

착한 가격으로 오리지널을 장만할 수 있다. 내 집처럼 자주 방문해서 직원에게 눈도장 찍으며

혹 세일 하는 것이 있으면 문자를 달라고 제안한다.

이 회사 제품 팬이라고 하면 이런 열성 고객을 마다할 이유는 없다.

물론 개별 의자의 금액이 명품일 경우는 일반적인 식탁 하나 값을 호가하는 것도 있다.

그러나 자주 다니고 눈여겨보다 보다 보면 할인 판매 기간을 이용해서 잘 건질 수도 있다.

혹 업체에서 마크다운 하는 최종 금액의 아이템도 운 좋게 만날 수 있다.

뭐든지 관심과 열망으로 사물은 획득되어진다.

주방에서 조명은 공간을 분리하여 필요한 곳에 조명을 따로 설치하게 된다.

특히 거실에서 바라보는

공간의 포인트가

식탁등이라 할 수 있다.

다이닝 룸의 테이블 조명의 역할

은 더욱 중요하다. 다이닝룸

조명은 룸 전체에 빛이 확산하여

퍼지는 형태보다는, 식탁 중앙에

집중되어 강조되는 디자인을

선택하는 것이 효과적이다.

주방 싱크대나 식탁을 무난한 것을 선택했다면, 식탁 위 조명 하나가 관전 포인트가 되도록 한다. 독특한 소재나 디자인을 선택한다면 다이닝 공간을 트렌디하고 감각적으로 보이게 할 것이다. 식탁 등 불빛은 음식의 시각적 요소로서 식욕에 관여 하므로 따스한 불빛을 선택하는 것이 좋다.

이처럼 다이닝 룸을 새롭게 할 수 있는 효과적인 방법은 기존의 등을 과감하게 교체하는 것을 권한다. 공간의 마법을 부리는 소품이라 할 수 있는 새로운 디자인 조명을 추가하는 것도 제안한다. 빛이 부족한 듯 어둡게 느껴지면 식탁 옆에 사이드 스탠딩 조명을 배치해 본다.
벽면을 밝히는 조명을 사용하면 전체 분위기를 해치지 않으면서 밝아졌다는 느낌과 함께 변화를 줄 수 있다.
식탁 펜던트 등을 설치하는 길이는 천장에서 식탁 면까지 75cm에서 80cm 정도 길이에서 맞추면 무난하다.
머리에 부딪힌다며
너무 짧게 달지 않도록 주의한다.
최대한 길이가 내려오는 것이 예쁘다.

hpix

최근 식탁 디자인 소재는 자연 친화적인 우드 소재를 꾸준히 선호한다.
애쉬나 오크 계열 등의 밝은 색상은 여전히 인기다. 천연 훈제무늬목을 사용하여 고급스러움을 살린 디자인도 꾸준히 출시되고 있다. 아래 컷처럼 실용적인 래미네이트와 강도가 높은 세라믹 소재는 관리가 쉬운 장점이 있어 급부상 중이다. 대리석은 여전히 고급 소재로서 인기는 지속적이다.

liacollection

컬러 글라스 테이블도 디자인에 따라 개성 있게 선택된다. 아웃도어(Outdoor)의 약진도 눈여겨볼 만하다. 말만 아웃도어지!, 인도어(Indoor) 겸용으로 사용된다. 이번 밀라노 국제페어에서도 각 브랜드마다 주력하는 제품이 아웃도어다. 실내에서도 개성 있는 다이닝 테이블로 써도 무방한 디자인들이 다양하게 출시되고 있어 선택의 즐거움을 주고 있다.

● Stylist Point

- 주방은 수납과 효율적인 동선이 중요하다. 공간의 효율성을 높일 수 있는 아이디얼 한 인테리어를 희망하는 경향이 두드러지고 있다.
- 공간의 확실한 표정을 바꿀 수 있는 경제적인 아이템이 의자다. 용도와 개성을 확실히 보여주는 아이템으로 빈 곳에 두어 표정을 연출하거나 미스매칭으로 공간의 변화와 재미를 의도한다.
- 다이닝룸에서 조명은 관전 포인트로서 중요한 역할을 한다. 조도에 따라 분위기를 살려주는 엣지 있는 조명을 선택한다. 거실에서 바라보는 다이닝 조명은 공간에 오브제 역할도 감당하기 때문이다.

3. 침실(Bed Room)

침실은 베이스캠프처럼 오직 나만의 아늑하고 개성 있는 분위기를 연출하는 자기 공간이다. 무엇보다 사적인 영역으로 누구한테도 방해받지 않는다. 수면과 쉼에 집중하여 심리적인 안정감을 주는 기능적인 공간이기도 하다. 침실에서 침대는 아마도 가장 큰 가구 투자 중 하나일 것이다.

매일 밤 잠자리에 들고 매일 아침 편안한 침대에서 일어나면 기지개와 함께

행복감이 높아진다. 특히 수면의 질을 책임지는 매트리스의 역할은 더욱 중요하다.

잘 자고 일어나 활기찬 하루를 열게 해주는 좋은 매트리스 투자는 광고처럼 과학이기 때문이다.

침실 조명은 편안하고 부드러운 조도와 색감이 중요하다.

침실의 조도는 심리적인 안정감에서도 중요한 역할을 한다.

방 전체를 환하게 불 밝힌 전등은 온종일 외부에서 시달린 신체가 휴식을 청하는 공간이다.

그런데 낮처럼 밝은 형광등의 전체 조명은 시각적 생체 교란을 초래할 수도 있다.

유독 사람의 시각은 컴퓨터나 휴대폰에서 나오는 미세한 블루 라이트에

취약하다는 것을 이미 알고 있다.

벽 쪽에 부착된 난방 센서 등 전기와 연결된 콘센트 조작 등은 아무리 미세하게

새어 나오는 불빛이라도 뇌에 감지되어 수면을 방해할 수 있는 빛이기 때문이다.

필자는 예민한 편이라 빛을 완전히 차단하기 어려우면 수면안대를 사용하고서라도

수면의 질에 영향받지 않으려고 노력하고 있다.

이렇게 침실은 빛과 어둠을 적절히 사용하여 본인만을 위한

안락함과 개성을 표현하는 공간이 되어야 한다.

다만 지나친 장식은 자칫, 수면에 방해가 될 수 있으므로 적절한 조율이 필요하다.

침대 곁에 물건을 둘 수 있는 사이드테이블 위에는 간접 조명인 스탠드등과 수면등은

필수적이라 할 수 있다. 책을 읽을 수 있는 독서등의 기능뿐만 아니라,

침실의 적절한 밝기의 부드러운 빛은 심리적인 안정감과 아늑한 분위기를 살리는 요소다.

특히 침대 디자인과 감각을 연결해 주어 조화로운 침실 분위기를 이끈다.

침대는 1500cm의 퀸(Queen)사이즈가 일반적이었으나,

요즘은 1600cm 이상의 킹(King)사이즈의 큰 침대를 선호한다. 보통 벽 쪽으로 붙이거나 창가 쪽으로 배치하는데 공간이 적어 침구 교체 시 불편함을 준다.

그래서 공간에 여유가 있다면 침대를 중앙에 배치한다.

양옆엔 작은 탁자나, 소형 테이블을 좌우 대칭으로 두면 풍수지리에서는 부부 운이 좋아진다고 한다. 침실의 선택도 예전에는 커다란 안방을 택했다. 침실 주변에 화장대나, 책상을 두지 않고 온전히 수면만을 위한 침실의 기능에 맞춰, 침대 크기에 맞는 작은 방을 선택하여 안락감을 주는 배치도 선호한다.

침대 헤드보드는 그 침실의 개성을 살릴 수 있다.
디자인 부티크 호텔의 영향을 받아 감각 있는 다양한 디자인 소재나 질감으로 선택의 폭이 넓다. 침구의 베개, 쿠션 등은 하나의 세트가 되어 전체적인 통일감을 조성한다. 호텔과 같은 럭셔리를 경험하려면 내 몸에 닿는 침구만이라도 욕심을 내어 고품질 침대 시트에 투자하는 것은 고려해볼 만하다. 캐시미어처럼 포근하고 뽀송한 침구는 사람들의 심리적으로 안정되기를 원하는 동굴 욕구를 채워준다.
침대 위 쿠션은 침장의 포인트 적인 요소다. 침구와의 조화를 이루는 감초 같은 역할을 한다.

이런 쿠션은 거실에서도 역시 안락함을 제공해준다.

다양한 소재와 색감, 패턴 등을 적절하게 활용하면 하나의 인테리어 스타일로도 보이도록 해주는 감각적인 연출을 할 수 있다.

꾸준한 인기의 호텔 침구(Bedding)를 참고해 보자.

질리지 않는 단아한 분위기가 오래 사랑받는 비결이다.

사이즈가 크지 않은 침대는 베개만으로도 장식 역할을 한다.

침실에는 밤에 음이온과 산소를 배출하는 다육식물과 관엽식물이 좋다.

적당한 그늘을 즐기는 재스민은 은은한 향까지 선사하며

수면에 도움을 주어 침대 곁에 두어도 좋다.

부부는 나이가 들어가면서 같은 침대에서 수면의 질에 서로 영향을 주고받는다.

코를 골기도 하며 늦게 들어와 잠을 깨우고 이런 패턴에 익숙해지긴 여전히 힘들어한다.

아예 이참에 벼르던 인테리어 공사를 통해,

자연스럽게 1m 10cm 크기의 슈퍼 싱글 두 개를 들여놓고자 계획한다.

침대를 분리하고자 하는 고객들이 중 장년층에 더욱 많아졌다.

그만큼 삶에 수면은 지대한 영향을 받기에 현명한 결정이라 생각된다.

공간 크기가 안 된다면 한 침대가 두 개의 매트리스로 분리된 기능적인 디자인도

생각해 볼 일이다.

인테리어 가구 비중이 나날이 증가세다.

가구를 구매할 때는 덩치가 큰 자리 차지 순서대로 결정하면 좋다. 예를 들면 큰 면적순으로 소파 → 식탁 → 침대 순서로 진행한다. 그다음 필요한 소가구나 조명, 패브릭 순이다.

iloom

가구는 쉽게 옷을 사서 걸치듯, 쉽게 바꾸기가 어렵다.

한 번 갖추면 오래 쓰기 때문에 구매하기 전에 많이 돌아보고 최대한 신중하게 선택해야 한다.

그래서 될 수 있으면 컨셉에 따라 유행을 타지 않는 단순하면서도 모던한 멋을 지닌 스타일을

선택하는 것이 좋다. 그래야 오랜 기간 질리지 않고 스타일리시하고 감각적인 연출이 가능한

공간을 유지할 수 있다. 재료의 고유 특성이 잘 드러나는 자연스러운 소재의 가구가 좋다.

장식적인 요소가 배제되어 다른 디자인적 요소 없이도 라인을 잘 살린 미니멀한

스타일 가구들이 롱런하는 이유다. 이렇게 딱 맞는 자기만의 옷을 입은

편안한 가구들이 내 주거공간의 스토리 라인을 살릴 수 있다.

최신 가구 트렌드는 자연을 그대로 살린 가구를 선호한다. 목재로 만들어진 가구라면

home-designing

hpix

나무의 결이 살아있고 색감을 살린 자연적인 멋과 자연 친화적인 경향으로 기운다.
지속 가능한 천연 제품에 대한 선호도는 증가세다. 자연스럽고 유기적인 옵션과 색상에
더욱 매력을 느끼고 있다. 복고풍의 모던 스타일과 고급스러운 빈티지의 일련의 흐름인
미드 센츄리 모던 가구도 많은 관심으로 매니아 층이 두텁다.
불청객인 펜데믹으로 코로나 블루를 겪기도 하면서,
좀 더 밝고 화려한 컨셉의 가구가 다양하게 나오고 있다.
다만 모든 가구 배치에는 면적에 따른 공간의 황금비율과 거기에 계획된 여백 즉,
비움의 공간이 늘 필요함을 기억하자.

그렇다면 가구를 고를 때 신경 써야 할 사항은 무엇일까?
네 가지로 정리해 보면, 첫째 공간에 가구의 필요성 여부와 쓰임을 먼저 생각한다.
이 후 인테리어 디자인의 컨셉과 색상 등을 고려해야 한다.
가구는 한 번 구매하면 십 년 내외로 장기간 오래 사용하게 되므로
전체적인 공간과의 조화를 늘 생각하여야 한다.
가구 디자인과 색상, 소재의 실용성과 내구성 등을 파악하여 신중하게 선택한다.
둘째로는 공간 규모를 파악한다. 아무리 마음에 드는 가구라도 공간 크기에 맞지 않으면
치이게 되거나, 뭔가 허전해 보일 수 있다. 가족의 구성원이 사용할 가구의 개수를
생각해야 하고, 배치와 동선도 중요하기에 규모는 반드시 고려되어야 할 요소다.
셋째로 예산을 초과하지 않으면서 충동 구매를 하지 않아야 한다,
그러기 위해 미리 적정 예산지출 목록을 써 본다. 먼저 온 오프라인을 비교하면서
발품 조사를 한 후 결정한다. 네 번째로 가구의 구매를 결정할 때 디테일에 신경을 쓴다.
마감을 찬찬히 살펴보고 전문가에게 관리에 대한 정보를 들어본다.

● Stylist Point

- 침실은 베이스캠프처럼 오직 나만의 아늑하고 개성 있는 분위기를 연출하는 자기 공간이다.
  가장 사적인 영역으로 안정감과 휴식을 책임지는 기능적인 공간이기도 하다. 휴식과 수면을
  책임지는 좋은 매트리스와 고급 침구에 투자하는 것은 삶의 질을 높이는 현명한 방법이다.
- 침실의 적절한 밝기의 부드러운 빛은 심리적인 안정감과 아늑한 분위기를 살리는 요소다.
  특히 침대 디자인과 감각을 연결해 주어 조화로운 침실 분위기를 이끈다.
- 공간 가구 배치 순서는 면적이 큰 순서대로
  소파→식탁→침대→소가구→조명→패브릭 순으로 진행한다.
- 가구는 공간 컨셉에 따라 유행을 타지 않는 단순하면서도 모던한 멋을 지닌 스타일을 선택한다.
  그래야 오랜 기간 질리지 않고 스타일리시한 감각적인 연출이 가능한 공간을 유지할 수 있다.
- 가구를 고를 때 첫째는 공간에 필요성 여부를 먼저 결정하고, 인테리어 디자인, 컨셉, 색상 등을
  고려해야 한다. 둘째는 공간 스케일감을 파악하여 가구의 개수를 정한다.
  셋째로는 예산을 초과하지 않으면서 충동구매를 하지 않기 위해,
  미리 적정한 예산지출 목록을 써 본다.
  네번째 가구의 구매를 결정할 때 디테일에 신경 써서 마감을 찬찬히 살펴보고 전문가에게
  관리에 대한 정보를 들어본다.

4. 멀티플 공간이 답이다.

- 경계를 허물어야 보이는 가구 배치

2013년 밀라노 페어에서 거장 '장 누벨(Jean Nouvel)' 을 만날 수 있었다. 빛의 건축가로 불리는 장 누벨은 삼성의 리움 미술관 건축디자인에도 관여한 세계적인 건축가다.

이탈리아 가구 '몰테니앤씨 (Molteni & C)' 가구 디자인으로도 유명하신 분이다.
마침 그가 페어에서 전시 중인 "Project for Living" 이라는 공간 컨셉을 진행 중이셨다.
때마침 운 좋게도, 멋진 미소를 품고 걸어가시는 그분을 한눈에 알아보고 달려갔다.
한 컷만 부탁했더니 흔쾌히 허락하셨다.
지금도 "가문의 영광" 이다 라고 생각하며 소장하고 있다. 그 프로젝트는 공간별 거실과 침실은 물론이고 주방에서도 커다란 다이닝 테이블 두 개가 마주 보게 배치되어 있었다.
그 위에 컴퓨터가 놓여 있어 오피스를 겸할 수 있도록 의도된 공간이었다.

이렇게 한 공간에서 두 가지 활용이 가능한 하이브리드 공간을 선 보이신 것이다.

그때만 해도 당연히 공간의 역할은 명확히 구분 지어져 있었다.

온전히 기능으로만 충실히 사용됐던 터라, 공간의 경계를 허무는 구조와 배치는 신선했다.

역시 디자이너는 한 세기를 앞서가는 분들이다.

에프터 코로나 시대에도 딱 들어맞는 공간에 대한 유연성에 감탄하였다.

미래를 내다 보는 앞선 디자이너들의 제안과 디자인은 레드카펫처럼 펼쳐져 있다.

우리는 그저 시대 공감으로 그 감각을 누릴 수 있는 시각적 우위만 지니면 된다.

포스트 코로나 시대를 살아가는 우리가 모두 품게 되는 질문이 있다.

일상 생활에서 업무를 병행하려면 더 나은 공간 배치를 어떻게 해야 할까?

어떠한 상황에서도 집은 외부의 위험과 오염을 막아내고

일상의 피로를 덜어내는 휴식처이다.

취미를 즐기며 공부도 하고, 자기 계발도 할 수 있는 하이브리드 워크(Hybrid work) 의

스마트 오피스로 절충 되어간다.

그래서 집에서 일할 수 있는 공간을 마련하는 것은 안정되고, 생산적이다.

그렇게 중요한 업무를 집중할 수 있게 만드는 멀티플(multipul)한 혼성 공간으로

진화 되어간다. 이런 트렌드를 반영하듯, 본인의 개성을 살릴 수 있고

기능까지 갖춘 멋진 테이블에 대한 관심 수요층이 증가세다.

이처럼 라이프 스타일의 자유로운 선택에 맞추어 거실엔 TV, 서재엔 책장이라는

공식은 깨졌다. 기존의 공식을 벗어나 식탁은 책상으로도 사용할 수 있다.

예전처럼 특별히 화장대를 따로 구매하지 않아도 서랍장에 거울만 갖추면 화장대 겸용이 돼듯,

동선을 묶어 용도를 변형해 사용한다.

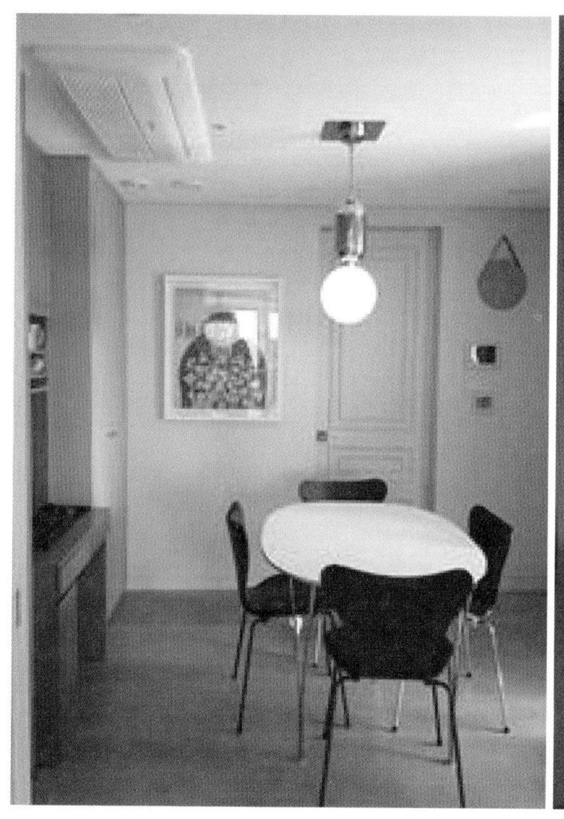

다른 공간으로 가구를 이동하여 재배치하면 공간의 재발견을 할 수 있다.

이와 같이 사는 구성원들의 생활 패턴과 상황에 맞는 맞춤 공간으로 재배치되어야 한다.

거실도 한두 가지 기능을 추가해 멀티형 룸처럼 활용하는 사람들이 많다.

한쪽 벽면에 TV를 없애고 멋스러운 전면 책장을 배치한다.

거실 중앙에 2m 사이즈 정도의 커다란 식탁을 두고 홈 라이브러리처럼 꾸민다.

아이들이 오면 면학 적인 분위기의 도서관이 됐다가, 지인들과 차를 마실 수 있는 북 카페로도 변신한다. 취향에 따라 자신이 좋아하는 오브제를 배치하면 멋진 카페 부럽지 않다. 이로써 정서적 만족감과 즐거움을 주는 공간으로 변한다.

pinterest

특별히 거실은 햇빛이 잘 들어, 홈 라이브러리로 꾸미기에 제격이다.

이때 간접 조명을 두어 자연스러운 분위기를 연출하는 것도 좋은 구성이다.

이제는 기능으로만 공간을 구분할 것이 아니다.

적절한 효율과 거기에 개성과 취향을 버무리면 된다.

꼭 스타벅스나 제3의 공간인 카페에서만 집중도를 기대하지 말자.

이젠 집에서도 자기에게 맞는 최적의 공간으로 변화시킬 의지를 가져 보길 권한다.

이러한 유연한 공간 협의는 공간을 살리는 최고의 미덕이 되었다.

앞으로 일인 가구가 "2035년에는 40%에 육박할 것이다" 라는 전망을 신문에서 보았다.

일인 가구인 경우는 협소한 공간을 위한 효율적인 동선을 위해 충실한 고민을 우리 모두가 해야 한다.

이런 공간 배치의 쓰임새를 활용한 키 낮은 가구와 이동을 할 수 있는 가구 등 디자인 개발이 활발해 지고 있다. 두 가지 기능을 겸비한 하이브리드 가구와, 변형이 가능한 트랜스포머 가구를 기능적으로 발전 시킨다. 이렇게 공간을 절약하고 효율을 높이는 다 기능(Multifunctional)적인 멋진 가구들이 지속적으로 발달할 것이다.

외국처럼 로프트 (Loft)라는 오픈 공간은 벽체의 뚜렷한 공간 구분이 없다. 수면과 업무와 식사를 동시에 해결하는 멀티플한 열린 공간이다.

이런 작은 오픈 공간엔 카펫이나 러그로 공간을 규정지어주거나, 디자인 책장을 이용해 공간을 분리하는 것도 하나의 방법이다. MZ세대의 기본 아이템이 된 모듈형 시스템 가구가 열풍이 불었다. 시대적 부응에 맞게 공간을 자유롭게 이동시키는 데 적합하다.

pinterest

혹 이사를 해도 달라진 공간을 융통성 있게 배치 할 수 있다. 선명한 색상과 더불어 믹스 앤 매치를 할 수 있어 더욱 스마트한 제품이라고 할 수 있다. 이렇게 라이프 스타일과 가치관에 따라 니즈가 달라진다.

앞으로도 공간의 형태가 고정되지 않으며, 공간의 쓰임이 재배치되고 재결정될 것이다.

작은 공간 일수록, 디자이너 소품을 적극 추천한다. 자신의 개성을 드러낼 수 있으며, 자기 스타일과 취향을 대변해 주기 때문이다. 거기에 기능까지 플러스 된 기치가 발휘된

제품은 매력을 더한다. 공간에 미소 짓게하는 유쾌한 위트가 있는 아이템을 가미한다면

뻔하지 않는 재미와 활력을 불어넣을 것이다.

● Stylist Point

- 공간의 경계를 허무는 구조와 가구 배치는 포스트 코로나 시대에 더욱 필요하다.

  한 공간에서 두 가지를 소화해 내는 하이브리드 공간은 필수가 되었다.

- 이제 공간은 기존의 공식에서 벗어나 멀티플한 혼성공간으로 용도를 변형해 사용된다.

  다른 공간으로 가구를 이동하면서 재배치에 따른 공간의 재발견을 할 수 있어야 한다.

- 공간의 적절한 효율과 거기에 개성과 취향을 섞는 유연한 공간 프로듀싱이

  공간을 살리는 미덕이 되었다.

5. 자신 있는 스위트 스폿 만들기

가구 배치에 두려움을 없애는 스킬 중 하나는, 지금의 공간을 찬찬히 둘러보면서

평소 본 것 보다 약간의 주의를 더 기울여 보자. 눈에 거슬리는 가구가 있을 수 있다.

이것만은 디자인이나 모든 것을 생각해도 절대 버릴 수 없고 포기할 수 없는 물건도 있다.

그렇다면 그것을 살릴 수 있는 공간을 먼저 고민해 보는 것도 방법이다.

메인 가구가 아니더라도 우선순위에 구애받지 말고 공간의 매력도를 생각해서 배치해본다.

좋은 기억이 떠오르게 하는 물건이나 눈길이 가고 마음이 가는, 사진 그림 등말이다.

소가구, 소품, 또는 음악, 향기 등을 믹스해서 나만의 코지(cozy)한 최적 지점(Sweet Spot)을

만들어보자. 먼저 공간을 살펴보고 다르게 변형할 수 있는 것이 있는지 한발 치 떨어져서 본다.

소파를 새 벽면으로 옮기든, 테이블의 용도를 변경하든,

이 수준에서 공간을 재고하면 의외의 활용 결과를 얻을 수 있다.

공간 장식에 새로운 것을 추가하기 전에 잠시 멈추고 자기 집의 이야기에 대해 기억을 소환시켜보자. 외국 영화에서 보면 대대로 내려오는 가구나, 추억담을 회고하는 장면이 있다. 아버지가 늘 앉아 계시던 흔들의자에 대한 회상 장면이나, 혹은 어릴 적 형제들과 다락방에서 놀았던 기억 같은 것 말이다. 과거에 묻혀있던 추억의 사진을 꺼내 현재와 연결하는 스토리 등이다. 그런 집은 시간과 공간을 이어준다. 자기 집에 대한 삶의 흔적들과 좋은 경험은 한 편의 서사시다. 어떤 트렌드보다 오래 지속되며 내 집의 역사를 보호해주는 역할을 해준다. 그것은 자기 집만의 정체성과 서정적인 공간에 대한 기억으로 존재한다. 거기에 만족할 만한 수준의 내면화 된 기억을 정서적으로 유지 시켜준다.이런 주거공간의 스토리텔링에 유의미한 것들을 지속시키는 방식을 제안하자면, 기존에 갖고 있던 오래된 물건과 어울리는, 현대적인 아이템을 추가해서 돋보이게 하는 것도 그 공간 분위기를 살리는 방법이다. 이처럼 자기 집에 오래도록 내려오는 앤티크 가구나 물건은 어느 공간에도 허용될 수 있다. 왜냐하면 물건 이전에, 가족의 추억이 남아있는 소중한 기억을 새집에 이사했다 해서, 공간에 안 맞는다고 치우는 것은 그 집만의 고유한 역사를 버리는 것이기도 하다. 집에 있는 모든 것이 깨끗하고 선명하며 새것일 필요는 없다. 그래서 그것만은 독립적인 물건으로 인정해야 한다는 생각은 유지하되, 리폼을 통해서 유연한 조화를 꾀하는 것을 권하고 싶다.

일상의 오랜 가구는 공동의 기억으로 추억이 되고 쌓여 앤티크의 역사가 되는 힘이 있다. 소프트 미니멀한 컨셉의 공간에 기존의 세미 클래식 앤틱 가구는 빈티지 모던 가구와도 잘 어울릴 수 있다. 디자인이 다른 가구와도 매칭은 되지만 색상이 너무 진해 도드라진다면,

리폼 가구공장에 보내 다른 색상을
선택해 재사용 할 수도 있다.
의자의 좌판도 사진처럼
천갈이 리폼을 하면 새로운 멋을 준다.
엄마가 쓰시던 앤티크 화장대를
자녀가 물려받아 색상만 바꿔서
다시 쓰는 것은 의미 있는 일이다.
무엇보다 경제적이어서 고객에게도
권하면 대부분 흡족해하신다.

스타일링을 할 때 예산 부족으로
인해 고객이 지향하고자 하는
컨셉이 흔들릴 때가 있다. 가구를 바꾸고는 싶지만, 금액이 부담스러워 기존에 안 맞는
가구를 그대로 쓰는 경우도 생긴다.
전체적인 공간을 바꾸기 어려울 땐 믹스 앤 매치와, 제작 가구 디자인을 별도로 잡아
제안하는 편이다. 예를 들어, 기존 소파를 오래 써서 가죽이 헤졌다.
다행히 몸체인 기본 프레임이 건실하다면, 새 공간에 맞는 패브릭을 선택해 교체해서
한 텀 연장해 쓰는 것도 제안한다. 비용이 적게 드는 것은 아니지만,
기본 바디를 교체해도 품위가 유지될 수 있다면 공간의 적정한 가성비로도 좋을 것이다.

대부분 고객분들도 알려진 명품 디자이너 가구나 고가의 가구로 공간을 다 채우긴 어렵다.
그래서 직접 몸에 닿지 않는 TV장이나,

혹은 아래 컷처럼 자녀방의 서재, 책장 등 이런 가구들을 공간에 맞는 디자인을 제안해

전문 업체에 제작을 의뢰해드린다. 물론 기성 제품도 경제성과 공간에 잘 맞는다면

구매를 권하지만, 제작하면 공간에 맞는 색상과 크기로 그 집에만 있는

개성있는 분위기를 찰떡같이 연출할 수 있어 맞춤 디자인을 제안한다.

제작 가구 디자인도 세밀한 치수와 소재, 색상을 선별하는 까다로운 공정이 기다린다.

사실 신경이 많이 쓰이는 일이다. 금액도 만만치는 않기에,

퀄리티가 검증되어 결과물에 대한 책임을 지는 오랜 제작업체에게 의뢰한다.

어느 공간이든 동선과 수납을 해결해야 하는 과제를 잘 풀어야 좋은 공간으로 평가받는다.

무엇보다 주부들은 효율적인 동선과 물건을 잘 감출 수 있는 수납 부족이 항상 문제다.

그래서 인테리어를 결심하게 되는 가장 중요한 요인이 된다.

밖에 나가 지쳐 집에 돌아왔을 때,

정리가 안돼 마구 흐트러져 있는 공간을 보면 피곤이 갑절로 몰려드는 경험을 했을 것이다.

집의 물건들이 튀어나와 어수선하고 산만하다면 일단 제자리로 돌려놓아야

정리가 돼 보이기 때문이다.

이때 아이들도 자기 방의 놀이거리를 정리하게 하는 습관은 어릴 때부터 길러줘야 한다.

pinterest

수납은 결국 공간에 제자리를 정해주는 것이다. 유독 우리나라 주방엔 생활용품들이 너무 편리성을 취하다 보니 장기판처럼 다 나와 있다. 외국 집이나 모델 하우스를 보면, 꼭 보여야만 하는 적재적소의 용품 외엔 비어져서 더 넓어 보이게 하는 묘미가 있다.

물론 그곳이야 상업적으로 멋져 보이게 하는 유혹의 기술이 숨어 있긴 하다.

우리 주방에도 꼭 필요한 것만 노출하되, 잡다한 생활용품은 보이지 않게 정돈해 보자.

숨김의 기술만 발휘한다면 훨씬 더 시각적으로 넓어 보이게 될 것이다.

특히나 작은 공간에는 더욱더 전략적인 생활용품을 구매해서 기능과

디자인의 두 가지를 다 잡아야 한다. 그런 두 가지를 겸비한 제품들이 많이 출시되어있다.

커피메이커나 감각적인 예쁜 제품들은 꺼내 두자. 밝은 톤으로 통일감 있게

꾸미면 친구들과 함께 카페가 안 부러운 달달한 스폿이 될 것이다.

maisonkorea

발코니 쪽도 아늑한 휴식의 포켓 공간이다. 현대인에게 필요한 사색의 공간으로도

효율성을 높일 수 있는 곳이다. 더욱이 요즘 발코니가 있다는 것은 코로나 시대에

부러움을 사는 알파요 베타 공간으로 부상하고 있다.

발코니는 사적이면서도 외부와 연결된 완충 공간이다.

게다가 전망까지 좋다면 코지(cosy)한 라운지 공간으로 멋을 연출할 수 있다.

안락한 착석감이 있는 일인 암 체어와 커피 테이블을 두어 차 한 잔의 여유를 즐길 수 있다.

나 홀로 독서의 호젓함도 누릴 수 있는 제 2의 멀티 공간이 된다.

거기에 발코니의 싱그러움을 발산하는 식물들까지 가세하면 금상첨화다.

생기와 에너지로 심리적인 안정감을 덤으로 가져다주는 참을 수 없는 즐거움이 있는

스위트 스폿이 되어줄 것이다. 〈About happiness〉저자 '어맨다 탤벗' 은 "디자인은

언제나 사람과 장소가 품은 이야기에서 출발하고, 어떻게 하면 그 사람들을 그 장소에서

기분 좋고 편안하게 느끼게 만들 수 있을까? 라는 질문에서 출발해야 한다" 고 했다.

자기 공간을 유쾌하게 즐길 수 있는 공간의 근육은 자기 취향을 심어 스스로가

애정 어린 손길로 직접 다듬어봐야 한다. 그래야 자기만의 애착 공간이 생기는 법이다.

내 취향을 적절하게 녹이는 소소한 작업을 시작해보자.

무엇을 원하는지 정확히 알면 비용과 수고를 줄일 수 있다.

● Stylist Point

- 나만의 코지(cozy)한 최적 지점(Sweet Spot)을 만들어보자.

  먼저 공간을 살펴보고 다르게 변형할 수 있는 것이 있는지 한발 치 떨어져서 본다.

- 자기 집에 대한 삶의 흔적들과 좋은 경험은 어떤 트렌드보다 오래 지속된다.

  한 편의 서사시처럼 고유한 히스토리를 만들어 낼 수 있다.

  오랜 가구는 공동의 기억으로 추억이 되고 쌓여 앤티크의 역사가 되는 힘이 있다.

- 주거공간에서의 수납은 제자리를 정해주는 것이다. 정돈과 숨김의 기술을 적적히 발휘하면

  공간이 훨씬 넓어 보이므로 인테리어를 계획할 때 먼저 수납의 해결에 힘쓴다.

- 발코니 쪽도 아늑한 휴식 공간의 스위트 스폿으로 꾸며 공간의 효율성을 높일 수 있는 곳이다.

  코지(cosy)한 라운지 공간으로 다양한 멋을 연출할 수 있는 알파,

  베타 공간이므로 적극적으로 활용한다.

- 공간의 근육은 자기 취향을 심어 스스로가 애정 어린 손길로 직접 다듬어봐야 애착공간이 생긴다

■ 좋은 흐름을 타는 공간 가구 재배치 활용법 4 가지

1. 적극적인 레이아웃(Layout)으로 공간을 재구성하자.

거실의 TV를 감추거나 다른 곳으로 이동시켜보자. 일반적인 거실 대부분은 TV가 중심이 되어 마치 소파가 필요한 듯 당연시 여겼다. 그러나 거실에서 텔레비전 존재를 없앰으로, 어쩔 수 없이 소파에 앉아 자연스레 마주 보며 얘기를 하게된다. 물론 요즘은 다양한 형태의 미디어가 있어 자기 방에서 원 없이 볼 수 있는 게 사실이다. 그러나 무언가 앉고 싶어지는 안락함에 끌리는 거실이라면 얘기는 달라진다. 그런 분위기가 모이게 하고, 모이면 소통의 대화가 오고 가는 놀라운 변화가 생긴다. 이렇듯 단지 물건 하나 옮겨 활용도를 높이는 재배치는 좋은 흐름을 타는 하나의 적극적인 공간 재구성이다.

- 거실에 꼭 소파를 두어야 한다는 생각을 버리자. 커다란 멀티 다이닝 테이블을 중앙에 과감하게 배치해보자. 자연스레 가족들이 모이게 되고 책을 보거나 업무도 할 수 있다. 지인들이 와서 카페처럼 사용하며 다양한 용도를 충족해 줄 수 있다. 경계를 허무는, 개성있는 오픈 공간으로서 여러 기능의 활용도가 공간의 밀도를 높일 수 있다.
- 거실에 무거운 소파가 포인트가 되기보단 좀 더 자유로운 개성과 감각을 드러내는 등받이가 높은 일인용 이지체어(Easy Chair)나, 등받이가 낮은 라운지 체어(Lounge Chair)를 테이블과 같이 매치해보자.
- 소파 대신 일인용 체어로 다양한 거실의 표정을 바꿔보자. 개성 넘치는 일인용 암 체어 두 개나, 공간에 따라 가족 구성원 수의 의자를 늘려가자. 대화하기에 편안한 대면형 구조로 리듬감을 살려 배치해보자. 그 흔한 소파를 둔 일반적인 방식에서 벗어나보자.
  자유스럽고 확실히 개성 넘치는 공간 배치로 멋스러움을 주기에 의자는 충분한 역할을 한다. 때론 모서리 공간 코너 자리를 활용해 보자. 필요에 따라 일 인 체어를 두면 거실의 활용성과 다른 분위기의 포컬 포인트로 즐길 수 있다. 이런 가구 외에 디자인 조명이나 크고 화려한 조형적인 식물도 포인트로 활용될 수 있다. 이처럼 거실의 시선을 끄는 포인트 가구나 물건을 정하되 전체적인 공간의 적절한 비율과 균형감과 여백을 생각하며 배치한다.

- 멀티플(multipul)한 혼성공간은 이젠 라이프 스타일의 자유로운 선택에 맞추어 거실엔 TV, 서재엔 책상이라는 공식은 깨졌다.이런 공식을 벗어나 일과 쉼의 경계가 모호한 가변적 공간 배치가 코로나 시대를 넘어 대안으로 떠오른 것이다.

2. 최소 동선끼리 묶어 준다.

- 식탁에서 식사 외 홈 오피스처럼 책상으로 사용하거나, 침대에서 책을 읽는 행위 또는 클로젯에 화장대를 같이 배치해 화장하고 옷을 갈아입는 등 겹치는 동선을 함께 묶는다.

3. 공간의 위치, 시선이 머무는 포컬 포인트를 정하자.

- 공간은 큰 면적을 차지하는 순서로 비중을 파악한다.
- 침실의 면적이 크다면 침대를 중앙에 배치해 침대 중심의 좌우로 공간을 분리를 해서 쓴다.
- 작은 침실이라면 침대를 대각선 방향이나, 벽면 안쪽에 붙이고 키 낮은 가구를 배치하면 시각적으로 공간을 넓어 보이게 한다.
- 다이닝 공간의 테이블에 자유로운 믹스 앤 매치로 재미와 경쾌함을 주는 의자가 포인트 요소가 될 수 있다. 무난한 식탁엔 좀 더 감각적인 디자인의 오브제같은 조명등을 설치하면 공간이 한결 세련돼 보인다.
- 시선을 끄는 액센트 조연을 내세우자. 다만 액센트 조연은 크기나 색상, 재질 디자인이 더욱 중요해 주인공을 받쳐주는 역할로서만 허락한다.

4. 의도적인 공간 분리를 시도해 보자.

- 공간 분리는 기능적인 것과 심리적인 분리가 있다. 가령 방 하나에 러그나 파티션으로 공간을 분리해 주던지, 키 낮은 책장을 두어 한 쪽엔 침대와 반대 쪽엔 책상을 두면 기능과 심리적인 측면의 안정감도 기대할 수 있다.

Chapter 2

매력적인 공간 보정

1. 색채가 공간을 이긴다.

- 공간에 색채를 맞이하는 스킬

독일계 미국인 '요제프 알베르스(Jesef Albers 1888-1976)' 는 색채의 오랜 연구와 경험을 토대로 써낸《색채의 상호작용》이란 책을 펴냈다. 그 책에서 색채의 안목을 키우는 것은 "색채의 연관성을 깨닫는 동시에 색채의 작용을 이해하는 것이다" 라고 했다.
즉, 색의 주변부와 환경의 쓰임에 따라 색채는 무한히 달라질 수 있다는 지론이다.
바우하우스 강사에서 예일대 디자인 학과장을 지낸 전문가답게 역시 공간을 다루는 전문가들이 활용해야 하는 지침의 안내서였다.

엄밀하게 얘기하면 색채는 태양과 빛의 파장이다. 빛은 파장으로 비추는 스펙트럼에 따라 물체의 색이 다르게 보이는 것이다. 실내에서 결정했던 색을 자연광에서 확인하면 약간 다르게 보이며 제 색을 확인할 수 있다. 또한 면적에 의해 달라지는 경험했을 것이다.
디자이너는 실내외의 어디에서도 축적된 시각적 데이터로 색감을 판별하는 예리한 전천후 색채감각을 지녀야 한다. 인테리어에서 어떤 색감을 사용하는지에 따라 전체적인 느낌이 많이 달라지기 때문이다.

색채는 공간의 컨셉 그 자체라고 할 수 있다.
결국 색채의 결정은 공간의 중심을 잡아주는 핵심이라 할 수 있다.

실제 인테리어 공사의 진행 과정은 색상 톤을 정하는 것으로부터 시작 된다.

메인 색상을 정하기 위해선 톤(tone)이라는 말을 들어봤을 것이다.
톤(tone)이란 명도와 채도에 따른 차이를 말한다.
자재를 고를 때부터 색감을 선정하기 시작해서 마감할 때까지 예민하게 공간의 색상 선택을 강요당한다. 이렇게 색채는 처음이자 마지막을 의미할 정도로 중요하다.
공간별 벽체 색을 고를 때나, 타일을 정하거나 바닥재 선정에서 제작 가구에 이르기까지 숱하게 고객에게 색감 톤을 선별하여 제안하는 과정이다.
공간 내부의 거실 벽 면에서 도장 혹은 벽지를 선택할 때, 대부분 메인 컬러는 부드러운 뉴트럴(Neutral) 단색으로 정해진다. 주로 웜 화이트 (warm white)나 좀 더 라이트한 그레이(light gray) 색감 등 밝은 색상의 명도에 의존한다. 부드럽고 차분하며 무난한 색상으로 결정되어진다. 좀 더 강조되는 포인트 컬러는 소심하게 집의 한 벽면이거나 혹은 방 하나 정도다. 최소 면적으로 심약하게 발휘되곤 했다. 하지만 지금까지 지속된 색채에 대한 보수성을 이제는 좀 바꿀 때가 됐다.

그동안 자기 공간에 부여하고 싶고 발산하고 싶은, 억압된 컬러를 용기를 내어 조금 과감하게 도전해보자. 그러면 인생에 크레이프처럼 켜켜이 쌓인 색채 경험치가 집안에 생기를 불어넣고 공간을 자유롭게 풀어낸다. 두려움을 버리고 과감하게 사용된 색채를 통해 기분이 좋아지고 행복해질 수 있는 나만의 공간을 만날 수 있다.

연예인 중에 인기 많은 P씨가 집을 이사했다. 인테리어와 가구에 원도 한도 없이 볼드하고 다양한 색채로 마감한 보금자리를 잡지와 TV를 통해 보았다. 그녀의 공간은 자신에게 맞는 취향과 개성을 힘껏 드러내는 컬러를 나름 질서 있게 사용하였다. 집에 돌아오면, 언제든 색채가 먼저 반겨주고 기분을 업 시켜 주는 그 공간에서 더욱 자신감 있어 보였다.

그 선택에 응원과 박수를 보낸다. 이러한 색채는 우리에게 사람의 생각이나 분위기 취향 등 심리적으로 공간을 설득하는 강력한 힘으로 작용한다. 전체적인 좋은 기운의 흐름이 있는 공간 연출이 된 것이다.

때로는 기분이 울적해 친구를 만나러 갈 때, 중간 톤의 배색으로만 옷을 코디했지만, 액센트를 주는 강렬한 레드 백, 또는 그린 색의 포인트 가방을 적절하게 선택해보라. 잠시라도 기분을 레몬처럼 상큼하게 바꿔주는 경험을 해 봤을 것이다. 색상은 분명 선명한 감정의 온도에 영향을 느끼게 해준다. 이런 색채 표현은 심리적인 변화를 위한 강력한 소통 수단이 될 수 있다. 어느 공간에 들어갔을 때 시선이 집중되는 색채에 대한 기억은 그 컬러를 다른 곳에서 마주쳤을때 다시 선명한 기억으로 떠올린 경험도 있을 것이다. 이제는 그 전략적 컬러를 선택함으로써 얻어지는 공간 정복감과 자유로움을 내 집에서도 누릴 수 있다. 공간은 색으로 연결되어 완성되어지기 때문이다.

공간을 결정짓는 가장 큰 무드는 메인 컬러(Main colour)를 선정하는 일이다. 공간에서 색감은 메인 컬러(Main colour)와 서브 컬러(Sub colour) 그리고 포인트 칼라 (Point colour) 순으로 결정하여 적용된다.

교과서처럼 컬러의 황금 배율만 기억하면 어느 공간에서나 실패할 확률이 줄어든다. 기본베이스는 60%, 메인 컬러 30%, 액센트 컬러 10%를 섞는 것이다.

첫째, 메인 컬러(Main colour)는 컨셉이 정해지면 풀기가 수월해진다. 공간에서 가장 큰 면적으로, 기본이 되며 주된 역할을 하는 벽면과 바닥, 붙박이 장 등의 큰 가구들이다.

두 번째의 서브 컬러(Sub colour)는 주방이나 문짝 색과 소가구인데 가짓수에 따라 주변 색인 배색이 정해진다. 마지막 포인트 컬러(Point colour)는 가장 강조하고 싶은 부분이나 포인트가 되는 한 벽면, 커튼과 러그 그리고 돋보이고 싶은 주목성 있는 그림이나 쿠션 소품 정도다. 내가 사는 공간이 정리가 안 돼 보이고 산만해 보이는 것은, 물론 물건이 어지럽게 나와 있을 수도 있다.

그러나 질서 없이 산재해 있는 컬러를 톤 앤 톤(tone & tone))의 그라데이션 배색으로 바꿔 주기만 해도 공간이 한결 정리되어 세련돼 보일 것이다.

요즘은 톤 앤 매너(tone & manner)라는 색상에 대한 분위기가 공간에 대한 성격을 결정한다. 컨셉을 일관성있게 유지하는 방식으로 드러난다.

- 공간의 선명도는 색채가 결정한다

이제는 상식이 된 컬러의 기준을 제시하는 '펜톤 컬러(Panton Colour)' 는 친절하게도 매해 유행할 색 (Colour of the Year)을 발표한다. 패션과 홈 인테리어, 가구 등 산업 전반에 영향력을 미친다. 중성 색조인 뉴트럴 컬러 (Neutral colour)는 오래전 부터 우리 주변을 지키는 색조가 됐다.

elledeco

심지어 회색(Gray)과 노란색(Yellow)은 2021년도 팬텀 색(Colour of the Year)으로 선정됐다.

회색은 지금까지 어디에서나 만날 수 있으며 지속적으로 주변을 지키고 있는 기본색이다. 사실 회색 자체로는 재미가 없다. 그러나 어떤 색상도 품는 엄마 같은 색조다. 주변부 색에 의해 살아나 묻지도 않고 더블로 가는 느낌이랄까, 게다가 현대적인 느낌마저 드는 색조다. 그러기에 공간에 자기 주도의 색상을 추가하고 싶거나 때론 모노크롬(monochrome)의 단색을 사용하는 것은 시크하고 스타일리시 하다는 걸 잘 알고 있다. 그러나 어디에나 만능의 색처럼 회색만을 두는 것은 지루하다. 다만 회색 음영을 비비드한 노란색과 결합하거나, 색상환에서 상호 보완적이며 결속된 칼라 매치의 가능성은 정말 무궁하다. 그렇게 곁 색상에 팝을 추가하면 집안 전체에 경쾌한 흐름과 움직임을 만드는 데 도움을 받을 수 있다. 기존 회색을 베이스로 사용하여 변화를 주고 싶다면 액센트 색상을 변경하면 된다. 예를 들면 노란색을 주황색 또는 청록색으로 바꾸어 주어 다른 분위기를 만들어 준다. 이렇듯 뉴트럴 색이든 색상을 추가하여 공간의 느낌을 바꿀 수 있는 유용한 색상이 그레이 컬러다.

pinterest

최근 뉴트럴은 '그리지(Greige)' 라는 그레이와 베이지를 결합한 신조어가 중간색조로 자리 잡고 있다. 쿨 톤(cool tone)과 웜 톤(warm tone)이 차분하고 따스하다. 균형 잡힌 느낌의 안정감을 주기에 어디에나 적용되어도 잘 어울린다. 색상을 고를 때 망설이거나 결정하기 어렵다면, 주변부와 도드라짐 없는 이 색상을 부담 없이 선택하기에 완벽한 뉴트럴 색조라 할 수 있다. 2022년 컬러는 더 나가 뉴트럴 베이스에 편안하고 차분한 브라운색 계열이 꾸준히 유행할 전망이다. 그 옆에 자연스레 어울리는 녹색은 식물과 같은 자연적인 요소로 짝을 맞춰 지금까지 그래왔듯 현재를 반영할 것이다.

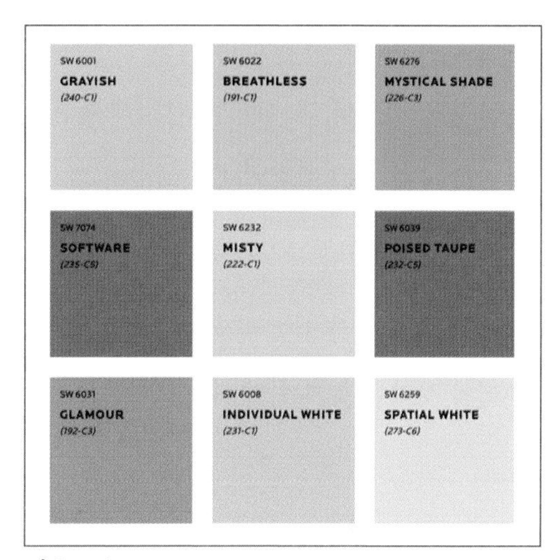

pinterest

북유럽 디자이너 베르너 팬톤은 "색채는 형체보다 더 중요하다" 라고 말했다. 르코르뷔지에도 "색은 물과 불 만큼이나 필수적인 요소다" 라고 주장했다. 이렇게 색채 팔레트는 우리의 일상 모든 곳에 존재한다. 샤갈의 그림으로 행복해지거나, 마크 로스코(Mark Rothko)의 심오한 색채의 중량감은 깊은 상념으로도 우리를 이끌며 감정에 영향을 미친다. 더불어 색채는 마음의 심리적 치유로서도 커다란 작용을 한다. 우리는 주변에서 색채가 공간의 형태보다 눈에 먼저 들어오고 가장 강력하게 시각적 자극을 받으며 그 자극이 오랫동안 기억으로 남는 경험을 했을 것이다. 이제는 시간을 내서 주변 어디서나 마주치는 색채에 관한 관심으로 갤러리도 돌아보면서 컬러 감각에 눈을 뜨자. 집에서나 미용실에서건 잡지를 보면서 패션과 메이크업 등 가구 트렌드도 눈여겨보자. 눈치 빠른 MZ세대들은 재미만 느끼면, 혼자서도 어플로 관련 서핑을 하면서 안목의 소스를 찾아 배색에 대한 컬러 공부를 할 수 있다. 사실 컬러는 중성색을 잘 써야 진짜 실력이다. 한편으론 주변 색과의 조화 또는 계획된 부조화의 신선한 자극은 새로움이 느껴지도록 표출된 의도된 성공이라고도 할 수 있다. 과거 실내 장식에는 컨셉이라는 개념도 없었다. 큰 평수는 최대한 중후하고 무거운

브라운 색조 위주의 붉은 체리 색 몰딩이 주류였다. 심지어 한때 가구. 색? 을 꽉 잡았던
옥색 일명 민트색, 그나마 흰색, 미색 등 무난한 색상을 고수하며 사용되었다.
그러나 이제는 어떠한 컨셉을 어떠한 색채로 구현할 것인지를 미리 정하고 시작한다.
이때문에 디자이너들의 색채 감각인 컬러 사용은 매주 예민하고 신중하게 진행된다.
이렇듯 어느 곳에서도 색채는 고유한 자기 주장의 언어가 있기에
우리의 시각을 훔치는 일등 공신이다.

'빛의 벙커전(Bunker de Lumieres)' 을 초봄 제주도 가족여행에서 만났다. 제주 성산포를 향해 운전해 가는 내내 기대감을 모으며 수다스러운 담소와 함께 그곳에 도착했다. 옛 국가 기밀의 통신시설을 위해 만들어 놓은 비밀스러운 벙커라는 말이 호기심을 부추겼다.
크기가 "축구장 절반 정도인 900평으로 대형 철근콘크리트 구조물을 오름 안에 건설하여 흙과 나무로 덮어 산자락처럼 보이도록 위장하였고 군인들이 보초를 서서 출입을 통제하던 구역" 이라고 한다. 이런 전시 공간을 모색하며 2017년에 드디어 찾아낸 제주의 이 오래된 벙커는 철거, 내부 공사, 콘텐츠 제작 및 사업마케팅 준비를 진행한 지 1년 만인 2018년에 '빛의 벙커' 로 탄생하며 개관했다고 한다.
방어의 목적으로 설계된 벙커의 특성이 최적의 장점으로 드러나며
프랑스 몰입형 미디어아트 전시 공간으로 재탄생된 것이었다.
초봄의 푸르름이 기지개 켜듯, 입구에는 오스트리아 태생의 낯익은 삼인방 작가들에 대한 설명과 함께 봄에 기획된 전시였다. 우리에게도 친숙한 구스타프 클림트(Gustav Klimt)와 그 의 동시대 친구 에곤 실레(Egon Schiele), 내 논문의 한 페이지를 장식한 친자연주의적 건축가이자 화가였던 훈데르트 바서(Hundert Wasser)까지 만나게 되어 반가움과 설렘으로 벙커에 입장했다. 들어서는 순간부터 완전히 다른 세상에 잠시 초대받은 것처럼, 빛의 거대한

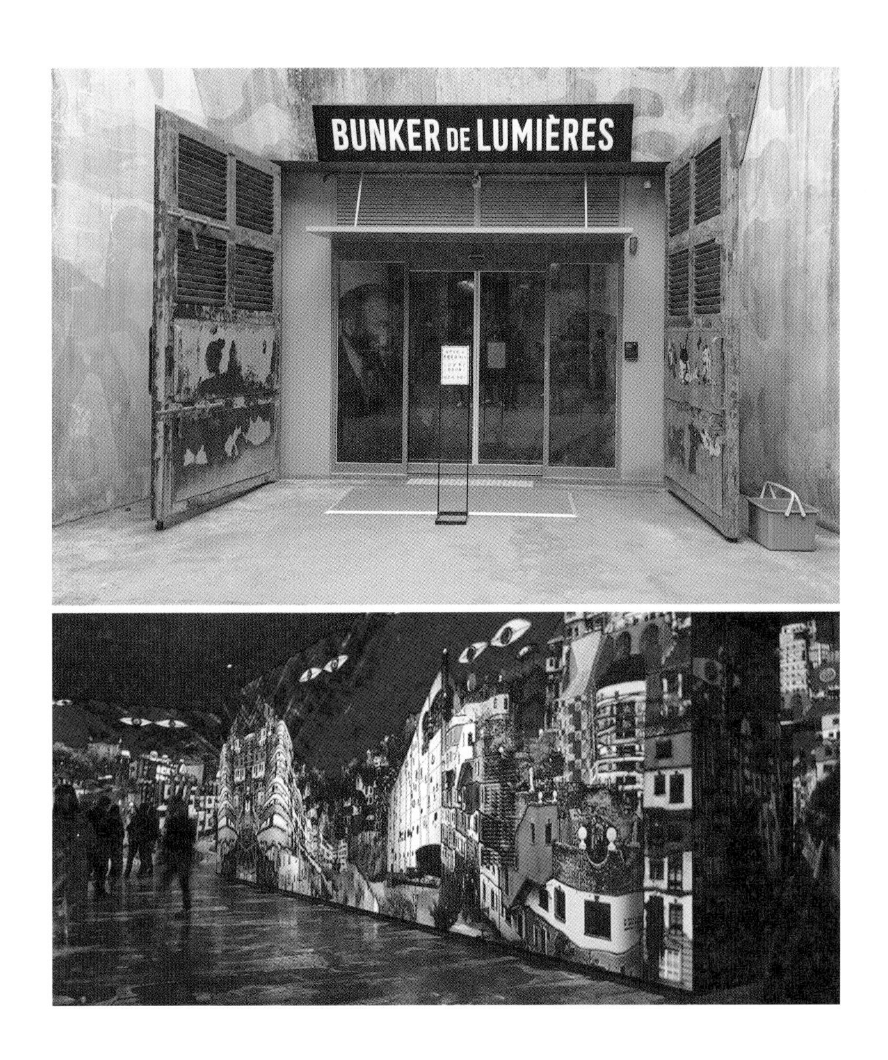

샤워실에서 그림들과 음악의 압도적인 사운드가 내 몸을 착 휘감는 듯한 착각이 들었다.

공간 전체의 벽면 그림들이 시시각각으로 수채화 퍼지 듯, 다른 그림으로 변형, 치환되면서

움직이는 율동성과 이동하면서 변화되는 화려한 시각적 임팩트의 색채 향연이었다.

좀처럼 눈을 뗄 수 없는 미디어아트의 극도의 몰입감을 이곳에서 경험케 하였다.

특히 '구스타프 클림트 (Gustav Krimt)' 는 우리게도 익숙한 '키스(The Kiss)' 라는 작품으로

떠오르는 화가다. 환상적이면서도 황금빛 골드 색채가 그의 시그니처다.

그 공간엔 클림트의 모티브인 골드색 구름 형상의 장식적 요소들이 봄바람에 흩뿌려진 홀씨들처럼 나풀거린다. 벽면에 유영하듯, 나의 모든 신체를 황금빛 색채와 조명으로 물들인다. 그곳에선 나와 관객들의 시각과 청각 감각을 완전히 사로잡아 화려한 그림의 세계로 고립시키는 예술들이 벙커 안에서 찬란하게 펼쳐지고 있었다. 이런 거장의 예술 작품들을 색채와 조명 그리고 음향 기술과의 의기투합이 이루어낸 놀랍고도 색다른 공간 체험이었다. 이토록 다채로운 컬러가 공간을이기는 배경의 재료 될 수 있다는 경험과 우리가 사는 공간에 응용할 수 있는 용기를 가지게 된 계기가 되었다.

역시 공간을 단번에 사로잡는 힘과 생기를 부여하는 아우라는 색채로 결정된다.

● Stylist Point

- 색채는 우리에게 사람과의 생각이나 분위기 등 심리적으로 공간을 설득하는 분명한 힘으로 작용한다. 거기에 선명한 감정의 온도까지 느끼게 해준다.
- 공간을 결정짓는 가장 큰 무드는 메인 컬러(Main colour)를 선정하는 일이다. 컬러는 공간의 컨셉을 나타내는 무기가 된다.
- 공간에서 색감은 메인 컬러(60%)와 서브 컬러(30%) 그리고 포인트 컬러(10%) 순으로 결정하여 적용하면 실패율을 줄일 수 있다.
- 전략적 컬러를 선택함으로써 얻어지는 공간 정복감과 자유로움을 내 집에서도 누릴 수 있다. 공간은 색으로 연결되어 완성되기 때문이다.
- 지금까지 지속된 색채에 대한 보수성을 이제는 좀 바꿀 때가 됐다. 그동안 자기 공간에 부여하고 싶고 발산하고 싶은 억압된 컬러를 용기를 내 과감하게 도전해 보자.

2. 조명도 색채만큼 중요하다.

- 공간을 살리는 비밀 병기

자기가 사는 주거공간에 햇빛을 최대한 욕심껏 들이기를 거부하는 사람은 드물다.
특이하게도 우리는 집을 구하는 조건에서 유독 남향을 먼저 선호하는 경향이 있다.
그것도 채광 때문이다. 자연채광의 중요성을 강조해야 하는 이유는, 인간이 거주하는
공간에 차지하는 자연산 빛이란 산소처럼 중요하기 때문이다.
우리 일상은 한낮엔 자연광에 의존하고, 밤엔 인공 조명으로 삶은 영위된다.
이런 공간에 다르게 연출되는 분위기와 기능적인 효율성을 단박에 높여주는 아이템으로
조명만 한 게 더 있을까? 그러나 안타깝게도 일반인들은
아직 조명이 비밀 병기로서의 공간을 살리는 활약상을 제대로 인지하지 못하는 듯하다.

이미지를 압축해 놓은 가장 인상적인 체험을 하는 공간이 호텔일 것이다.
유난히 호텔에 가면 조명이 더욱 확실하게 느껴지는 이유가 있다.
호텔에서 처음 접하는 출입구인 로비에 들어서는 순간, 다른 세상이라 느껴지게하는 주백색의
호사스러운 빛의 퀄리티를 접할 수 있기 때문이다. 보편화된 주광불빛에 익숙한 우리에게
디자인적 욕구를 해결해 주는 곳이다. 호텔 조명은 비일상적인 화려함과 집중적인 럭셔리의
첫인상이 각인된다. 라이팅(Lighting) 컨셉 공간인 호텔은 어떤 디자인 조명을 선택했는지,
조도 설계와 배치에 따라 호텔의 품격과 정체성을 명확히 느끼게 하는 공간이다.
호텔이 일반 주거공간과 다른 이유는 통일감있는 가구의 배치에 있다.
거기에 조명이 공간을 살리는 적재적소의 프리미엄 소금 같은 소임을 수행하기 때문이다.

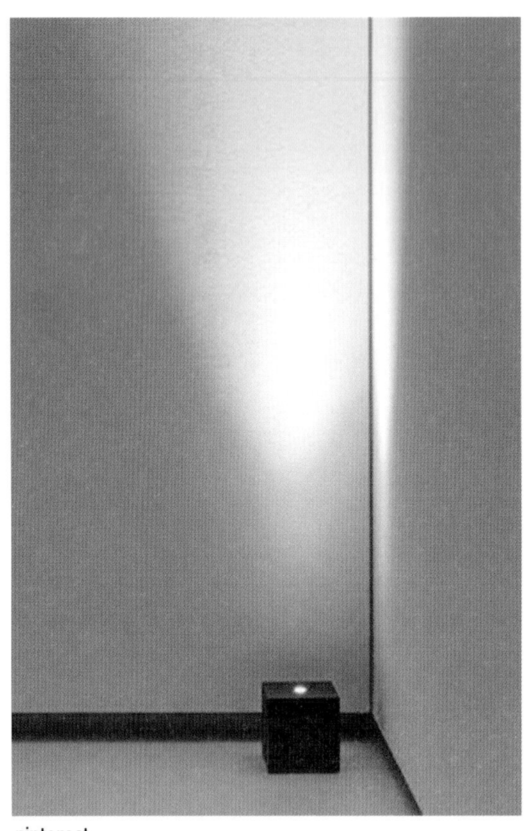
pinterest

지나온 시간, 조명은 빛을 비추는 장치에 불과했다. 빛이 필요한 곳에 조명을 단다는 단순한 개념뿐이었다. 그러나 이제 조명은 공간 디자인 개념으로 진화하였다. 더욱이 실내 공간의 중요한 구성 요소가 되었다. 공간의 전체적인 통일성의 조화가 개성 있는 도구로서 조명을 장식처럼 활용한다. 사실 촛불 하나가 밝힌 공간을 떠올려보면 분위기를 알 수 있듯이, 먼저 조명으로서의 기본 기능을 갖추었는지를 살펴본다. 그중에서 컨셉과 디자인, 빛의 광원, 색감 등을 고려하여 선택해야 한다. 빛의 레이어 층을 계획하고 배치하면 공간의 리듬감과 깊이감을 풍부하게 만들 수 있다. 이렇게 조명의 역할은 기능성과 더불어 경제적으로 공간을 변화시킬 수 있는 분위기 메이커 역할로서도 확실한 장치다.
그만큼 조명은 우리 삶의 질을 조정한다. 비단, 조명은 호텔뿐만 아니라 일반 주거공간에도 조명등을 배치하는 방법에 따라 공간을 극적으로 바꿀 수 있다.
가령 빛이 퍼지는 간접 조명으로 천장 면을 비춰면 천장이 높아 보인다.
상부에 위치하느냐 중간 위치에 두느냐 아니면 바닥에 두느냐에 따라 공간이 확실히 다른 분위기가 조성된다.

piknic

남산에 자리한 카페 '피크닉(Piknic) '은 이름처럼 그곳에 가면 소풍 나온 것처럼 설렘이 드는 이유가 있다. 압도적인 사이즈의 화려한 샹들리에가 줄줄이 일렬로 천장에 매달려 있어, 마치 우리의 심장을 두둥 확장시키는 것만 같다. 기분을 공중 부양시켜주면서 진짜 피크닉을 나온 쾌활한 분위기로 전환 시키는 힘과 함께 복합적 명소로 성공했다. 물론 일렬로 차렷 정렬된 중앙의 커다란 테이블의 규모도 한몫 한다. 거기에 두 말할 것 없이 압도적인 군을 이루는 거대한 샹들리에 조명의 차별화된 선택과 시각적 임팩트 때문일 것이다. 조명을 잘 연출하기 위해서는 위치 등 고려해야 할 사항이 많다. 적절한 밝기인 조도는 조명을 설치하는 천장 높이에 따라 빛의 분위기와 공간의 인상이 달라진다. 특히나 좁은 공간에는 벽면 조명만 잘 써도 공간의 확장성을 유도 할 수 있다. 넓게 보이는 착시 현상까지도 기대 할 수 있는 비밀 장치가 조명이다. 강조하자면, 조명은 어떠한 구성 요소보다 경제적으로 분위기를 바꿀 수 있는 훌륭한 장치다. 그러나 같은 공간이라도 어떤 조명을 어디에 설치하느냐에 따라 공간은 전혀 다른 느낌으로 변신한다. 예를 들면 수직면인 버티컬 라인을 강조하는 조명이 훨씬 세련된 공간을 연출한다.

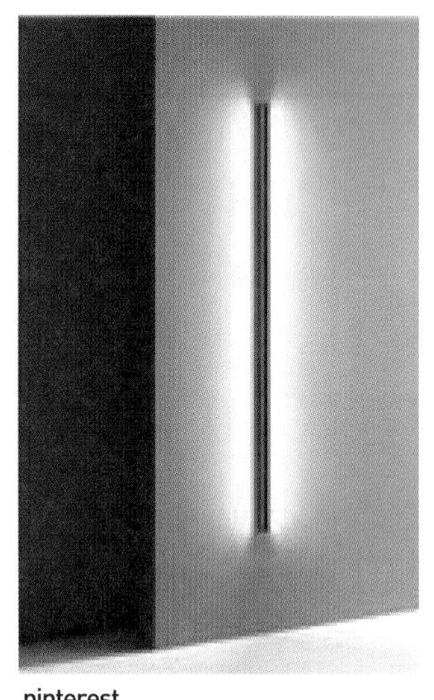
pinterest

공간에 멋진 가구들과 딱 맞는 소품들로 마감되었다 해도 조명이 잘 계획되어 있지 않다면 공간이 입체적으로 보이게 않게 된다. 자칫 공간의 풍부한 깊이감과 분위기를 드러낼 수 없는 밋밋한 공간이 되기 쉽다. 그래서 처음부터 인테리어를 진행할 때 반드시 의도된 조명 도면이 따로 계획되어야 하는 이유다.

전구의 발명으로 라이팅이 먼저 발달한 외국에서는 조명을 하나의 실내장식적인 공간디자인 요소로 이해한다. 기능적인 공간을 위한 도구로써 다양한 부분 조명을 활용한다. 그에 반해 우리나라의 주거공간은 거실에 메인 조명이 떡하니 천편일률적으로 매달려있다. 저녁에도 형광 불빛이 낮 같이 훤히 밝혀져 있는 것이 일반적인 모습이다. 때로는 빛의 소음으로 제기되기도 하며 시각적 피로도를 호소하기도 한다. 지금은 공간을 디자인적으로 강조하거나 간접 조명을 보강한다. 빛의 밝기와 빛의 색감이 달라지는 디밍(dimming 조도를 조절하는 기능) 기능으로 조도의 변화를 꾀하기도 한다.

북유럽의 디자이너들은 하나같이 디자인 조명에 깊은 관심이 있다. 사람의 눈에 주는 빛의 피로감을 최소화하기 위해 오랜 연구를 한 '루이스 폴센' 이 대표적인 회사다. 심플하고 질리지 않는 아름다운 디자인은 인기가 영원할 듯하다. 다양하게 디자인 된 북유럽 스타일 조명이 주는 따스한 감성은 그래서 늘 인기다. 생각해 보면, 우리 옛 공간인 한옥의 창문에서 한지를 통해 은은하게 퍼져나오는

pinterest

불빛이 주는 따스한 안정감은 어쩌면 심리적인 안정감을 주는 게 아닐까 한다.

그 연결 선상에 맞닿아 있는 북유럽 조명이 마침 우리의 정서에도 부합되듯,

아늑하면서도 실용적인 미의 조건을 갖춘 것은 아닐까!.

수줍은 듯, 한지에 투과된 불빛이 주는 안정감과 부드러움이

한국인의 감성과 우리 공간에도 아름답게 어울리기 때문이다.

인테리어 조명의 최근 트렌드는 빛의 기능만 중시하던 조명이 점점 공간에 독립적인 의미와 존재감을 가구처럼 인정해주는 추세다. 이러한 조명의 최신 경향과 조명을 고를 때, 주의 사항 그리고 요즘 뜨는 조명 디자인도 잠시 알아보고 가자.

- 조명의 최신 경향을 4가지로 요약하자면

첫째는 공간에 필수적 요소로서 포인트 장식이나 소품 기능으로서도 비중 있게 자리 잡는 추세다. 둘째는 조명 선택 시 공간의 포인트 요소로서 과감한 디자인이나 형태 등 미적인 감각이 뛰어난 디자이너 조명을 선호하는 경향이 짙어졌다.
세 번째로 재료나 색상, 형태 등을 고려하여 선택한다. 인테리어 컨셉이나 디자인을 구성하는 요소로서 소재를 중요시하는 경향이다.
네 번째로는 공간을 살리는 디자인적 요소로서 예술성과 재미를 더할 수 있고 단조로움을 벗어나 공간에 신선한 느낌과 엣지를 주는 조명을 선호한다.

- 조명을 고를 때 주의 사항

1. 조명도 공간의 컨셉을 먼저 정한 후 구매한다.
조명의 배치와 관련해 어디에 둘 것인지 위치를 먼저 결정한 후 크기가 고려되어야 한다.
예를 들어 주방 다이닝 테이블의 디자인과 크기, 소재가 정해져야 그 위에 설치될 식탁등을 선택하기 수월해진다. 조명 디자인 색상과 소재 등이 분위기를 주도한다.

duomonco

공간의 힘을 줄 수 있는 식탁 조명은 예산을 조금 무리를 하더라도 마음에 드는 것을 선택해야 후회가 없다. 가족 구성원의 취향이 반영된 라이프 스타일이 컨셉에 따라 연출되는 디자인 조명 계획을 세운다. 빛의 밝기와 색상, 그림자 및 빛의 조도와 확산 등을 고려한다. 특별히 연령대를 고려해 조도를 먼저 파악해야 한다.

2. 사전 조사 시 발품을 팔자.

빛의 밝기인 조도, 분위기등의 상태를 눈으로 보고 미리 파악하는 것은 중요하다.
온라인상에서 디자인에만 끌려 보고 사는 실수를 줄일 수 있다.
디자인만 중시하다 공간 스케일에 맞지 않거나 지나치게 큰 조명은 오히려 공간감을 축소시킬 수 있으니 주의해야 한다.

3. 전기 평면 도면을 활용하자.

공간별 디자인 조명의 기능적인 용도로서 조명의 개수, 가구 배치에 따라 빛이 원하는 범위를 계획하면 된다. 도면을 보면 조명의 위치가 보인다.

- 요즘 인기 있는 조명 디자인

1. 레일 조명 : 갤러리에서 먼저 사용되어 상 공간에 단골로 사용되고 있다.
지금은 주거공간에서도 대부분 많이 사용된다. 움직이며 쓸 수 있는 장점이 있어 한 곳에 주방에 레일 조명을 달아 빛을 조절하여 카페처럼 분위를 유도할 수 있어 인기가 많다. 원통형 레일 조명은 디자인, 크기나 길이를 선택하여 필요한 개수만 추가해 주어도 공간의 분위기를 체인지 업 할 수 있다.

pinterest

2. 실링 팬 : 외국에서 보던 팬이 요즘 국내에서도 핫하다. 공기를 순환시키며 디자인과 조도 두 가지를 다 갖춘

lge

하이브리드 팬(fan)이어서 인기몰이 중이다.

천고가 적어도 2m 40cm 이상 되는 곳에 설치하는 것이 효과적이며,

조명이 중앙에 있는 것과 없는 것 두 가지로 선택할 수 있다.

3. 벽 등 : 작업 조명이면서 오브제 역할을 감당하는 스폿 디자인 조명이다.

밋밋한 벽면에 포인트 적인 요소와 감각을 드러내는 장식적인 역할을 한다.

외국에는 붙박이처럼 꼭 있는 벽등이 이젠 공간의 디자인적 요소로서 필수이다.

인테리어를 할 계획이 없어도 벽 등이 필요하다면 플러그 타입 벽 등은 추천할 만하다.

전선이 디자인적 요소로서 노출되어도 무리 없이 어울리는 것을 선택하면 된다.

4. 무드 등 : 코드레스(code less)등은 말 그대로 전선 없이 어디나 촛불처럼

이동하면서 사용한다. 특별한 분위기를 살릴 수 있는 장식 효과 등이다.

디밍(dimming)은 조명등의 밝기를 조절할 수 있는 시스템으로 공간에 다채로운 효과를 낼 수 있는 장치다.

5. 플랜테리어 등 : 공간에 식물을 꼭 화분에만 담지 않고 조명과 실제 식물을 활용한 일체형 디자인이다. 여러 식물과 조명이 군을 이루어 같이 연출하는 식으로 공간의 색다른 분위기를 주도할 수 있다.
공간에 엣지를 주는 녹색 식물의 싱그러움까지 공간에 표정과 생명력을 부여하는 듯하다.

6. 액센트 조명 : 마지막으로 인테리어에 꼭 있어야 하는 것은 액센트 조명이다.
예를 들어 계단이나 난간의 아름다운 LED 조명을 사용하면 완전히 새로운 모습이 연출 될 수 있다.

그렇다면 이런 멋진 조명들은 어디서 구매할 수 있을까.

일단 여러 조명 사이트를 먼저 둘러보고 자신의 취향을 파악하면서 공간의 컨셉과 공간별 니즈에 따라 구매한다. 때론 공간의 비중에 따라 가구 보다 조명이 더 중요할 수도 있다. 일반적으로 조명하면, 을지로 조명상가를 떠올린다. 국내 제품의 디자인과 품질도 상당히 진일보 되어있다. 논현동에 있는 조명도 종종 대 방출을 통해 좋은 금액으로 구매할 수 있다. 평소 눈여겨 봐 둔 마음에 드는 조명을 할인 기간을 이용해 공간에 들이자.

국내에 수입된 조명 업체에서 같은 해외 디자이너의 조명을 다른 업체에서도 겹쳐 판매하기도 한다. 우리가 잘 아는 루이스 폴센 조명은 이젠 너무나 쉽게 소품 숍에서도 구매가 가능하다. 업체 금액을 서로 꼼꼼히 비교하면서 조명도 오리지널(Original) 을 먼저 공부한 후에 구매하기를 권한다. 디자인 외형은 카피를 할 수 있어도 광원을 다루는 기술력이나 기능성은 오리지널 진짜만이 갖고 있기 때문이다.

해외 직구 조명 사이트도 활성화되어 있어 선택의 폭은 넓으나,

국내에서 판매되는 제품과도 비교하면서 A/S에 관한 생각과 가성비를 잘 따져 봐야 한다.

반드시 최신 디자인만 고집하지 않고 공간 분위기와의 조화를 늘 염두에 둔다.

국내에 오리지널 수입 조명을 구매할 수 있는 대표적인 두 곳이 있다.

- 디 에디트(The Edit)

논현동 수입 조명의 터줏대감이다. 삼진 조명에서 디 에디트로 상호를 바꿔,

현재는 해외 디자이너들의 가구도 병행 수입하여 외연을 확장한 지 오래다.

인플루언서들의 놀이터처럼 독창적인 해외 디자이너의 아트퍼니처 가구가 인기몰이 중이다.

감각적이며 유니크한 오브제 제품들과 트렌디한 디자인 조명의 아이덴티티를 견인하고 있다.

the_edit

duomonco

수입 조명으로는 비비아(VIVIA), 카텔라니앤스미스(catellani&smith), 아파라투스(apparatas),

데이비드 치퍼필드(david chipperfield), 산타앤 콜 (santa&cole). 오커(ochre) 등

개성 뚜렷한 조명 디자이너 제품들을 만날 수 있다.

- 두오모앤코 (Duomo& Co)

공간에 명실상부한 특별함을 더할 수 있는 조명이 많다.

대표적인 이태리 조명 아르떼미드(Artemide)와 플로스(Flos),

영국의 마르셋(marset)과 톰딕슨(TomDixon), 조명 디자이너의 거물인

잉고 마우러(Inho Maurer) 제품등이 있다.

조명 디자인 역사를 품은 브랜드와 동시에 트렌디한 제품을 선보인다.

- 루이스 폴센(Louis Poulsen)

1874년 설립된 덴마크의 조명 기기 제조업체다.

실용성을 중시하는 스칸디나비아 풍 디자인 전통을 간직하고 있다.

제품의 디자인과 기능성은 모두 자연광의 리듬을 반영하고 적극적으로 발휘할 수 있도록

맞춤 제작된다고 한다. 야르네 야콥슨과 팬톤 디자이너도 루이스 폴센과 작업하였다.

북유럽 조명하면 떠오르는 이 회사 조명은 빛을 다루는 형체의 이론을 정립하였다.

지금은 판매회사가 난립할 정도로 많아져 식상하기까지 하다.

그러나 루이스 폴센만이 갖는 멋과 조도의 계획된 편안함은 독보적이다.

유난히, 이 회사의 위상을 드높인 디자이너가 폴 헤닝센(Poul Henningsen 1894-1967)이다.

건축을 전공하였으며, 덴마크에서 이름만 대면 다아는 간판급 조명 디자이너다.

1924년 루이스 폴센과 합작한 PH 시리즈는 사이즈에 따라 숫자가 다르다.

'아티초크 (Artichoke)' 라는 조명은

국화과의 채소를 모티브로 한

디자인이며 금액이 다시 한 번

놀라움을 준다.

louispoulsen

● Stylist Point

- 조명은 공간에 연출되는 분위기와
  기능적인 효율성을 단박에 높여주는
  아이템이다.
- 공간에 멋진 가구들과 딱 맞는
  소품들로 마감되었다 해도,
  조명이 잘 계획되어 있지 않다면
  공간을 입체적으로 보이게 않게 한다.
  자칫 공간의 풍부한 깊이감과
  분위기를 드러낼 수 없는 밋밋한 공간이 되기 쉽다.
- 조명도 공간의 컨셉을 정한 후에 구매한다.
  조명의 배치와 관련해 어디에 둘 것인지
  위치를 먼저 결정한 후 크기가 고려되어야 한다.
- 빛의 밝기인 조도, 분위기 상태를 눈으로 보고 미리 파악하는 것은, 온라인상에서
  디자인에만 끌려 사는 것보다 실수를 줄일 수 있다.
- 인테리어 조명의 최근 트렌드는 공간에서 빛의 기능만 중시했던 조명이
  점점 독립적인 의미로서
  가구처럼 존재감을 인정해 주는 추세다.

3. 똑똑한 조연 패브릭(Fabric)

- 공간 마감은 패브릭으로

일반 아파트의 중심인 거실 분위기를 조용히 표출하는 아이템이 커튼이다.

아무리 인테리어를 멋진 가구로 마감했다 해도, 거실 창문에 커튼이 없다고 떠올려보자.

휑한 느낌과 함께 외부로 노출되는 심리적인 불편함과 더불어,

안정감을 줄 수 없을 것이다. 이렇게 커튼은 외부로부터 개인의 프라이버시를 보호해준다.

빛을 차단하여 실내의 분위기를 효과적으로 살리는 미적인 역할도 수행한다.

커튼의 기능적인 요소로서 외부의 공기 유입을 막는 보온의 역할이 있으며,

가구나 벽지 등의 탈색도 예방한다. 커튼은 어떤 소재와 색감 패턴 등을 선택하느냐에 따라

etsy

공간의 분위기는 다양하게 연출된다.

물론 면적에 의해서도 영향을 받으며

커튼을 활용해 공간을 더 넓게 혹은,

축소되게 보이게 할 수 있다.

커튼은 일반적으로 천 소재의 성질에 따라 분류한다.

보통 실내 거실에는 직조감 있는

비교적 두께감 있는 드레이프(drape)성의

늘어뜨림 좋은 사계절용 커튼을 제안한다.

창가 쪽에는 빛이 잘 통하는 투광성 좋은

쉬폰(Chiffon) 소재가 기본이다. 살랑대는 가볍고 얇은 타입으로 차르르 사방 비치는

시어(sheer)한 커튼으로 주름의 형태가 예쁘게 흘러 속 커튼 으로 많이 애용되고 있다.

일반적으로 거실에는 이중커튼을 주로한다.

겉 커튼은 중간 톤 이상의 색감을 일반적으로 제안한다.

보통 속 커튼은 밝은 화이트 색이나 옅은 아이보리 색감을 선택한다.

반대로 속 커튼을 어두운색으로 정하고 겉 커튼을 밝은 색으로 선택해도

공간에 따라 개성 있어 보인다.

이렇게 커튼으로 레이어드 된 거실의 분위기는 디자인적인 요소와 함께 안정감 있게

마무리된다. 특히 린넨(Linen) 소재는 여름철에도 무겁지 않은 느낌으로 사용할 수 있다.

사계절 커튼과 베딩으로도 추천 할 수 있는 제품이다.

소재감으로 인한 자연스럽고 편안한 느낌의 연출이 장점이다.

모던하고 내츄럴한 인테리어를 연출한 집에도 잘 어울린다. 색상도 다양해 취향에 맞는

커튼을 고를 수 있는 폭이 넓다. 각 커튼은 소재마다 너무도 다양한 제품이 출시되어 있다.

국내외 수입 제품도 가성비 좋은 제품이 많아 선택의 폭도 넓다.

다만 장, 단점이 있으므로 비교하여 설치하는 위치나 원하는 분위기 등과 예산을 꼼꼼하게 고려해본 후 선택한다.

인테리어의 희망 사항으로 부티크 호텔 같은 침실을 원하는 고객들의 인기는 지속적이다. 생활 문화 수준이 격상되어 호텔이 일상으로 들어왔지만, 예전엔 특별한 날에만 머물렀다.

지금은 호텔이 주는 비일상적 즐거움을 누리며 집과 다른 하룻밤을 체험하기 위해 호텔에 머무른다.

드라마나 영화 같은데서 주인공이 침대에서 일어나 창가 쪽으로 걸어가 커튼을 힘껏 젖히면, 빛이 부챗살처럼 확 퍼지면서 마치 홍해가 갈라지듯, 동공을 확장 시킨다.

이런 빛과 어둠을 가르는 장면을 본 적이 있을 것이다. 그 장치가 바로 암막 커튼이다.

그런 암막 커튼이 주는 차광 효과는 강력한 공간 분위기의 경험으로 각인되었다.

그래서 웬만하면 요즘 고객들은 침실 커튼으론 암막을 요구하는 게 기본이 됐다.

특히 수면의 질을 책임지는 완벽한 빛 차단 및 보온성이다.

여름의 열기를 막아주고 겨울엔 열을 뺏기지 않는 기능적인 요소와 더불어 거실이나 침실에 단골 메뉴로 등장한다. 더욱이 서향 침실이라면 암막 커튼은 필수다.

실내 공간을 어둡게 해주는 암막 커튼 하나로 한 공간에서 넷플릭스를 볼 수 있는

홈 스몰 영화관으로 변신도 가능하다. 이런 암막과 관련된 제품으로는 암막 롤스크린과 방염 커튼 등 다양한 상품이 개발되어 인기몰이 중이다. 이렇게 침실의 암막 커튼과 일반 커튼은 기호에 따라 선택되면서 침대의 침장 베딩(Bedding)과 같이 연출돼야 완성도가 높아진다.

어떤 고객분은 커튼이 주는 치렁대는 원단 자체의 부피감을 부담스러워하신다. 세탁 관리에 예민하신 분들은 심플하고 깔끔한 블라인드를 선택한다. 일반적으로 버티컬이라 불리며 세로 블라인드와 가로 블라인드가 있다. 블라인드는 빛의 방향을 자유롭게 조절할 수 있는 장점이 있다. 콤비 블라인드(Combi Blind)는 원단과 망사가 이중 교차한 형태로 된 블라인드로 가정에서 가장 많이 선택하는 인기 제품이다. 자동 리모컨을 사용하여 편리성을 도모하지만, 금액이 부담스럽다. 수입제품은 국내 제품 가격의 두 배다. 국내 제품도 품질이 우수하면서도 금액의 부담이 상대적으로 적어 많이 선호한다. 관리는 먼지만 털어주면 될 정도로 쉽고 실용적인 장점과 함께 가격 대비 가성비가 좋다.

기성 제품으로 나와 있는 롤 스크린(Roll Screen)은 메인 거실에 쓰기보단 상대적으로

작은 방이나 베란다 공간에 주로 쓰인다. 탈부착이 편리하며 가격대가 착해 실용적이다.

자녀 방에는 패브릭 소재에 따라 디자인을 잡아 맞춤 제작하지만,

기성 롤 스크린을 많이 쓴다.

우드 블라인드(Wood Blind)는 나무로 만들어져서 친환경적이다.

내구성이 좋고 멋스러워 서재에 많이 추천한다. 햇빛 차단율이 높고 각도 조정 등

시야를 제어할 수 있다는 장점이 있다.

다만 다른 블라인드에 비해 상대적으로 가격이 있으며, 먼지가 많이 쌓일 수 있다.

창문의 개폐 방식에 따라 위아래로 조절할 수 있는 제품과

양 옆으로 조절할 수 있는 패널이있다. 이중에 설치하고자 하는 공간에

어떤 것이 적합 한 것인지 제안 받아야 한다.

허니콤 블라인드(Honey Com Blind)는 측면이 벌집 모양의 공기층을 품고 있는 형태다. 풍부한 컬러 바리에이션으로 각 방에 맞는 색감 선택의 폭이 넓어 주로 자녀 방에 추천한다. 망사소재도 나와 있다. 가성비가 좋은 암막 제품도 있으며 설치 방식에 따라 다른 분위기를 연출 할 수 있어 많이 제안하는 블라인드다. 이외에 위험을 방지하고자 고객 중 방염 커튼을 원하는 분들도 간혹 계시다. 방염 커튼의 경우에는 대부분 그 소재의 특성과 두께로 인하여 암막의 기능도 더불어 갖추게 된다. 그래서 일반적인 가정뿐만 아니라 큰 건물의 강당, 체육관과 같은 공동 시설에도 많이 설치한다. 추가로 방염 커튼은 단열 기능도 가지고 있으므로 겨울철 난방비 절감의 효과가 탁월하다. 보통 인테리어를 하면 마지막 코스로 공간에 맞춤 커튼이 진행된다. 거실과 각 방의 침구까지 공간 분위기와 취향에 맞춰 디자인을 제안 받을 수 있다. 이렇게 패브릭이 마무리되어야
공간이 조화롭게 마감되었다 할 수 있다.

● Stylist Point

- 커튼은 실내 분위기를 효과적으로 살리는 역할 뿐만 아니라, 커튼의 소재와 패턴을 활용해 공간을 더 넓게 혹은 축소되어 보이게 할 수 있다
  인테리어의 희망 사항으로 부티크 호텔 같은 침실을 원하는 고객들의 인기는 지속적이다.
  암막 커튼은 수면의 질을 책임지는 완벽한 빛 차단과 보온의 기능적인 요소와 더불어
  거실이나 침실에 단골 메뉴로 등장한다.
  콤비 블라인드(Combi Blind)는 빛의 방향을 자유롭게 조절하는 장점과 함께 원단과 망사가 이중 교차한 형태로 된 블라인드가 가정에서 가장 많이 선택하는 인기 제품이다.
- 인테리어를 하면 마지막 코스로 공간에 맞춤 커튼이 진행된다. 거실과 각방의 침구까지 공간 분위기와 취향에 맞춰 디자인을 제안 받을 수 있다.
  이렇게 패브릭이 마무리되어야 공간이 조화롭게 마감되었다 할 수 있다.

4. 공간 메이크업, 소품

- 공간의 에스테틱(aesthetic) 소품 활용하기

소품은 공간 스타일을 살리는 액센트나 포인트적인 역할을 소화한다.
소품은 공간에 표정을 살리는 맛깔 나는 프리미엄 소금처럼,
적재적소의 조연 같은 위치에 있는 것이 좋다.
벽면에 디자인 시계나 액자, 거울 등 선별된 개성 있는 소품을 활용하여
공간의 흐름으로 연결된 감각을 돋보이게 할 수 있다.
데코 제품들을 배치할 때도 기존의 방식에만 매이지 말고 과감성을 발휘해 보자.
소품은 가구와 비교해 더 자유롭게 구매하고 정리하기가 상대적으로 쉽지 않던가!.
이러한 소품도 장식 요소로서 너무 많은 공간을 점유하고 있으면
MSG가 많이 들어간 음식처럼 금방 질릴 수 있다.
그래서 존재만으로 그 자리를 빛내주는 역할을 하는
오브제 같은 소품은 다양한 곳에서 활용되어 일상을 바꾼다.

신혼여행을 이탈리아와 스위스로 떠났다. 그땐 디자이너로서 마땅히 동경해 마지않던
디자인의 역사인 그 나라를 선택함에 주저함이 없었다. 매일 같이 다닌 사람의 양말이
구멍 날 정도로 발품을 팔았다. 마치 잿밥에 관심이 있듯 종횡무진 돌아다녔다.
쇼 윈도우 디스플레이를 연신 필름에 담으며 눈 호강과 신혼집을 야무지게 꾸밀 기대로
벅찼다. 특이한 제품들을 내 집에 데리고 가겠다는 열망에 힘든지도 모르고
눈에 불을 켜며 보러 다녔다.

그때 알레시(Alessi) 제품을 만났다.

지금이야 거의 백화점 리빙 코너 터줏대감이지만,

이십 년 전에는 브랜드도 당연히 몰랐었다. 다만 디자인만큼은 보는

안목의 레이다 망에 걸려 업어온 디자인이 '리처드 새퍼(Richard Sapper)' 의

에스프레소 커피포트였다. 커피 매니아 층에선 하나 정도 욕심을 낼,

세상 달콤 쌉싸름한 소품이자 주방용품이다.

이후에 백 년 된 알레시 제품에 격한 애정을 지닌 팬이 되었다.

생각해 보니 집안에서 주방 상부장에 고귀하게 자리 잡아 여전히 최고 대우를 받는

내 집 소품으로 등극한 귀족이다.

역시 디자이너의 명성과 후광을 등에 업고 우아한 광택을 뿜고 있다.

마치 그 자체가 오브제인 것처럼, 도도하게 존재감을 보내는 것이다.

잘 산 우량주식 묻어두면 오르듯 금액도 꽤 올랐다.

또 다른 알레시 제품으로 지금은 고인이 되신

'알렉산드로 멘디니' 의 '안나 (Anna)' 라는 이름의 와인오프너다.

디자인 배경은 몰라도 이젠 너무나 유명해 정겹기까지 하다.

2015년 밀라노에서 뵈었던 따스한 인품이 전해지듯,

그 정정했던 모습이 기억 속에 다시 떠오른다.

부인 안나의 애기에 수긍과 포기를 팔을 들어 올리는 동작으로 디자인된

와인오프너는 유머가 깃들어 있다.

편리한 기능이 장착되어 초보자라도 쉽게 와인을 딸 수 있다.

사용할 때마다 그분의 따스한 내면의 격이 느껴진다.

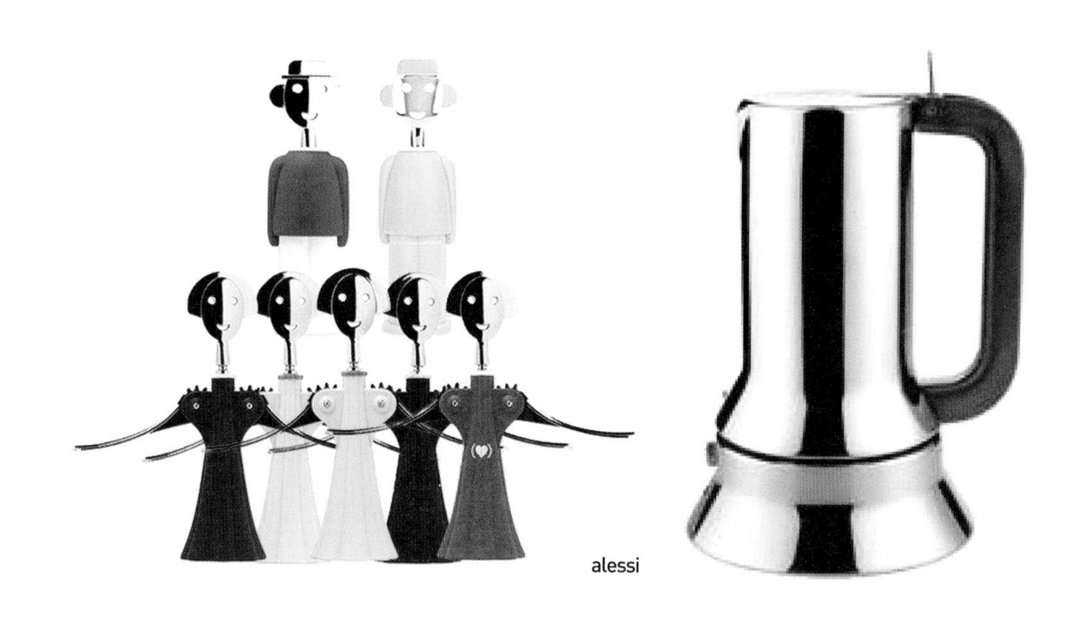

미소를 품게 하는 마스코트 처럼 생명력이 긴 디자인 제품 중 하나다.

어느 공간이라도 웃음 코드를 품은 제품들이 있다면 유쾌한 즐거움을 선사할 것이다.

이렇듯 소품에도 귀족이 있다.

이런 소품은 긴 호흡으로 같이 갈 것이다. 그건 물론 브랜드가 주는 후광도 있겠지만,

우선 집안에 눈에 띄는 곳에 있어 시선을 집중시킨다.

제 존재감으로 어떻게든 이목을 끄는 디자인의 힘이 있다.

아니면 거주자의 선택으로 귀함을 받는 가족 사진의 의미 있는 액자 소품도 귀족일 수 있다.

다만 세월에 방치된 우후죽순의 액자들은 프레임을 신경 써서 통일감 있게 교체하자.

몇 개만 확실하게 보여주고 나머지는 파일에 저장하는 것을 권한다.

감각적인 안목으로 선택된 소품은 애정 어린 눈빛으로 적재적소한 곳에서

자기의 역할을 부여받는다. 마치 무대에서 단 하나의 스포트라이트를 받듯이,

간결한 공간에선 소품 하나하나가 중요한 역할을 한다.

그동안에 기능에만 충실했던 물건들이 디자이너의 시선으로 빚어져 신분 상승함으로써

장식품이 물오른 조각품처럼 감상하는 대상이 되었다.

이것이 에스테틱(aesthetic) 오브제 소품들이다.

소품은 대부분 다양한 인테리어 전문점이나 편집숍에서 주로 구입했다.

최근에는 개성과 창의성을 중시하는 문화로 개인 공방 작가들의

크래프트 창작 아트 소품도 인기다. 꼭 쓰임새 만이 아니라 자연 그대로의 소재를 활용해

오브제처럼 다른 용도의 물건을 창의적인 소품으로 응용하는 사례가 늘어 나고 있어 반갑다.

- 스타일리스트가 제안하는 잇템, 소품템

공간에 쓰임을 못 박듯 고정 지을 필요는 없다. 공간을 매력적으로 채워주고 꾸며줄

소품을 본래의 용도가 아닌 다른 용도로 변형하거나 사용하면 예상치 못한 색다른 연출을

기대할 수 있다. 가령 침대 옆의 사이드 테이블을 의자로 둘 수도 있다.

원래 의자의 기능만으로 사용하다가 비어 있는 공간에 오브제처럼 여백을 채우는

표정 있는 소품 용도로 사용해 보자. 또는 침대 사이드 테이블 대용으로 조명과 물건을 두고

활용하는 방식이 오히려 더 감각적으로 보일 수 있다.

거실의 작고 큰 몇 개의 커피 테이블 하나를 침대로 옮겨 사이드 테이블 대용으로 쓰면

실용적이며 새로움을 줄 수 있다. 공간을 좌우하는 이런 소품 협업으로 기대하지 못한

의외의 만남을 시도해보자. 공간의 개성과 변화를 이끌면서 공통 분모를 찾아

소재와 색상 등을 묶어 연출하면 세련된 긴장감을 줄 수 있다.

pinterest

스타일리스트가 공간에 제안하는 다섯가지 소품 플레이리스트가 있다.

첫째로는 아트워크(Art work)다.

그림, 조각 등에 준하는 설치물이나 모빌 등, 평범한 공간에 표정을 줄 수 있고 어울림만 주도한다면 어떤 형태든 괜찮다. 이런 것들을 잘 활용하면, 어느 공간에서도 생동감 있는 개성과 예술성으로 품위를 높일 수 있다. 다만 작품이 공간에 효과적으로 어울리도록 위치와 눈높이의 배열에 신경 써야한다. 꼭 그림을 벽에 걸지 않아도 벽에 기대어 여러 개 겹쳐 놓는 연출도 많이 한다. 이러한 소품들은 인상적인 연기를 펼치는 주연 같은 조연이다. 집에 아트워크가 있느냐 없느냐에 따라 임팩트가 생기는 곳으로 강조되기도 하며, 집안 분위기의 격을 드러낸다.

두 번째로 러그(Rug)다. 카펫(Carpet)은 외국의 경우 전체를 커버하는 큰 평수에 선택되어진다. 일반적으론 바닥 전체를 바꿀 수 없을 때 깔면 유용하다. 러그(Rug)는 상대적으로 작은 평수나 다양한 면적에 쓸 수 있다. 거실의 소파 아래 러그를 깔아두면 구획된 라인이 공간을 정리된 분위기로 이끈다. 디자인 효과가 배가 되어 감각적인 공간을 만들어준다. 가끔 내려앉거나 편안하게 뒹굴뒹굴 할 수 있는 자세의 편안함도 즐길 수 있다. 공간에 카펫의 텍스쳐가 다른 느낌을 주기 충분하다.

패턴 있는 러그는 단조로움과 지루함을 깰 수 있다. 색상 또는 촉각적으로 느껴지는 질감을 추가하여 공간을 하나로 묶을 수 있다.

다이닝 룸이 분리된 구조가 아니라면 러그를 활용하여 공간을 구분해 줄 수 있다.

시각적으로 독립된 공간처럼 보이게 한다.

때로는 의자를 끌거나, 식기를 떨어뜨리거나 하면서 생기는 생활 소음으로부터 방지해주는 역할도 한다. 오히려 알레르기 증상이 있다면 실내 먼지를 잡아두는 러그를 까는 것이 낫다.

대신 자주 청소해주면서 환기와 일광 노출이 필요하다.

요즘 러그는 하나만 개별적으로 까는 것보다 두세 개의 크기나 디자인이 다른 것을 겹쳐 레이어드해서 깔아 재미를 주는 추세다.

미니멀한 공간에도 점잖은 뉴트럴 색감의 톤을 맞추어 시각적으로 거슬림 없는 러그를 선택한다. 색상을 추가한 편안한 가구 외에 공간 전체의 느낌과 표정을 새롭게 해줄 수 있는 개성 있는 소품으로도 러그는 많이 추천된다.

셋째는 코드레스(Cord less) 액센트 조명이다.

에디슨의 모토는 "Light Everywhere" 였다. 액센트 조명도 코드선 없이 어디서나 자유롭게 이동할 수 있다. 어디에 갖다 놓아도 분위기를 착 밝혀 주는 감초같은 조명이다.

심지어 자리를 차지하지 않고도 공간을 살려주는 멋이 있다. 식탁 테이블에 센터 피스랑 같이 두어 밤에는 마치 촛불을 켠 듯이 분위기를 잡아준다.

식물과 함께 바닥에서 비춰주면 그 어울림이 주는 빛과 어둠이 한 폭의 그림을 공간에 할애하듯 멋지게 다른 표정을 만들어준다.

이외에도 어느 소품 옆에 가도 자체 발광처럼 분위기를 살려준다.

하나 정도 갖춰 두면 일상에서도 밤에 전체 조명을 끄고 부분 조명과 함께 분위기를 살린다.

artemide

이런 조명 하나가 열 일 하듯, 부부간의 와인을 부추긴다. 특별한 파티 날이나 연말 분위기에도 이 개별 조명이 주는 분위기 메이커로서 잇템의 위력을 실감할 것이다.

카르텔이나 아르테미드 조명회사에서 디자인 등이 다양하게 출시되어 있다.

네 번째로는 거울(Mirror)이다.

어느 공간에도 시각적인 확장감과 벽면에 디자인적 요소를 줄 수 있는 아이템이다.

거울은 화장실과 화장대 위의 매칭 필수품이지만, 정형적인 거울 디자인을 탈피해 개성 강한 과감한 디자인을 선택하면 이 또한 오브제가 될 수 있다. 예전에 비해 다양한 크기와 비정형의 디자인 제품도 나와 있다. 벽면에 액자프레임 같기도 하고, 혹은 부조 느낌의 작품성 있는 제품이 공간에 포컬 포인트 요소로 개성 넘치는 인상을 주기에 충분하다.

기본 실버 색의 거울뿐만 아니라 브론즈 색상의 거울도 나와 있다. 단독 전신 거울은 공간을 넓게 보이게 하는 일등 공신이다. 이때 커다란 거울이 실내를 확장 되어 보이게도 하지만 디자인적으로도 풀 수 있는 훌륭한 도구로도 응용된다.

hpix

다섯 번째로는 향(Fragrance)이다.

제목은 기억나지 않지만, 눈이 보이지 않던 남자 주인공이 떠나간 연인을 스쳐 지나가는 향기로 알아채며 감동을 이끌었던 영화가 있다.

이렇게 향은 뇌리에 가장 오래 각인되어 사람의 후각이 가장 늦게 퇴화한다고 한다.

이따금 길을 걷다 커피 향에 이끌려 찾아 들어간 카페의 좋은 기억이 있다. 그렇게 공간도 향으로 기억되게 할 수 있다.

예전엔 집안의 잡다한 냄새를 케미컬 탈취제를 써서 없애려고 노력했다.

지금은 업그레이드된 다양한 고급 인조 향과 천연 향이 나는 향초나 디퓨저가 다양한 디자인으로 나와 있다. 어떤 장소일지라도 뿌리면 빠르게금방 좋은 분위기로 전환 시킬 고급 룸 스프레이도 여러 회사 제품이 다양하다.

비가 와서 꿉꿉할 때 향초 하나 간단히 피우면

뭔가 공간이 정리된 듯하다.

손님이 오실 때 현관에 뿌려둔 좋은 향 하나로도

주인의 센스와 배려가 기분 좋은 공간으로

초대받은 느낌을 줄 수 있다. 다만 향수는 전적

으로 개인적인 취향이 강하다.

어떤 고객 분은 내가 늘 뿌리던 라이트한 향수를

물어본 후 본인도 구매했다고 하지만,

다른 분들의 취향은 다를 수도 있어

jomalone

애매한 부분이 있다. 그래서 향을 선물할 땐 꼭 취향을 물어봐야 실수하지 않는다.

더운 향과 시원한 향, 시크한 향 등 여러 조향들의 선택은 전적으로 주관적이다.

그래서 일반적인 손님을 초대할 때는 자연 향인 플로랄 향계열이나 허브향,

은은한 고급 비누 향 등, 거부감 없이 보편화된 향을 선택하는 것이 좋다.

개성을 드러내는 것 보다 거슬리지 않고 은은한 듯 편안한 공간을 유도한다.

이렇게 격식없고 편안함과 감각을 엿볼 수 있는 소품들은 집을 아늑하게 만들어준다.

이와같이 조연급 데코 아이템들은 공간을 매력적으로 돋보이게 하므로

적극적으로 활용하길 권한다.

- 매력 발산 소품 배치 스킬

소품 장식은 지나침을 자제하면서 단순함을 기본으로 한다. 디자인에 심미성을 갖추면 유용한

포인트 요소가 된다.

여러 가지 아이템을 장식할수록 서로 간의

균형이나 조화를 맞추기가

점점 더 어려워진다.

금세 지루해질 확률도 높아진다.

이제 우리가 매칭 할 옷을 고르듯,

소품 하나를 사더라도 공간 어디에 둘 것인

지를 생각하면서 구매해야 한다.

예쁘다고 충동적으로 사다 보면

못난이 삼형제가 되기 쉽다.

메인 옆에 볼거리를 주는 포컬 포인트(Focal Point)의 시각적 집중으로 전략적 배치를 유도하자.

가령 현관 입구에 커다란 그림으로 시선을 끌 것인지,

일인용 소파 옆에 조명과 사이드 테이블 그 옆에 관엽 식물을 배치할 것인지 정한다.

잡지에서나 봐왔던 연출로 멋지게 시선을 고정할지 결정한다.

어떤 인테리어 소품을 둘 것이며, 어떤 디자인과 어떤 색상으로 할 것인지 전체적인 컨셉에

맞추어 선택해야 한다.

이런 요소를 혼합하는 것은 공간의 문제점을 좀 더 큐레이팅하는 완벽한 방법이다.

인테리어 소품은 주변 공간과의 조화를 이루어 통일성을 갖추어야 하지만

나름대로 개성은 표출할 수 있어야 한다.

인테리어 소품을 통해서 하나의 공간 컨셉으로 이어지도록 연출하는 것이 중요하다.

지루함을 탈피하면서도 재미를 주며 전체적인 조화를 연결하여 그 공간의 개성을 표현하는

방식으로 연출한다. 사진, 액자, 시계, 조명 그리고 꽃병, 화분, 쿠션 등 각 소품에는 실내 장식품의 역할 이외에 독립적인 기능이 있다.

벽시계라면 시간을 알려주는 기능적 역할도 하지만, 허전한 벽면을 채우는 오브제 역할도 해내는 엣지 있는 제품을 선별한다. 공간이 비어있다고 해서 대충 허전함을 채우기 위해 기능만 중시해 고른 제품은 찬밥 신세가 되기도 한다.

차라리 아무것도 두지 않고 비어 있는 공간이 더 나을 수도 있다.

소품은 보통 하나만 두지 않고, 색상이 같거나, 소재가 비슷한 것들을 조합한다.

크기나 높낮이가 다른 물건들을 여러 개 군을 이루어 두는 방식을 취한다.

그러면 그 자체로 하나의 덩어리 같은 구조물이 형성된다.

인테리어 선반에 어떤 물건을 둘 때도 보통 하나만 두지 않고 액자나 쌓아둔 책 옆에 화분, 꽃병 등 조명, 장식품 등을 함께 배치한다.

기존에 가지고 있는 것들을 되도록 홀수 개념으로 함께 둔다.

이렇게 소품들을 응용하거나 활용하여
하나의 군을 이루면 공간의 소품 스타일링을
완성한 것으로 볼 수 있다.
보통 인테리어 소품은 놓는 공간과 위치에
따라 큰 것을 하나만 단독으로 두기도 한다.
예를 들어 가구를 배치하고 남은 빈 곳의
여백이 꽤 크다면, 아예 크고 화려한
화분이나 장식품을 두어 공간을 채운다.
작은 공간의 수납과 장식으로는 선반을
활용한다. 벽면에 나만의 개성 있는
소품으로 스타일링을 완성할 수 있다.

pinterest

자기 취향을 대변할 포스터 한 점과 작은 화분 등 몇 가지 소품으로 충분히
밋밋한 벽면에 표정을 줄 수 있다.
꾸준히 인기 있는 스칸디나비아스타일은 작은 공간에 더욱 편안하다.
장식의 최소화를 추구하는 간결함과 실용성을 벤치마킹하자.
작은 거실의 단점을 보완하고 싶다면, 전체 윤곽을 그리는 간접 조명을 배치해보자.
더 넓어 보이는 효과를 줄 수 있다.
조명은 작은 공간을 넓게 보일 수 있도록 바닥에 내려놓는다.
코너를 장식하거나 소품을 활용하면 시야가 시원해진다. 벽면 한 곳만 상향등을 비추면 벽면의 깊이감과 높이가 시각적으로 높아 보이는 착시 현상을 유도할 수 있는 유용한 도구이다.

소파 위의 쿠션은 기본적으로 소파 구매 시 세트 개념으로 같이 오기도 한다.

달리 색상이나 포인트 요소로 새롭게 제작한다. 이때 쿠션은 소파 사이즈에 따라 대 · 중 · 소 크기의 변화를 주면서 디자인을 달리해 개수를 정한다. 주로 홀수로 배치하는 게 멋스럽다. 인테리어에 있어서 쿠션은 활용 폭이 넓은 소품 중 하나이다.

최근에는 쿠션 소재를 다양화하여 연출하는 것이 트렌드다. 하나의 인테리어 스타일로 통일감 있게 연출하면서 다양한 텍스처의 소재로 쿠션을 믹스하여 매칭 한다. 예상치 못한 쿠션의 촉각이 느껴지는 텍스처의 함께 소파 위에 배열하면 소파가 새롭게 느껴진다. 쿠션 여러 개로 통일성을 표현하는 것보다는

개성을 표현하는 방식의 여러 가지 무늬, 패턴, 소재, 색감 등을 활용하여
쿠션을 적재적소에 활용한다. 이렇게 레이어드 된 쿠션은 본연의 기능보다는 장식적인 의미에
더 가깝다고 볼 수 있다. 소재의 분위기를 제대로 내려면 감추기보다는 드러내야 한다.
오래 질리지 않고 감각적으로 쉽게 변화를 줄 수 있는 러그나 모양 커튼, 튀는 프린트 쿠션과
다른 촉감을 섞거나 액자 등 소품을 활용하는 것이다. 이제 간단한 침구 교체와 새 베개,
쿠션의 조합, 베드 러너도 적극적으로 활용해 보자. 침대 옆 탁자나 조명 교체 교체만으로도
공간의 작은 변화가 활력을 이끌 것이다.

이렇게 가구, 소품, 장식 등 색상을 결정할 때는 기존에 정한 컨셉의 기준 범위를
벗어나지 않도록 한다. 마지막으로 물건을 배치할 때도 전체적인 색감이나 톤을 참고하여
통일감과 세련미를 꾀한다. 예를 들어 미니멀 라이프 스타일을 추구하는 소심한
미니멀 리스트라면 그림이라도 메인 색을 기본으로 사용하고 그런 다음
액센트 색상을 추가해 보자. 신선하고 현대적인 느낌을 받을 수 있다.
가구에 이미 다양한 색조가 있는 경우 기존 색조를 실제로 빛나게 하려면
주변 보완 색상이 필요하다. 같은 색상을 받아주는 소가구나 소품을 선택하면 좋다.
사실 소품들도 공간에 다양한 방법으로 존재감을 드러낸다.
독특하게 디자인과 스타일에 따라 달라진다.
예로, 컬러플한 유리 공예 제품은 하나로서 충분히 압도적이다.
여기 멋진 소품 있다고 존재감을 확 드러내어 조명발에 화장발 밝힌 연예인같은 소품도 있다.
생활 속에서 무심한 듯 시크하게 자기만의 공간에 자연스럽게 녹아 어우러지는 것이
개성 있고 더 멋져 보인다. 결국 자기만의 공간과 멋지게 어울리며 녹아있는
감각적인 공간의 발현이 중요하다.

● Stylist Point

- 소품은 공간에 표정을 살리는 맛깔 나는 프리미엄 소금처럼 적재적소에 조연 같은 위치에 있는 것이 좋다.
- 소품은 집을 아늑하게 만들어 주며 공간을 매력적으로 돋보이게 하는 조연급 데코 아이템들이므로 적극적으로 활용하길 권한다.
- 스타일리스트가 공간에 제안하는 소품은 아트워크와 러그,코드레스 조명과 거울, 향기다.
- 소품은 공간의 컨셉을 연결해 주고 자리를 빛내준다. 때론 오브제처럼 공간의 흐름으로 연결된 감각을 돋보이게 할 수 있다.
- 포컬 포인트(Focal Point)는 시각적인 집중도의 전략적 요소를 혼합하는 것이며, 공간의 문제점을 좀 더 큐레이팅하는 완벽한 방법이다.

5. 소품이 전하는 공간의 메시지, 공간의 기분

- 공간의 끝판 왕 그림

실내 공간의 실질적인 마무리는 패브릭이지만, 사실 인테리어의 완성은 그림에 있다. 앞서 공간을 채우는 가구의 비중과 소품의 활약상 그리고 마무리는 패브릭이라 했다. 사실은 필자의 경험으론, 공간에 품격을 단박에 높이는 일등 공신은 그림이다. 일상에 그림 한 점, 아트 한 점은 공간에 화룡점정(畵龍點睛)이다. 그림 한 점이 집에 있는 것과 없는 것은 공간에 커다란 차이를 만들어 낸다. 어울리거나 좋아하는 그림을 벽면에 걸어보고 실제로 느껴야 한다. 이런 감각을 쌓으려면 평소 갤러리를 자주 방문해서 감상해 보아야 한다. 화보 책이나 관계 사이트 클릭 수를

pinterest

높이는 관심만이 미학적 소양의 체력을 만들어 준다.

그런 맥락에서 2002년도에 국내 문을 연지 21년 된 국내 최대 규모의 아트페어 'KIAF(Korea International Art Fair)' 가 코엑스에서 개최되었다. 한국 화랑협회에 따르면, 국내 최대 미술품 장터인 키아프가 2021년 첫날 개막 6시간 만에 VVIP 데이

미술품 판매 실적으로 350억 원 규모를 판매했다. 역대 매머드 급 매출을 올렸다고 밝힌다.
코로나 19의 장기 여파인 집콕 생활로 인해 인테리어 목적으로 과감하게 미술품을 사는
젊은 층이 가세하게 되었다고 한다. 이런 유례없는 호황을 기록하며 가파른 성장세를 보였다.
한 갤러리 대표는 "본인에게 익숙한 광고 장면이나 소비문화를 활용한 동년배 작가들 위주로
일종의 팬덤 문화가 형성돼 한정판 스니커즈 사듯 빠른 구매가 결정 된다"고 한다.
이젠 명실 공히 국내에서도 홍콩의 바젤처럼 수준 높은 작가들의 데뷔 전과
세계 유수의 명망 있는 작가들의 눈요기를 기대할 수 있겠다. 그러나 이에 대한 반론도 있다.
"작품이나 작가에 대한 이해 없는 '무조건적 투자'는 작가 성장에도 도움이 되지 않는다."고
한다. "2007년 호황기 때 비싸게 팔렸던 젊은 작가의 작품이 금융 위기 이후 급락해
회복되지 않았던 전례도 있다는 것이다. 너무 과열되는 분위기가 걱정스럽다"라는 관계자의 충
고도 귀담아 들을만하다. 어찌 됐든 코로나로 인한 보복 심리로 구매 열풍이 불어,
그만큼의 관심사가 그림으로도 옮겨간 것은
반가운 소식임엔 틀림없다. 실내 공간 전반을
아우르는 총체적인 감각이 필요한 스타일리스
트는 공간의 격을 높여주는 그림도 적절하게
제안할 줄 알아야 한다. 그래서 시간 내서 꼭
봐야 할 갤러리 일정에 부지런히 동참한다.

사실 고객 집에 처음 방문하면 우선 현관부터
스캐닝 되면서 벽면을 보는 습관이 있다.
물론 내가 아는 유명 작가누구의 그림이 걸려
있으면 반갑기도 하면서 안목이 있어

보이는 건 사실이다. 그러나 무엇보다 그림 한 점이 어느 곳에 걸려야 하는지도 중요하다. 인테리어가 완성될 때 공간을 더욱 살려주는 벽면으로 그림을 이동시키고자 머릿속에 구상해 놓는다. 애초에 그림 한 점 없었던 고객 집에 가족들을 키아프에 초대해 공간에 맞는 작가를 소개하기도 했다. 어떤 고객 집은 드물지만, 거실 벽면마다 여백 없이 빼곡히 어깨가 마주 붙어 있을 정도로 그림의 각축장이 된 공간도 보았다. 그림이 주식보다 나은 선택이라 믿으며, 투자의 개념으로 구매된 그림들은 감상하기 민망할 정도였다.
이쯤 되면 작가의 정신세계가 있는 그림이 아니라, 품격보다 탐욕스러운 공간으로 보일 수 있어 과유불급의 안타까움이 드는 것도 사실이다.

외국의 경우 벽면에 거는 그림은 실내 공간의 컨셉을 연결해 주는 역할로써 가볍게 선택된다. 즉, 소파나 쿠션 색채에 블루가 있다면 그림에도 블루 색을 가볍게 받아준다. 전체 분위기의 흐름을 자연스레 연결해 주고 사계절을 활용해 인테리어적인 요소로서 그림을 바꾼다. 물론 값나가는 유명 작가의 그림은 그 자체로 공간에 힘이 실리지만, 일반적으로 집안에 그림을 거는 행위가 생활에 익은 듯 반복된다. 그 반면에 우리는 그간 그림보단 가족사진이 먼저 벽면에 자리를 차지했었다. 이제는 좀 더 나아져 그나마 금액 부담이 적은 아트 프린팅 작품과 가벼운 가격의 액자 등, 다양한 소품숍이나 사이트에서도 구매할 수 있게 되었다. 감각적이며 원화에 가까운 고급 에디션 사인이 들어간 판화나 신진 작가의 작품도 인기다. 하나씩 모아가는 재미를 발견하길 권한다.
좀 더 발전하면 원화를 고를 수 있는 안목이 디자이너 가구를 고르듯, 그림을 고르는 사이 취향을 발견하고 개발해서 혹 그쪽으로 전문가가 될 수도 있지 않을까!. 그런 사례도 알고있다. 일반 갤러리나 전문 온라인 사이트에서 잘 보고도 선택하기가 주저된다면 방법은 있다.

사계절 다른 그림으로 공간을 변화시켜주는 렌탈 서비스를 받아,

신경도 덜 쓰고 즐기는 고객들도 늘고 있다.

그림은 밋밋한 공간에 채도를 더하고 싶을 때 시작하면 좋다고 생각한다.

하얀 벽면에 밝고 생생한 안료의 아트 워크를 추가하면 공간을 중화시킨다.

생기가 도는 표정과 에너지가 더해진다. 전체 가구 팔레트가 밝거나 중간색을 기반으로

할 때는, 개성에 맞는 중성적 색감의 톤 온 톤 그림이 소품의 역할로서 한 몫을 한다.

공간에 밸런스를 맞추는 역할을 기대할 수 있다. 그림과 함께 예술품인 조각이나

싱글 갤러리피스(컬렉션 형태의 아트피스)와 국내외 작가의 크래프트적인 요소의

아트 퍼니처 공예 작품에도 관심이 높아지고 있다.

● Stylist Point

- 공간에 품격을 단박에 높이는 일등 공신은 그림이다.
- 일상에 그림 한 점, 공간에 아트 한 점은 완성도를 높이는 화룡점정(畵龍點睛)이 된다.
- 그림은 실내 공간의 컨셉을 연결해 주는 역할로써도 선택된다.
- 그림은 밋밋한 공간과 벽면에 채도를 더하고 싶을 때 시작하면 좋다.
- 그림은 소품의 역할로서뿐 만 아니라 공간에 균형을 맞추는 역할을 기대할 수 있다.

- 공간의 오랜 친구 식물

모든 공간에는 녹색의 식물이 있어야 한다. 사람들은 일반적으로 자연환경과

더불어 삶을 즐기기를 원한다. 다만 꼭 공원이나 외부에서만 그린 색을 보기 보단,

좀 더 풍성한 초록을 실내로 유입해 시각적으로 연결되길 원하고 있다.

그래서 근래에는 자연 친화적인 대형 플랜트(Plant)인 심볼 트리(Symbol tree)가

공간에 힘을 보탠다. 유별났던 불청객인 코로나 시대에 집콕하며 실내에 오래 머물게 되면서

식물이 갖는 관상용 기능의 식물에 눈길이 간다.

해로운 공기를 정화하는 기능으로 잘 알려진 에코 플랜트인 아레카야자,

뱅갈고무나무, 관음죽 등이 인기다.

보통 실내에서 키우는 식물은 관상용이므로 일단 잎 모양새가 크고 넓거나 잎이 작더라도

공간 어디에 놓이느냐에 따라 전체적인 분위기가 달라진다.

식물도 성장에 따라 공간을 차지하는 것들의 면적이 제각기 다르므로 장소를 먼저 생각해 보는것도 좋다. 대형 플랜트인 경우는 조형적인 요소로서도
공간과의 여백을 감각적으로 보이게 하는 계산된 공간을 제안하여야 한다.
식물은 생명이 주는 활력과 조형미 그 자체로도 정서적인 힐링이 되는 경험을 해봤을 것이다.
이런 식물은 공간 전체의 컨셉이 되기도 하고 공간을 돋보이게 하는 포인트가 되기도 한다.

제법 많은 고객들과 가구, 조명 외에 같이 돌아보는 곳이 양재동 화훼마을과
터미널 지하 꽃시장이다. 식물도 역시 직접 보고 선별하는 수고로움이 있어야 한다.
그래야 식물 잎사귀에 은은한 광택과 생기가 넘치는 건강한 나무를
반려견처럼 집에 들일 수 있다.
공간에 따라 수종을 달리하며 어떤 고객 집은 키 크고 넓은 활엽수목이 어울리고,
다른 고객 댁은 중간키와 작은 식물 등을 홀수로 잘 어울리게 골라 드린다.
이처럼 어떤 공간에 어떤 식물을 배치할 것인지 종류와 개수를 미리 머릿속으로
정하고 선별한다. 스타일리스트는 이미 공간 파악이 돼 있어 바로 제안해 드릴 수가 있는데,
일반 고객분들은 공간에 놓인 가구와 어떤 위치에, 어떤 크기의 식물과 함께
배치할 것인지 밑그림이 필요하다. 핸드폰 사진 갤러리에 담아
여백 속에 조화롭게 놓일 식물을 선별하는 발품을 팔아야 한다.

돌아다니다 보면 가장 난김한게 화분이다.
화분은 그 자체가 개성 있고 마치 오브제처럼 멋있어야 한다.
그런데 판매되는 대부분이 화이트 화분 아니면 콘크리트 사각 형태의 천편일률적인 형태라서
매번 고민이긴 하다. 예를 들어 공간 컨셉이 간결하다면 식물이 가진 조형성이 매우 중요하다.

화분도 작가의 도자 작품은 아니더라도,

역시 아우라 있는 오브제 선별하듯,

그 식물과 조화로운 것을 잘 골라야 한다.

그래야 화분이 눈에 거슬리지 않게 공간을 조용히 잘 받쳐준다.

어떤 공간이든 가구나 식물 하나하나가

주는 분위기가 감각적으로 의도된

공간의 분위기를 주도하기 때문이다.

그래도 요즘은 테라코타 화기와 이탈리아,

베트남 토기도 많이 나와 있고

유리로 된 화분도 있다.

shopdesign-milk

소품 사이트에서 수입된 디자인 화분과

국내 명품 화기로 인지도를 굳힌

'두가르송(deuxgarcons)' 제품은 대기목록에

이름을 올려야 할 만큼 인기여서 디자인이

다양해지는 반가운 추세긴 하다.

식물도 자신만의 반려견처럼 오랜 시간 관심과 애정에 따라 묵묵히

은은한 광채와 각기 다른 발색으로 반응한다.

역시 살아있는 것은 반응하는 것임을 배운다.

식물을 유독 잘 키우셨던 어머님이 몇 십 년을 동고동락하며 같이 보낸

군자란이 매해 꽃으로 답한다며 즐거워하셨던 기억이 떠오른다.

반려 식물도 그 집의 역사와 추억을 간직한 동반자다.

이젠 외국에서만 주로 하는 작업으로 알고 있는 가드닝(Gardening) 시대가
국내에도 건너 왔다. 거창하게 마당이 넓거나 정원이 있는 집에서만
가드닝을 하는 것이 아니다. 작은 식물 분갈이부터, 발코니로 확대해 월컴 투 더 정글인
나만의 정원처럼 식물을 가꾸는 행위가 가드닝에 포함된다.
집은 아무래도 한정된 공간이라 답답하게 느껴진다.
예상치 않게 벌써 삼 여년을 갇힌 듯 지내다 보니 자연스레 이런 식물을 가꾸고자 하는
욕구가 생겨난 것이다. 인테리어 차원을 넘어 코로나 시대가 낳은 긍정적 에너지라 볼 수 있다.
이렇듯 식물은 인간의 자연주의적 속성으로 녹색이 주는 심리적인 안정감을 준다.
가드닝 식물을 인테리어를 활용해서라도
공간의 포인트적 요소로 배치하려는 경향이 늘어나고 있다.
이처럼 식물이 공간에 차지하는 비중도 나날이 점차 커지고 있다. 아름답고 활기찬 식물을
활용한 인테리어에도 취향이 반영되어있다. 몇 해째 꾸준한 인기를 얻으며,
아예 플랜트와 인테리어 합성어인 '플렌테리어(Planterior)' 에 대한 관심으로 쏠리고 있다는
보고서 결과도 나왔다. 이런 다수의 관련 책자도 많이 나와 있어 관심있는 분들은 전문가의
도움을 받아 또 하나의 취향도 발견 할 수 있다.

식물은 지난 몇 년 동안 트렌드였고, 앞으로도 외부 녹색 세계와의 연결에 대한 우리의 열망은
지속될 것이다. 때론 식물이 반드시 실제일 필요는 없다는 생각도 하게 된다.
가끔 식물을 잘 살리지 못하고 선인장마저 죽여 죄책감의 트라우마가 있는 고객분도 계시다.
그럴땐 인조 식물도 제안해 드린다.

예전에는 가짜 조화의 부자연스러움과

조악함에 눈 뜨고 볼 수 없었다.

지금은 유러피언 스타일의 꽃들과

식물도 다양해지고 있다.

확실히 디자인이 세련돼져,

색감이 실제인지 구분이 안 될 정도의

리얼한 모습의 조화도 많아졌다.

다만 한 장소에서만 다 구매하진 않는다.

여러 매장과 플라워 샵도 돌아다니며

선별된 조화를 코디해 선물로 드리기도

한다. 그 조화에 맞는 화기와 위치도 정해

드리면 고객의 감동이 내내 전해진다.

ilva

식물을 배치할 때, 공간의 여유가 있는 넓은 평수는 여백을 잘 살리는 커다란 조형적인

플랜트 하나가 놓여 있는 것만으로도 감각을 가늠케 하며 공간의 표정을 부여한다.

작은 공간에도 중간크기의 단순하면서도 멋진 올리브 나무나,

여리여리한 잎사귀의 보스톤 고사리 식물 등 작지만 그린 색상이 잘 어울리는

선반에 소품과 함께 둔다. 바라보면서 즐거울 수 있으면 된 것이다.

한 공간에 높낮이가 다른 크기와 모양의 식물과

섞어서 군으로 형성하거나, 그냥 맨바닥에 두기보단 탁자를 사용해 배치하기도 한다.

작은 공간엔 단아한 식물 한두 개 정도 디자인 포인트 요소로 선별한다.

손쉽게 매달 수 있는 그리너리(Greenary) 행어(hanger)는 바닥 공간을 할애하지 않아 좋다.

공간 전체에 확장성과 역동성을 불어넣을 수 있어 추천할 만하다.

그러나 너무 많은 식물은 자칫 공간을 어수선하게 보일 수도 있다.

디자인적으로 돋보이는 것 한 종류정도만 활용하는 것을 추천한다.

공간의 마무리는 역시 녹색(Greenery)이 있어야 공간의 시선이 부드러워진다.

이제는 식물로 자기 공간을 자기 스타일로 플랜테리어 하고 싶어한다.

자기 스타일이란 다른 말로 취향이다.

이제 자기 공간을 채우기 위한 시작점인 취향 발견부터 찾아나서 보자.

● Stylist Point

- 식물은 생명이 주는 활력과 조형미 그 자체로도 정서적 힐링이 된다.
  공간 전체의 컨셉이 되기도하고 공간을 돋보이게 하는 포인트로도 중요하다.
- 실내에서 키우는 식물은 관상용이므로,
  일단 잎 모양새가 크고 넓거나 잎이 작더라도
  공간 어디에 놓이느냐에 따라 전체적인 분위기가 달라진다.
- 자연 친화적인 대형 플랜트(Plant)인 심볼 트리(Symbol tree)가 공간에 힘을 보탠다.
- 반려 식물도 그 집의 역사와 추억을 간직한 동반자다.
- 아름답고 활기찬 식물을 활용한 인테리어에도 취향이 반영되어
  몇 해째 꾸준한 인기를 얻고 있다.
  플랜트와 인테리어 합성어인 '플렌테리어(Planterior)' 에
  대한 관심과 가드닝 시대가 열렸다.

■ 끌리는 공간으로 만드는 소품 배치 활용법 TOP 5

1. 공간을 좌우하는 소품 협업으로 기대하지 않은 의외의 만남을 시도해보자.
   공간을 매력적으로 채워주고 꾸며줄 소품을 본래의 용도가 아닌
   다른 용도로 변형하거나 사용하면 예상치 못한 색다른 연출을 할 수 있다.
2. 쉽게 변화를 줄 수 있는 러그나 모양 커튼, 튀는 프린트 쿠션과 다른 촉감을 섞거나,
   액자 등 소품을 활용하여 공통분모를 찾아 소재와 색상 등을 묶어 연출한다.
3. 소품은 보통 하나만 두지 않는다. 색상이 같거나 소재가 비슷한 것들과
   크기나 높낮이가 다른 물건들을 여러 개 군을 이루어 홀수의 개념으로 두는
   방식을 취한다. 그 자체로 하나의 덩어리 같은 구조물이 형성된다.
4. 공간을 점유하되 여백이 있어야 스타일링이 가능하다. 가령 커다란 조형적인
   식물 하나만 두어 여백을 살릴지, 여러 개의 높낮이가 다른 식물의 종류를 달리해
   군으로 둘 지 공간을 보면서 결정한다.
   적재적소의 스타일을 살리는 액센트 조연을 능숙하게 활용하자.
5. 개성과 창의성을 중요시하는 문화로 개인 공방 작가들의
   크래프트 창작 소품도 인기다.
   관점을 바꿔 쓰임만이 아닌 다른 용도의 물건을
   창의적인 오브제 소품처럼 응용하자.

Chapter 3

공간의 취향 발견

pinterrest

1, 비우는 것이 먼저다

- 공간부터 비우세요

인테리어를 배우러 오는 수강생들의 목적은 다양하다. 대학에서 다 배우지 못한 실무를 경험하기 위해, 일반 주부들 중에는 본인의 감각을 심화시키기 위해서도 온다. 남자들은 본업을 병행하며 새로운 실무 경험이 필요해 신청하기도 한다. 스펙을 쌓듯 발전하기 위한 시간에 기꺼이 투자하는 것이다. 이 선택이 변화의 출발선이다. 강의를 시작하며 인테리어의 시작은 무엇이라고 생각하는지 물어본다. 다양한 의견들이 나온다. 단언컨대, 인테리어의 출발은 먼저 '비우는 것' 으로부터 시작된다. '비움' 은 한 발 멈춰 서서 공간을 다시 보는 것이다. 비우고 채우기를 반복하다 보면 자연스레 나름 프로가 되어있다.
그래서 먼저 비워야 하고 자주 비우고 나면 느껴지는 것이 있다.
공간 여백의 바람이 느껴지고, 다시 채움으로서 비로소 얻게 되는 나만의 온전한 슬기로운 공간을 만날 수 있다.

지금까지의 생활 습관이 루틴이 되 듯, 주변을 한 번 돌아보라.
얼마나 많은 물건으로 공간이 꽉 차 있는지! 과연 이 물건들이 반드시 필요한지 객관적으로 파악해 보자. 세간에 정리를 잘 해준다는 달인들의 공통적인 말을 빌리자면, 일 년 이상 눈길도 주지 않은 물건은 앞으로도 쓰지 않을 가능성이 크다는 것이다.

이런 물건들이 가뜩이나 작은 공간을 전세 낸 듯 자리를 차지하고 있는 것을 인식했다면, 지금 당장 물건들을 꺼내 분류하는 작업부터 시작하자. 비싸게 구입해 아까워서 못 버리는 물건들, 추억이 있는 물건들, 무엇보다 언젠가는 필요할지 몰라 버리지 못하는 잡동사니들이 붙박이장부터 서랍장까지 온갖 수납장에 꽉 차 있다. 이런 불필요한 것들을 소유함으로써 내가 누려야할 공간이 물건에 잠식당해있다고 이번 기회에 냉철하게 판단해보자.
언젠가는 다 사용할 거라는 자기 최면을 버리고 오늘이라도 당장 버리거나 정리해보자.
다만 다 버리고 미니멀 라이프가를 추구하는 것이 최선이라는 것은 아니다.
불필요한 잡동사니가 점유하는 공간을 시각적 소음이라 인식하자는 것이다.
무엇보다, 언젠가는 정리해야 한다는 쌓인 감정인 강박의 짐으로부터 벗어나 보자는 것이다.
비우기를 통해 지금까지 묵은 겹겹의 공간들과 결별하여야 한다.
불필요한 것들을 치우고 자신이 좋아하는 물건만 남겨두고 간직하는 생활의 편집 기술(edit)이 필요한 때이다. 어찌 보면 내가 진짜로 무엇을 원하는지, 내게 정말로 필요한 것은 무엇이었는지 털어 냄으로써 명확해진다. 주기적으로 비우기에 힘쓰면 공간은 늘 여백을 보여준다. 반복하다보면 온전한 자기 스타일만의 옷이 입혀진다. 자기 공간을 바라보는 객관적인 눈이 뜨여지기 때문이다. 그렇게 마음의 공간도 넓혀지게 되는 자기 환기가 일어난다. 그것이 곧 자기 공간 변화의 시작이다.

2. 하루를 살더라도 내 취향대로

- 내 취향을 발견하자

'트렌드모니터(trendmonitor.co.kr)' 라는 리서치 기관에 따르면 2015년 이후를 기점으로

홈 인테리어를 꾸준히 바꾸고 있는 이유로,

집안 분위기 전환을 위해서가 1위를 차지한 것을 볼 수 있다.

집 안을 넓게 보이고 싶어서가 2위, 낡고 지저분한 곳을 고치고 싶어서가 3위를 차지했다.

그러나 코로나19 팬데믹 상황이 가져온 혼란은 반강제적으로 사람들을 집에 머무르게 했다.

당연히 집에 거하는 시간이 늘어나면서 자연스레 집과 공간에 대한 관심을 증폭 시켰다.

2021년 이후에도 이런 집콕과 재택근무가 선택적으로 이어지며, 자기 공간을 돌아보게 되었다.

이로써 자기 공간에 눈을 뜨고 친절하지 않은 공간에 변화를 주고자 한다.

우선으로 인테리어 가구의 배치를 변경하는 소소한 시도를 하게 된다고 한다.

일반적으로 1년에 1, 2회 정도 가구 배치를 바꾼다고 하는데 이유를 물어보았다.

그랬더니 '집안 인테리어가 지겨워졌을 때', 또는 '마음에 드는 가구나 소품을 구매할 때',

'그냥 이유없이 바꾸고 싶을 때' 가구 배치를 변경한다는 응답이 나왔다.

이처럼 집에 머무는 시간이 많아짐에 따라 집이 주는 단순한 휴식만의 공간이 아닌,

자기의 개성을 표현하고 나만의 취향이 반영된 공간을 즐기려는

사람들이 나날이 늘어나고 있다.

그러나 진지하게 어떤 분위기의 공간을 좋아하는지 자신에게 물어본 적이 있는가?.

내 마음 상태를 인식하게 하는, 가령 여기에 오면 기분이 좋아진다거나,

차분해진다거나 하는 공간이 있는지!. 이런 기분을 이끄는 어떤 공간에서 전해지는 분위기를

내가 사는 집으로 데려와 일상생활 속으로 연장 할 수 없을까? 하는 사심을 낸 적이 있다.

이럴 때 필요한 것은 적극성이다. 이참에 공간을 싹 바꿀 거창한 계획을 세울 수도 있지만,

분명 여러 장애 요소가 마구 출몰하면서 행위를 위축시킬 것이다.

그렇다면 공간에 매스를 들기보다 소극적으로 일단 내 방 한 칸만이라도 바꾸도록 작게

계획해 보자. 시작이 시작이니 만큼, 소가구나 소품, 특히 침구 정도만 바꿔도 분위기는
확실히 달라진다. 정 여건이 어렵다 싶으면 집 앞 꽃가게에서
가성비 높은 소품인 작은 식물이라도 집으로 데려다 놓자.
소소한 위로를 받으면서 기분 전환은 가능하다.
이런 발길을 옮기는 소심한 시도일지라도 작은 변화를 이끈다.
그 과정 속에서 자신의 관심을 알아가는 힌트를 얻게 된다.
나아가 자신에게 집중할 공간을 알게 되고,
어떤 공간의 스타일을 추구하는지 발견해내는 수확을 얻을 수 있다.

이제 인테리어라는 강박을 떨쳐버리자.
온전히 나만의 이야기를 담은 사물들과 함께하는
솔직한 공간에 대한 단상이, 내 취향을 발견하는 터닝 포인트로 삼을 수 있다.
일단 자신의 취향을 끄집어내 자기다움으로 승화시키고 자신만의 공간을
바라보자. 사실 무엇을 좋아하는지는 오직 자신만이 알고 있고 타인에게는 설명되거나
해석될 뿐이다. 이러한 취향 발견이라는 계단을 오르기 위한
첫 스텝은 자는 취향을 흔들어 깨워야 한다. 취향은 자기 내면의 욕구가 보내는 주파수다.
취향의 주파수를 안다는 건 곧 자기다움을 세우는 행위이고,
우리가 취향을 발견해야 하는 이유다.
그러기 위해선 자신의 주변부터 환기 시켜야 한다. 환경이 새로워지지 않으면 우리의 생각과
시각도 굳어진다. 이렇듯 자기 취향을 알고 공간을 보면 답은 나온다.

공간은 기성품 옷을 사서 내 체형과 사이즈에 맞는 옷으로 리폼하거나 코디하는 것이라

할 수 있다. 주거공간은 우리에게 가장 많은 시간과 금전이 들어간 장소다.

기능이라는 기본적인 옷 틀에 취향과 라이프 스타일을 적절하게 레이어드해서

좋은 운과 행복한 시너지를 만들어내는 곳으로 재탄생시켜야 한다.

그래야 삶이 여름날의 초록 잎처럼 더욱 풍성해질 수 있기 때문이다.

이렇듯 삶의 기본이 되는 공간을 하루를 살더라도

내 취향대로 가꾸어 나가려는 관심은 삶이 변화 될 준비가 된 것이다.

그렇게 예측 가능한 일상을 살아가길 바란다.

인생은 딱 상상한 만큼 현실로 이루어진다는 사실을 뇌 과학 분야에서 입증해 놓은

책들이 말하듯이, 좋은 공간은 좋은 상상을 펼칠 수 있게 해준다.

3. 나만의 취향을 찾는 두가지 팁

- 전시회 참관을 습관처럼

국내 리빙 박람회를 대표하는 "서울 리빙 디자인 페어(Living Design Fair)" 는

행사 관계자와 전문가들만의 행사를 넘어 일반인들도 즐기는 봄나들이 코스로 발전 하였다.

마치 문화적 행사의 런치 코스 인양,

코엑스에서 열리는 리빙 박람회 열기는 명실상부하였다.

코로나19와 변종의 악조건 속에서도 참관자의 한 사람으로서 그 뜨거움을 경험케 했다.

비교해보자면, 4장에서 언급 할 세계 최대 가구 박람회인 '국제 밀라노 가구 페어' 의

행사장 규모는 코엑스에 20배 정도에 달한다.

그만큼 광활한 공간에서 가구 페어가 열린다.
그곳엔 많은 나라의 기업들과 개인이 참가하고 방문한다. 그 수는 매년 증가하고 있다.
2019년에는 39만 명에 근접했다고 한다.
한편 '리빙 디자인 페어' 에 방문한 관람객수가 2019년도에는 대략 29만 명을 넘었다는 소식을 들었다. 코엑스에서 열린 그 규모의 차이가 머릿속에서 그려지면서 29만 명이라는 숫자에 깜짝 놀랐다. 물론 코로나19로 인해 사회적 거리두기를 강화했던 2020년에는 관람 제한에 따라 18만 명으로 감소되었다.
하지만 그 관심은 꾸준히 지속되고 있다.

그렇다면 2019년의 엄청난 방문 통계 수치는 무엇을 의미하는 것인지, 그에 따른 참관인의 기대 효과는 무엇일지 생각해 볼 필요가 있다.
이 "리빙 디자인 페어"가 점차 입소문이 나기 시작한 기점이 2015년도 전후라 볼 수 있다, 참여 업체의 꾸준한 증가와 더불어 더 나은 삶을 위한 일반인들의 홈 인테리어에 대한 관심도가 높아짐에 따라 참여도는 변화를 가져오게 되었다.
일반인들은 리빙 트렌드와 리빙 컬렉션 등 전문가들이 내놓는 홈 라이프 스타일의 트렌디한 시대적 제안을 훑어보고 싶어 한다는 것이 그 이유다.
게다가 한 공간에서 즐길 거리가 마치 유명한 쉐프의 요리를 찾아가 챙겨 먹듯, 가벼운 발걸음으로 문화적 콘텐츠의 멀티 영양제를 한입에 털어볼 수 있는 집약된 공간이라는 점 때문이기도 하다.
또 한편으로는, 고가의 수입가구와는 다르게 상대적으로 가볍게 구매할 수 있는 로컬 가구 브랜드의 약진도 눈여겨 볼 만하다.
그외 취향 저격 리빙 소품들,

주방용품, 갤러리의 그림 등을 부담스럽지 않은 가격대로 구입할 수 있다.
이러한 복합적인 장소에서는 다 둘러보면서 시각적인 편식을 하지 않게 된다.
그래서 자신의 취향을 눈요기하면서 제대로 알아갈 수 있다.
다채롭게 둘러 볼 수 있는 문화적 파티의 집약적인 장소가 바로 "리빙 디자인 페어" 다.

이제 젊은 연령층의 시대적 열망이 증폭되어 수요가 증가하고 있다.
다양한 구매층의 관심 있는 제품들을 합리적인 가격으로 손에 넣을 수 있는
전시회로서 입지가 굳어진 결과다.
취향의 발견은 여러 상황을 자주 보고 경험치를 높여야 한다.
그에 따라 발현되는 시도와 도전의 산물이 취향이다.
그곳에 가면 이젠 유독 남녀노소 구분 없이 손을잡고 같이 온 커플들이
눈에 띄게 많이 보인다 가족,
지인들과 함께 즐기는 유쾌한 만남의 문화적 교류의 장소로서의
역할을 톡톡히 하고 있다.
특별히 남자들의 범상치 않은 패션이며, 리빙에 대한 질적인 관심사가
예전과 비교해 현저히 늘어난 것을 느낀다.
자신만의 코드, 자가만의 취향을 드러내거나
그것을 찾고자 온 목적 있는 발걸음을 느낄 수 있어 흐뭇한 마음이 들었다.

- 취향도 아웃소싱(Outsourcing) 할 수 있다

'취향(taste)' 의 사전적 정의는 "하고 싶은 마음이 쏠리는 방향" 이다.

'마음이 쏠리는 방향' 이란 관심이 생긴다는 것이다.

관심이 생긴다는 것은 무언가에 끌리는 것이므로 좋아하는 것의 시작이다.

좋은 끌림은 취향으로 발전될 수 있다. 이렇게 일단 끌리는 것이 있어야

취향의 좌표를 만들 수 있다. 그러기 위해 이젠 온라인상에서 만나는 취향 발견도 좋지만,

오늘 하루는 방구석 취향을 탈출해보자. 오프라인 상에서 만나는 인기 있는

지역들의 증가세는 여전하다.

우리가 잘 아는 "연리단길" , 요즘 뜨는 "용리단길" "망리단길" , "송리단길" , 성수동, 익선동과

부암동까지 취향을 파는 지역을 찾아다니는 것이다.

이런 가벼운 발걸음으로 향하는 그곳엔 늘 즐거운 구경거리와 요깃거리로 취향을 판매하는

환경이 이미 오래전부터 넘치게 제공되어있다.

특히, 요즘은 크래프트(Crraft) 수제품에 관한 관심이 성수동과 연희동을 중심으로

크게 늘어나고 있다.

MZ세대의 놀이터가 된 이곳은 느림과 로컬에 대한 라이프 스타일의

방식에도 영향을 준다고 한다. 이렇게 일단 봐야 니즈가 생긴다.

의도적으로라도 취향 발견을 위해 길을 떠나자. 혹시 아는가? 그곳에서

자신만의 취향 로드맵을 찾을지도!. 혹은 취향 너머 자기 자신을 발견할지도!.

모르는 일이다.

그저 시간을 내서 걸어 다니며 나의 취향을 저격하는 것을 찾으면 되는 것이다.

물론 펜데믹 영향과 이젠 엔데믹으로, 위드(with)를 넘어 비욘드(beyond),

이 또한 지나가리라!

"사는(buy) 것이 달라지면 사는(live) 것도 달라진다."

m.thingoolmarket

취향에 대해 나누는 수다가 많아질수록 삶의 즐거움은 배가 된다.

나다운 취향의 관심도가 높아지기 때문이다. 요즘에는 단지 재화를 판매하는 상점을 넘어

취향을 파는 카페나 상점들이 늘어나고 있는 것을 목격한다.

지인들과의 약속은 일부러 힙하다고 알려진 카페로 정한다.

취향이 접목된 카페에서의 경험은 소비를 부추긴다.

이러한 추세는 이미 오래전부터 시작되었다. 새로운 것이 아니다. 살짝 화가 나기도 한다.

이 많은 취향을 파는 곳들을 다 돌아다닐 여력이 누가있겠는가! 하지만 거기엔

요즘 트렌드인 감성과 취향 마케팅까지 합세했다. 사람들이 집구석에선 맛볼 수 없는

오감을 충족시켜주는 곳이기에, 기꺼이 시간과 지갑을 연다는 것이다

벌써 몇 년 전인가 교수님이 추천하여 동기랑 같이 만난 '성수연방' 이라는 곳이 있다.

마치 한옥처럼 중정이 있는 공간으로 여러 업체가 입점해 있는

m.thingoolmarket

그곳에서 소소한 리빙 소품들을 판매하던 '띵굴 시장' 을 만났다.

이미 '띵굴 스토어' 라는 여러 개의 다른 지점으로 까지 확장 했다는 점이 더욱 신선했다.

이 확장은 역시 소비자의 작은 열망이 반영된 밀도 높은 오프라인 공간으로

확대된 쇼룸이라 할 수 있다.

이렇듯 우리는 역시 보고, 만지고, 듣고, 거기에 은은한 향으로 방점을 찍는다.

마치 한 곳에서 오케스트라를 만난 듯한 통합적인 공간 체험이 이 시대가 요구하는

인간적인 공간이다. 이런 공간이야말로 취향의 케미를 높여주기 때문이다.

왠지 끌리는 공간, 끌리는 가구, 마음을 끌어당기는 소품,

이미 끌린 음악 등 브랜드만은 아니다. 그건 매력적인 취향의 아우라가 우리의 감성을

자극하고 서정까지 느끼게 하는 이유에서다.

평소에 좋아하는 서울대 사회학과 최인철 교수님의 책 〈굿 라이프〉에서

"소유를 위해 돈을 벌지 말고 '경험' 을 사기 위해 돈을 써라" 라는 말씀에 격하게 공감한다.

이미 경험과 소비가 동시에 이루어지는 곳, 그곳을 발빠르게 찾아 나서고 있다.

위의 책에선 "행복한 사람은 소유보다는 경험을 사는 사람이다" 라고 정의했다.

교수님의 앞선 사회적 데이터 분석과 선견 철학이 현재 모든 브랜딩에 녹아있다.
경험 판매를 선두에 내세우는 그 경험이란, 브랜드의 전략적 정체성으로 자리 잡혀 있다.
더 나아가 오감의 총체적 반응인 '놀라움' 과 '재미' 두 가지 키워드로 압축할 수 있는데,
그런 경험의 종합 선물 세트가 '여행' 이라는 것이다.
말만 많이 한다고 공감이 이루어지는 건 아니니다.
다만 여행은 많이 경험할수록 많이 느끼게 된다. 여행이야말로 내 취향과 마주할
진정한 아웃소싱의 기회이자 경험이다. 여행을 통해 굳어진 시선과 마음의 부드러운
순환을 기대한다. 여력이 안 된다면 무조건 주변부터 걸어보며
나다움을 대변할 취향의 요깃거리를 찾아 나서자.

필자도 같은 업종에 있으면서 코드가 맞는 친구처럼, 자주 만나서 감각을 높여줄 핫 한 곳을
찾아다니는 오랜 동료들이 있다. 어디에서 새로운 제품이 들어왔다더라, 그건 꼭 가서
봐야 한다 등, 어찌 보면 취향 공동체처럼 특별한 공간을 시간을 내서 돌아보는 일도
스타일리스트에게 중요한 일이다. 안목을 공유하고 감각을 같이 나누며
세련된 취향에 대한 욕망의 단기 투어 같은 유쾌한 시간을 나눈다.

다른 통계에 의하면 성인 남녀 80% 이상이 "개인의 취향은 존중되어야 한다." 고 말하고 있다.
이 수치는 "대부분 사람들이 남들과 취향을 차별화하고 싶은 마음보다는,
자신의 취향을 있는 그대로 존중받고 싶어 하는 마음이 크다" 라는 것을 말해주는 것이다.
꼰대 같은 말이지만, 사실 우리 사회는 자신과 다르다고 해서
지나치게 내 편으로 구분 짓고 분류해서 차별하는 문화가 팽배하고 있다.
남과 다름을 인정할 때, 자신의 취향도 존중받을 수 있다는 평범한 상식에 근거해야 한다.

이런 사회적 성숙을 현명한 MZ세대가 지금부터라도 만들어 나가지 않는다면,

다음 세대도 취향 나치의 손아귀에서 벗어날 수 없을 것이다. 이제부터 자신의 취향을

발견했다면 이런 개인의 취향이 응당 존중되어야 한다. 타인의 취향도 마땅히

존중받아야 한다는 것을 기억하자. 그래야 각자 마음껏 취향의 해상도를 높이는 수준 있는

문화와 건강한 사회의 선순환을 기대할 수 있기 때문이다.

● Stylist Point

- 불필요한 것들을 치우고 자신이 좋아하는 물건만 남겨두고 간직하는
  생활의 편집 기술(edit)이 필요한 때이다.
- 취향의 발견은 여러 상황에서 자주 보면서 경험치를 높여놔야 발현되는 시도와 도전의 산물이다.
- 그럼으로 어떤 삶을 추구하는지 자신의 취향을 알게 되고
  자신에게 집중할 공간도 발견 해내는 수확을 얻을 수 있다.
- 취향은 자기내면의 욕구가 보내는 주파수다.
- 취향의 발견은 삶을 여름날의 초록 잎처럼 풍성하게 만들어 준다.
- 이제 취향이라는 자신을 발견하고 세우는 일은 무엇보다 중요한 요소가 되었다.

4. 개인 취향을 갖추면 생기는 일들

- 취향도 무기가 된다

가수 '빅뱅' 이라는 그룹의 멤버인 "탑",

이 사람은 사실 빅뱅 친구들의 문화 인플루언서(influencer)로서의

역할을 충실히 감당했다 한다.

탑은 본인 수입의 95%를 세계적인 작가들의 그림과 명품 디자이너 가구들을

수집하는 뿌리 있는 안목의 고급 취향을 가지고 있는 것으로 유명하다.

자기의 문화적 끌림을 자기 취향으로 해석하여 가까운 주변 지인들,

특별하게 지드래곤과 태양에게 영향을 끼쳤다.

그렇게 그들도 이러한 문화의 세계에 입문하게 되었다고 한다.

문자를 좀 쓰자면, '근주자적 근묵자흑(近朱者赤 近墨者黑)',

붉은색을 가까이하는 사람은 붉은색으로 물들고

검은 먹을 가까이하는 사람은 검어진다는 뜻이다.

이런 탑에 의해 근거 있는 좋은 취향의 세계로 이끌림을 당한 것이다.

마치 굉장히 애써서 알아낸 어떤 아름다움의 미감을 접했을 때 나만 즐기는 게 아닌

다른 사람에게 보여주고 알려주어 공감 받고 싶은 마음 아니었을까?.

사실 누구나 가진 취미의 고급 버전이 취향이다.

이제 탑은 뮤지션을 넘어 멋진 취향의 컬렉터로서의 입지를 굳힌다.

더 나가 취향이 무기가 되어 갤러리 무대에서 구애를 받는 큐레이터로 2016년 등단했다.

그의 행적 선상으로, 같은 해 예술의 전당에서 열린

'현대 건축의 아버지 르코르뷔지에 전(展)'에서 전시 때마다 선택적으로 듣는

오디오 가이드 나레이션을 이 탑의 음성으로 들을 수 있었다.

그의 나지막이 감미로운 목소리는 감성을 실어 설명하는데 관람 시간 내내

더욱 감동적이었던 기억이 떠오른다. 이처럼 본인 삶의 쁘띠한 취향을 일상의 놀이처럼 즐긴다.

의미 있는 재미를 라이프 스타일에 적극적으로 반영한 컨셉이 콘텐츠가 되었다.

이렇게 공유되어 사회적 입지를 만든 좋은 예라 할 수 있다.

이제는 자기 취향에 집중해야 하는 시대가 온 것이다.

이렇듯 누구나 자신의 취향을 발전시켜 사회적으로 객관화시키려는 노력은 전문가도 만든다.

자기만의 확고한 취향의 밀도를 높여 구체화하고,
객관화시켜 장인 같은 전문가로 사회에 발현된 직업으로 이어지는
선순환의 선례를 보여 주었다.
비록 우리가 모르는 통증 속에서 조개가 진주를 탄생시키 듯,
삶의 남모를 아픔을 극복하고 전문가로 승화되어 또 다른 인생의 길을 걷고 있는
모델들을 우리는 주변에서 심심치 않게 볼 수 있다.

- 아마추어 전문가 시대

어떤 일을 좋아하면 잘할 가능성이 크고, 잘하면 좋아할 가능성이 크다고 한다.
좋아하는 무엇을 선택한다는 행위는 앞으로 선호할 가능성이 있고,
더 나아가 취향으로 발전될 수 있다.
인생을 살면서 좋아하는 기호(Taste)를 지닌다는 것은 매우 중요하다.
이렇게 삶에서 취향이 주는 쓸모를 발견하는 것은
그만큼 삶을 풍요롭고 넉넉하게 즐길 거리를 갖는 일이기 때문이다.
이렇듯 취향이란 결국 좋아하는 것의 실체이며,
은행 잔액을 늘리듯 취향의 아카이빙을 늘려야 한다.
취향은 지속성을 기본으로 자기만의 내공을 다지는 일이기 때문이다.
거기에 경험치를 높여 진화하면 누구나 전문가도 될 수 있다.
그리고 취향의 덕후가 되려면 어느 사이 자란지 모르는 손톱처럼,

깊숙이 빠진 시간의 몰입이 쏘아 올린 자기만의 상아탑을 만들어야 한다.

요샛말로 덕력이다. 내면의 공력이 쌓인 취향은 용수철이 튕겨질 듯,

외부에 표출되어 그것이 피드백으로 돌아올 때 우뚝 선다.

그렇게 세상과 공유하면서 반응을 기다리며 교류하다 보면,

서서히 팬층이 생기는 걸 경험하게 된다.

이젠 나만의 고유한 관점이 묘하게 설득되면서 동조하고 싶고,

결국 참여하게 되면서 공감의 쫄깃함을 누리는 곳이 많아졌다.

취향 동호회나 커뮤니티에서도 만날 수 있는 루트가 이젠 문화로 자리잡았다.

취향의 이런 뒷배경 문화가 한층 발전된 형태로 같은 취향의

관계맺음과 만남이 활성화되고 있다.

이제는 취향 공동체와 살롱 문화가 되어 그들만의 리그를 즐긴다고 한다.

일단 내가 끌리는 취향을 여러 루트를 통해 노출 시키는 환경을 만들어야 한다.

그것에서부터 맛집을 찾 듯 시간을 갖고 탐색해 나가는 과정을 반드시 거쳐야 한다.

'놀면 뭐 하나!

물론 우연히 어느 방향에서 즐거운 공격이 들어올진 몰라도

늘 열린 시각으로 이러한 개입을 반겨야 한다.

공간에 사물을 두었을 때 볼 때마다 즐겁고 입가에 행복한 미소를 짓게 하는 순간이 있다.

일상 속 미적 공감이 이루어졌을 때다.

그전에 느끼지 못했던 내 안의 아티스트 적인 취향을 꼬물꼬물 발견할 수도 있다.

때론 시대적 조류와 흐름에 떠밀리지 않고 맞선다.

당당히 자신이 사는 방식에 본인

시선과 감각에 부합된 심미적인 가구 하나를 발견하는 것만으로도

삶은 풍요로워질 수 있다.

필자가 발견한 취향이란, 다른 말로는 발현된 개성 또는 스타일이라 할 수 있다.

자신의 취향을 알아간다는 것은 유행을 따라가는 것만이 아니다.

나의 취향이 어디까지 공간에 스며들어

그 안에서 느껴지는 편안함과 행복감의 접점을 찾았다는 의미이다.

이제 이러한 경험을 내가 사는 집으로 가지고 가서 응용해 보는 것은 어떨까?.

일부러 소문난 카페를 찾아 나서지 않아도,

스스로 내린 커피 향이 풍기는 홈 카페는 이제 일상이 되었다.

굳이 밖에 나가지 않아도 집에서 누릴 수 있고 즐길 수 있는

나만의 힐링 공간을 자연스레 갖게 된 것이다.

이런 소소한 욕구의 행위가 발전되어

자신의 개성을 표현하는 수단으로 표출될 때,

삶은 이미 변화가 시작되어 그렇게 삶이 바뀌면서 공간이 변화를 만든다.

우리는 인생의 번 아웃(burn out)을 경험해야 진정한 휴식의 달콤함에 푹 빠지게 된다.

다양한 경험들이 기록이 되고 자기만의 관점이 시각화되는 여정이야말로

진정한 자기 삶의 언어로서 자신만의 취향과 견고한 삶의 컨셉을 만든다.

지금까지 주변을 비우고 그것의 중요성과 취향을 발견하는 것이

자신을 발견하고 세우는 일임을 알게 되었다.

우리는 이러한 가치가 무엇보다 중요한 시대에 살고 있다.

그러한 가치의 시대적 트렌드로서 가구의 중요성이 날로 주목받고 있다.

가구는 공간을 채우는 요소뿐만 아니라,

지금은 어떤 취향의 가구를 가졌는지가 자기를 대변해주는 시대가 됐다.

이제 가구는 자신의 취향과 안목을 고스란히 드러내기에,

좀 더 가까이 디자이너 가구를 알아가는 여정으로 떠나보자.

우리가 일상에서 무심히 봐왔던 가구의 오리지널 디자이너를 확인해보자.

국내에 들어와 있는 세계적인 건축가들의 가구도 아는 만큼 즐길 수 있기에

배워가면서 가구의 매력을 발견해 보기를 바란다.

자신이 행복해지고 삶을 풍요롭게 만드는 요소를 찾아가는 일들을

우리 스스로가 생활 속에서 증명해 주길 바라며 …

Chapter 4

공간으로 스며든 디자이너 가구들

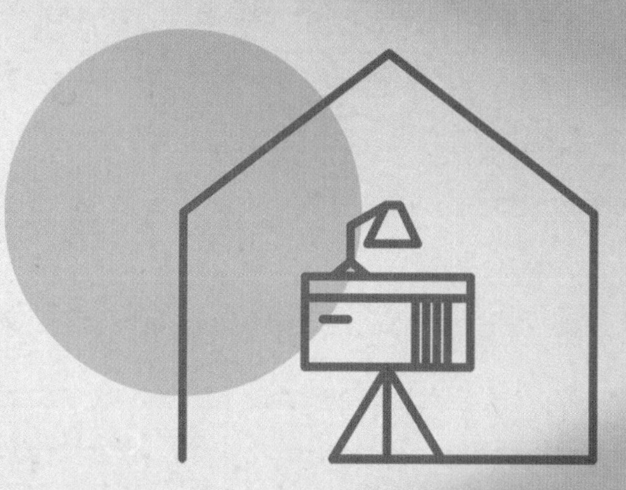

1. 시간을 품은 가구

어느 날 우연히 가던 길을 멈추고 내 눈길을 사로잡아 꽂히게 한 매력적인
가구를 본 적이 있는가?. 영화 〈쉘부르의 우산〉에서 오드리 헵번이 '티파니' 매장 쇼 윈도
앞에서 서성거린 모습처럼 말이다.
때론 우연히 본 잡지에서 시선을 붙잡아둔 끌리는 멋진 가구를 발견하고
바로 자신의 취향을 알아봤던 경험이 있는지!. 언젠가는 내 집에 내 공간에 하나쯤 두고
싶다는 욕구를 불러일으킨 매료된 눈먼 가구가 있지 않을까?.

- 가구가 나를 대변한다.

지금은 혼자가 아닌 셋이 되어 잘살고 있는 아이돌 그룹 멤버 태양이
언젠가 "나 혼자 산다" 라는 프로그램에 출연하였다.
개인적으로 좋아하는 태양 본인보다 직업적인 안목으로 그 공간을 채우고 있는
가구와 그림으로 시선이 쏠리는 건 자연스러운 일이다.
다른 연예인들과 달리 범상치 않은 가구의 품새와 벽에 걸린 그림들이 역시 나를 집중케 했다.
뒤에서 설명하겠지만 그 유명한 '르코르뷔지에' 의 사촌인 '피에르 잔느레' 체어와
동시대에 드문 여류 디자이너 '샬롯트 페리앙' 의 작은 스툴이 먼저 눈에 들어왔다.
백남준의 비디오아트 작품뿐만 아니라 이름값 하는 '호크니(Hockney)' 와 '이우환' 작품까지,
갤러리 같은 작품이 공간마다 빛나고 있었다.
이런 존재감 못지않은 태양의 감각을 훔쳐본 듯이.
우연히 한 공간에서 눈 호강을 하게 된 것이다.

이처럼 줌 인(zoom in) 된 디자이너 가구와 공간은 굳이 설명하지 않아도 나를 대변해준다.
이런 고급 일상의 문화적 공간을 즐기는 것이 비단 연예인이나 다른 향유층만 가능하다는
생각을 다행히도 요즘 'MZ세대(밀레니얼+Z세대)' 들은 하지 않는다.
MZ세대는 그들만의 다른 시각, 즉 살아가는 가치관의 관점이 신선하다.
명품이나 브랜드에만 가치를 부여하지 않고 주체적이다.
그래서 사물도 자기 개념이 장착된 건강한 시선으로 판단한다.
트렌드만 추종하지 않고 철저히 자기 선택을 믿는 까닭이다. 자기 공간에 대한 욕구도 커서,
단순히 아름답고 편리한 기능으로서의 가구만을 원하지 않는다.
그들은 전 세계적으로 앞으로의 미래를 견인하며 문화를 창조할 주역이다.
이미 소비의 신흥세력으로 떠오른 다크호스다. 그들은 더불어 '스토리 라인' 을 중시하며
소유, 경험에 이어 가치를 매우 중요시하는 특징이 있다.

우리가 살고 있는 세상은 마치, 커다란 오픈 북이라는 유튜브나 삽시간에 퍼지는 SNS를
통한 시대 정신을 형성하기에 너무나 좋은 디지털 환경이 제공되고 있다.
그런 맥락에서 디깅(digging) 문화라고 불리는 덕후와 덕질 문화가 고스란히
개인의 아카이브로 쌓여 공유된다.
그런 디지털 환경이 때론 아날로그적인 추억을 소환시키고 있다.
부모 세대의 경험과 향수를 그들만의 놀이로 녹여낸 다채로운 장르의 문화를 저격하고 있다.
바로 기성세대를 세대 공감이라는 문화축제로 초대하는 것이다.
그런 문화적 영향력은 자신의 취향에 대한 확고한 자부심이며 비교당하지 않는 당당함에
기초한다. 이제 남과 '다름' 이 '틀림' 이 아닌, 구획 짓지 않는 성숙한 사고의 유연한 태도도
기대할 수 있다. 이러한 합리성에 근거하여 'MZ 세대' 의 자본 시장이 이미 팬덤에 의해

움직이고 있음이 확인된다. 가구 시장에도 마음을 뒤흔드는 시간을 품은 디자이너 가구를 눈에 불을 켜서 물색 중일 것이다. 그것이 곧 자기를 선명히 대변하는 것이기 때문이다.

- 너 이 가구 본 적 있지?

예전만 해도 저명한 세계적인 디자이너 가구는 전문가들만 알고 있었다.
특정 클라이언트에게 소개하는 어나더 레벨' 의 고객층만 사용되고 있다고 생각되었다.
그러나 지난 십여 년간 인기 있던 북유럽 가구 붐이 다시 일기 시작하더니
예전의 인기가 부활 된 듯하다.
좀 더 깊어진 미드센츄리 모던 빈티지(Mid_Century Modern Vintage)가구로
확대되어 화려한 컴백을 하였다. 이젠 두터운 매니아 층과 더불어 관심 있는 일반인들도
제법 많아졌다. 사실 우리는 주변의 일상에서 쉽게 봐왔던 북유럽 가구가 빈티지 가구
전체를 대변하는 디자이너라 가구라고 생각할 수 있다. 그러나 빈티지의 역사란 30년대에서
70년대까지를 아우르며 생산된 제품이다. 제품 생산 과정에서 존재하는
역사적 스토리 라인의 결과물이다. 그 시대 안에 스칸디나비아 나라 중에 덴마크 가구를
필두로 하여 50년대에서 60년대 정점인 가구가 미드 센츄리 모던이다.
어디서 어떻게든 만나져야만 했던 에피소드를 품고 있고
시공을 초월한 인연의 역사가 시작되는 것, 그것이 곧 빈티지 가구의 매력이다.
일반적으로 모던 빈티지 가구의 매력은 사람마다 다르게 느껴지겠지만,
공통으로 이탈리아 가구처럼 존재감을 대놓고 드러내지 않는 검박한 느낌이 먼저일 것이다.
한 눈에 알아볼 수 있는 감각적인 제품도 있다. 다만 빈티지 가구를 데려 오려면 세월의 흔적이
묻어있기에 더 자세히 봐야 한다.

그 실용성과 함께 작은 디테일의 아름다움도 느낄 수 있어야 한다.

2000년대 중반기에 빈티지 가구 열풍이 분 적이 있었다.

지금은 사라졌지만 그 시기에 홍대와 삼청동에서 명성을 꽤나 얻던 핫하고

힙(Hip)한 'aA 디자인 뮤지엄 카페' 가 있었다.

오리지널 수입 가구를 전시하며 고객들에게 이용 할 수 있게 하면서 더욱 유명해졌다.

그 전부터 화두가 되고 트렌드가 되어 하나 둘씩 디자이너 가구를 사용하는 카페들이

고객들의 성원에 문을 열기 시작했다. 지금의 홍대나 강남 신사동 가로수길 외의 여러 지역의

카페 문화가 다양해진 데에 한몫을 더한 원조 격이다.

이미 청담동뿐만 아니라 떠오른 다른 지역에서도 오래 전부터 오리지널 명품 디자이너 가구를

기본으로 갖춘 카페와 편집 숍이 즐비하다.

이제는 고급 취향으로 무장된 까다로운 고객들의 니즈에 맞추어 유난스럽게도,

상공간은 인테리어 견적 외에 막대한 자본력이 필요한 유명 디자이너의 제품으로

공간을 채우는 것은 기본이 됐다. 가구 디자이너 강의를 하면서

수강생들에게 추천하는 다양한 도서가 있다.

그중 하나가 빈티지 가구 컬렉터 1세대인 K씨의 〈나를 사로잡은 디자인 가구〉라는

오래된 책이다. 위에서 언급한 카페 대표였던 그가 세계적인 디자이너 빈티지 가구들을

수집하면서 보여준 남다른 명품가구에 대한 열정에 공감이 갔었다.

그래서 전시 공간에 펼쳐놓았던 그만의 가구에 대한 시각을 흥미롭게 읽었다.

특별히 북유럽 가구에 대한 넘치는 애정과 내공이 있는 전문가적인 시선의 가구 입문서였다.

이제는 다른 장르의 가구에 대한 책들이 하루 멀다 출현하지만,

명품가구를 처음 접하는 길목에 서 있는 일반인들에게 먼저 소개하였다.

이처럼 빈티지 가구뿐만 아니라 디자이너 가구가 다시 급격한 관심과 인기몰이를 하는 요인은 무엇일까?. 필자의 생각으로는 다변화되어가는 시대적인 요구에 부응하며 심미적인 관심에 힘입은 취향의 대중화를 들 수 있을 것이다.

물론 대한민국의 소득 수준이 높아진 것도 한몫 할 것이다.

예전에는 빈티지 가구와 디자이너 가구는 특정 지역에서만 볼 수 있었다.

유난히 강남 지역에만 집중된 아쉬움이 있었는데,

이젠 컨셉 있는 다양한 취향의 편집숍이 다양한 지역으로 확대됨으로써 범위가 넓어지게 되었다. 이런 일반 소비층의 여과된 고급 취향과 문화 수준에 대응하면서 마치 갤러리처럼 과시가 아닌 실수요자층의 열성 팬들이 늘어나게 되었다.

시간을 품은 매력적인 빈티지 가구의 희소성과 그 가치에 편승해 눈독을 들이는 일부 관심층이 증가세다. 서브 지역의 마이너리티 공간으로 찾아든 작가들의 제품 등을 수소문해 찾아다니는 조용한 매니아가 생겨난 것이다.

가치를 중시하는 MZ세대도 디자이너 가구의 브랜드와 역사에 매력을 느끼기 시작하였다. 비교적 명품가구에 입문하기가 상대적으로 부담이 적은 친숙한 북유럽 가구들이 대중적 인지도와 함께 광고까지 등장했다.

이젠 '너 이 가구 본 적 있지?' 하고 물으면 '나 그 가구 이미 알고 있지!' 라고 답할 것이다.

2. 명품의 팬덤 시대

- 명품 가방 대신 가구를 삽니다.

일반적으로 '명품' 하면 무엇이 떠오르는가?.

일단 여성은 핸드백을 떠올리기 쉽다. 그 무거운 금액을 치르고 명품을 내 것으로 하려면
제일 먼저 무엇을 고려하게 되나? 필자의 경우는 디자인이 먼저이고 다음이 브랜드,
그리고 예산 순이다. 물론 다른 생각으로도 접근할 것이다. 단순하게 생각해 보면,
명품 가방은 필수제가 아니니다. 오히려 개인적인 만족과 과시를 위해
그 큰돈을 기꺼이 지불하고 구매한다고 볼 수 있다. 이런 비싼 값을 치르고서라도 사는
이유는 무엇일까? 아마도 남들과 차별화된 고급 취향을 드러내고 싶은 욕구가
가장 크기 때문일 것이다.

그렇다면 필수제인 명품가구에 대해선 어떤 생각이 떠오르는가?
가방과 달리, 내로라하는 세계적인 명품 디자인 가구는 우리 같은 일반인들에겐
부담스러운게 사실이다. 게다가 그 큰 금액을 주면서까지 선뜻 혼자 구매를 결정하기는
더욱 쉽지 않다. 그런데 가구는 우리들이 매일 일상생활에서 사용하고 있는 필수품이다.
그럼에도 불구하고 명품 백보다 선택의 선호도가 낮다. 오늘도 우린 침대에서 일어나
아침을 맞이하고 분주히 식탁에서 아침밥을 가볍게 마치고 출근을 한다.
주부들은 오전의 분주함을 뒤로 하고 모닝커피 한 잔의 여유를 식탁 의자에서 보내거나
소파에 앉아서 즐긴다. 그렇기에 가구는 공간의 비중 있는 자리를 떡하니 차지하고 있다.
일상에서 즐기는 가구는 삶의 기본인 휴식과 가족 공동체와의 좋은 추억을 쌓게 해준다.
이렇게 우리의 삶과 일상의 몸에 닿는 소중한 가구 일진데, 안타깝게도 명품으로서의
그 가치와 차이를 알고자 하지 않는다.
아직도 혼자만 즐기는 명품 백의 가치와 디자이너 가구의 가치를 잘 비교하지 않는다.
디자이너 가구도 명품 브랜드가 주는 사회적 가치가 높다.
무엇보다도. 역사가 주는 균형감 있는 트렌드가 존재한다.

그런데도 명품 가방처럼 취향 저격 디자인의 심리적 만족감과 더욱이,

공간의 존재감을 한껏 누릴 수 있다는 생각을 왜 쉽사리 하지 못하는 걸까!

우리가 그토록 좋아하는 명품 가방엔 모든 것이 함축된 금액의 계산서를 내민다.
그 브랜드를 일궈낸 역사적인 가치와 자부심이 녹아있다.
디자인에 대한 차별성은 곧 드높은 그들만의 정체성이다. 명품가구도 브랜드와 디자이너의
가치에 상응하는 문화와 히스토리를 먼저 알아가는 것이 중요하다.
금액의 진정한 값어치를 인정하게 되며 클래스가 다른 가치를 확인하게 된다.
일상의 생활 속에서 즐기는 문화적 행위가 자연스레 친근한 자부심으로 이어질 수 있다.
이것이 진정한 고급스러운 삶이며. 럭셔리의 의미라고 필자는 믿는다.
이렇듯 명품이란 혼자 만들어지지 않는다. 꽃을 질투할 필요가 없듯이,
명품은 잊힐 수 없는 잊히지 않는 상징적 물성으로 우리에게 각인된 것 아닐까.
이런 인식에 사로잡혀 소유하고자 하는 시대적인 열망을 모두 담아 '명품' 이라는
이름으로 탄생 된 것이다.

이제 우리나라 명품가구 시장에 소개된 세계적인 디자이너의 오리지널(original) 가구와
역사적 맥락에서 생산된 제품의 브랜드 회사를 같이 알아가면서
안목을 높여보자. 삶의 깊이와 인간에 대한 통찰도 배우게 된다. 더불어 이미
익숙하고 흔한 로드 카피 제품도 매의 눈으로 잘 고를 수 있는
감각의 코어 근력이 되어줄 것이다.
필자는 명품 백도 좋지만, 한 계좌의 계를 들어 디자이너 가구 하나 집에 들이기를
제안하고 싶다. 먼저 관심이 생기게 하고 좋아하는 취향의 가구를 발견하게 한다.

세련된 감각과 시간 속에 녹아있는 문화유산의 스토리텔링과 가치를 알고 나면 더욱 달라진다.

분명 또렷한 느낌으로 기존의 생각과 확연히 달라진 시각적 차이가

더욱 매력적인 가치로 다가올 것이다.

그렇게 찜해 놓은 가구를 기다리며 한 달씩 불어나는 금액은 소소한

즐거움을 줄 것이기 때문이다.

이제 익숙한 디자이너 가구, 오리지널을 배울 때다.

- 에르메스의 창과 방패

'명품' 하면 프랑스라는 나라가 익숙하지만, 명품가구 하면 먼저 이탈리아가 떠오른다.

이 나라는 언제부터 명품만 만드는 명품 국가가 됐을까?.

겪어보니 명품 제품을 만든다고 국민이 다 명품이진 않더라!. 다만, 이탈리아인들은

선천적으로 뛰어난 문화유산의 전통을 지닌 복 받은 환경이 모두의 부러움을 산다.

심지어 나라 전체가 걸어 다니면서 배우는 디자인 교육의 장소를 톡톡히 하고 있다.

1960년대 이래 다양성이 보장된 자유롭고 창조적인 사회적 분위기가 바탕이 되어있다.

전 세계적인 라이프 스타일로 구현되는 글로벌 컨셉(Global Concept)을 주도하여

매해 소비자들에게 제시하고 있다.

이러한 생활양식이 반영된 제품들은 이탈리아 지방과 도시국가의 독특한 라인 형태로

뻗어나가 형성되었다. 국제적인 명성을 얻어가며 세련미를 더해 'Made in Italy' 라는

확립된 가구 생산 시스템을 성공적으로 만들어 냈다.

럭셔리 브랜드의 본거지이자 생산자인 이탈리아 브랜드는 높은 자부심과 함께

현재 세계적인 트렌드를 주도하고 있음을 부인할 수 없다.

한마디로 세계적 디자인의 절대적인 우위를 점유하고 있다. 이탈리아를 돌아다니다 보면 길거리의 깨진 돌 하나도 개인이 허락 없이 움직일 수 없다. 도시의 모든 디자인은 정부와 시민단체의 논의를 통한다. 보존이 그들의 일상이 되어 오랜 유산으로서 관리를 받고 있다고 한다. 그 위에 선조들이 대를 이어 지켜낸 훌륭한 품질을 유지하는 장인 정신(Craftsmanship)도 국민의 자부심을 고양시키는 커다란 요인이다.
명품을 만들어내는 국가의 원동력이기도 한 것이다.

밀라노 체류 중엔 메트로(Metro)라는 지하철을 타고 프라다 파운데이션을 방문하곤 한다.
프라다는 프라다 문화재단인 '폰다지오네 프라다(Fondazione PRADA)' 를 설립해 오래전부터 문화마케팅 활동에 투자하고 있다.
프라다는 전통적인 마케팅 개념과 구별되는 문화 마케팅 요소를 적용하고있다.
 어느 매장에서 옷을 고르고 구매하는 행위의 체험마케팅과 함께 감성마케팅의 기법을 적절하게 구사한다고 한다. 그 선례로 2001년 뉴욕 맨해튼 소호에 있던
구겐하임 미술관 분점을 프라다가 '뉴욕 프라다 에피센타(New York Prada Epicenter)' 라는 플래그십 스토어로 대중에 선보인 것이다. 한때 미국 미술을 세계의 중심지로 이끌던 미술의 선도적 거리였다. 그곳을 '램 콜하스(Rem Koolhaas)' 라는 세계적인 건축가에게 맡겼다.
프라다가 주문한 공간은 전형적이지 않으며 의외의 신선함과 총체적인 감각의 경험들이 펼쳐지도록 요구했다. 그렇게 체험을 품은 프라다 공간이 탄생한 것이다.
그것이 20년이 지난 현재에도 그대로 사용되고 있는 프라다의 압도적인 경험의 공간이다.
프라다의 상징 공간으로서 건축 공간 내에서 작품을 감상하고 문화를 즐길 수 있도록 승화시켜낸 진정한 이탈리아의 모던 브랜드라고 할 수 있다.
어느 곳을 여행해도 반드시 들리는 곳이 있다. 그건 화장실이다.

fondazioneprada

prada-wallpapers

그 화장실이야말로 건축과 그 공간을 대변하는 디자인의 척도이다. 문화적 소양과 컨셉이 고스란히 드러나는 곳이기도하다. 역시 프라다 파운데이션의 화장실도 호기심의 코스였다. 눈을 단번에 고정시키는 생생한 그린 컬러와 좁은 공간과의 확장적 착시를 위한 거울이 반복적으로 채택된 마감이었다. 마치 전시 중인 작품 공간의 일환처럼 느껴지게 하였다. 비워져서 가뿐함 뿐만 아니라 색채가 주는 경쾌함까지,
한 공간에서 이뤄지는 작은 행위의 소소한 시각적 유희를 경험케 했다.

한편 유구한 역사의 프랑스는 사실 명품(Luxe)이란 용어의 원조국이다.
'럭셔리(Luxury)' 의 어원은 라틴어 'Luxus' 에서 파생한 단어로서 'Lust' 의 의미는
바로 '욕망' 이다. 즉 욕망은 럭셔리의 다른 이름이다.
이런 럭셔리에 대한 재 정의를 논문에서 찾아보니 "헤리티지(heritage), 퀄리티(quality),
맞춤 생산(bespoke), 경험, 지속 가능한, 진귀한, 여행, 사생활, 건강한(wellness),
기억(memory), 시간, 의식적인(conscious), 기쁨, 한정된(limited)" 것들을 키워드로 두었다.
명품이란 위에서 언급된 단어가 품고 있는 고급진 의미 외에, 세련된 고급 취향과 우아한
아우라를 느끼게 해준다. 무엇보다도 역사와 전통이 주는 경외감이 있다.
변하지 않는 고유성이 시대를 아우르는 견고한 브랜드 철학으로 우리 곁에 서 있는 것이다.
그래서 우리는 '럭셔리' 라는 매력적인 본질적 가치에 주목하는 것이 아닐까!

명품 중의 명품이라는 '에르메스(Hermes)' 는 간혹 재고가 생기면 할인 대신
특정 제품을 불태워 폐기해 버린다고 한다. 콧대 높은 가치를 유지하기 위해서다.
그 가치는 일반적으로 명품이 갖는 고가의 희소성이다. 오랜 전통으로 충성 고객층들에게
질적 사치라는 정당성을 부여하는 데 이바지한다. 제품의 완성도야 당연히 비교 불가로
입증된 것이고, 그들이 지키는 당당한 역사적 배경이 거목처럼 든든히 버티고 있기 때문이다.
이러한 럭셔리 브랜드를 지키는 국가적 영향력은 그들만의 규칙이 있기 때문 아닐까?
프랑스에서는 2003년 이래 '문화후원법' 을 개정하면서
기업의 문화후원을 장려하고 있다고 한다. 브랜드의 이미지가 중요한 명품시장에는
명품 업체들이 문화예술 후원을 넘어 다채로운 문화마케팅 전략을 기획하고 실현하는 것은
당연한 일 일 것이다.
그러한 맥락에서 국내에서도 주목할 만한 문화후원 사례를 찾아볼 수 있다.

2000년부터 시작된 '에르메스 코리아 미술상(The Foundation d' enterprise Hermes)' 이 바로 그것이다. 이 미술상은 '외국기업으로는 최초로 한국 미술계 지원을 통한 한국 문화예술계 발전에 이바지한다는 취지' 로 시작되었다.
대한민국에서 가장 권위 있는 미술상 중 하나로 평가받고 있다.
이러한 문화 예술계의 국내 최초로 지원을 시작했다는 점에서도 좋은 평가를 얻고있다.
에르메스라는 브랜드를 하나의 문화 브랜드로 인식시키는 계기를 제공했다고 할 수 있기 때문이다. 실제로, 오래전부터 유럽의 왕실이나 귀족은 명품기업들의 '메세나(Mecenat)' 라는 방식을 통한다.

보통 프랑스 사람들은 문화비로 30%를 지출한다고 한다.
이런 몸에 밴 문화가 사치가 아닌 일상에서 주어지는 문화를 즐기며, 과시적 소비가 아닌 가치 있는 소유를 지향한다고 한다.
오스트리아 출신 건축가이자 디자이너인 '요제프 호프만(Josef Hoffmann)' 은 "아름다운 물건을 소유함으로써 자신도 아름다워진다고 믿는 것" 이라고 하였다.
하이엔드 품질의 견고한 브랜드 철학과 장인의 한 땀 한 땀 직접 만든 수공예의 손기술 즉, 디테일이 주는 완성도와 문화적 향유는 사회적 가치로서 뿐만 아니라 아름다운 물건을 갖고자 하는 소유욕을 부추긴다. 그래서 명품은 '오늘이 제일 착한 가격이다!' 라고 외친다.
코로나의 상황 속에서도 긴 줄을 서서 구매하고 자 하는 욕망과 소유의 강렬한 대상이다.
어떠한 시장 상황에서도 콘크리트 적인 지위를 유지하는 비결이기도 한 것이다.

명품은 사실, 역사를 빼놓고는 논할 수 없다.
프랑스는 이탈리아와 달리 디자인이 무척 화려하고 장식이 많은 구조다.

패션이나 건축뿐만 아니라 프랑스 가구는 이런 특징으로 17세기 바로크 시대와
그 화려함의 절정인 18세기 전성기의 로코코 시대를 통칭하여 귀족문화로 대변된다.
유구한 전통의 클래식 엔틱가구의 대명사처럼 시대를 거쳐 왔다.
대단한 점은 그 럭셔리를 산업화했다는 데 있다. 그들이 누리는 패션과 장식소품,
건축 등 생활문화를 장인들을 먼저 조직화하여 육성하였다.
주변 국가에 수출을 선점하면서 프랑스는 문화적으로 샴페인을 먼저 터트린다.
그렇게, 유럽 중심의 우위를 차지하게 되었다.
역시 프랑스 명품의 역사 또한 하루 아침에 만들어진 것이 아니다.
두터운 전통과 문화의 우월한 DNA를 뿌리내렸다. 이런 문화는 비단 어느 특수 계층만을
위한 것이 아닌, 일반 대중의 삶에도 자연스레 스며들었다.
19세기 말에 아르누보 양식과 절충주의적인 아르데코에 이르기까지
이런 프랑스 전통은 이어진다. 뒤에서 언급될 '필립 스탁(Phillip Starck)' 같은 걸출한
산업 디자이너를 통해 현대적으로 재해석되어 계보를 잇고 있다.
이러한 도도한 디자인의 흐름으로 여성들이 좋아하는 프렌치 스타일(French Style)이 있다.
정통적인 품격과 우아함을 갖춘 세련된 여성적인 라인과 색상으로
프랑스적인 감성을 표현하는 양식이다.

그렇다면 명품가구의 시작은 언제부터일까 궁금해 찾아보았더니,
근대 럭셔리 가구의 시작은 1754년 부호 덤프리스 백작 윌리엄(William Dumfris)으로
부터 시작 되었다고 한다.
영국에서 명망이 있던 가구 디자이너 '토머스 치펜데일(Thomas Chippendale)' 에게
가구 제작을 맡겼던 때라고 한다. 백작이 원했던 것은 "자신의 부를 과시할 만한 가능한 한

아뜰리에 에르메스

에르메스 도산

호사스러운 물건으로서의 가구를 원했다" 라고 한다.

치펜데일은 자신의 작업 속에 귀족적인 절제를 구현해냈고 대신 귀한 목재를 사용했다.

그 당시 유럽 권력의 지배구조는 왕과 귀족과 평민으로 구별 지어졌다.

가구는 과시의 대상으로서 장식에 치중하는 경향이 높았다.

그는 '신사와 가구 제작자를 위한 지침서' 라는 최초의 카탈로그를 출간하였다.

이는 마케팅 수단으로 디자인에 대한 포트폴리오의 시작이었다고 한다.

이 시작이 영국의 해비타트(Habitat)에서

현재의 이케아(IKEA)에 이르기까지 간단한 제품 소개서인 팸플릿(Pamphlet),

브로셔(Brochure) 라는 판매를 위한 안내 책자로 이어졌다.

"모든 디자인의 끝에는 클래식에 대한 영원한 동경이 있어야 한다." 라고 누군가 말했다.

내로라하는 세계적인 디자이너들이 현대적으로 디자인한 제품들도

양파의 표피를 계속 벗겨내면,

마지막엔 현대적으로 재해석된 클래식이 자리 잡고 있어야 한다.

이런 고전적인 무기는 19세기 중반까지의 럭셔리라는 개념과 뗄 수 없는 관계였다.

지금까지 명품이라는 키워드는 "고전적(Classic)이고,

근대적(Modern)이며 현대적(Contemporary)" 이란 기성적인 유형화로 구분할 수 있다.

이제 명품 디자인은 분명히 변화하며 진화되고 젊어지고 있다.

고전이라는 다락방에서 나와 새로움을 다시 쓰는 고전의 방으로 걸어 들어가야 하는

시대적 요구에 부응해야 한다. 소비의 주체가 바뀌는 패러다임 속에서

명품은 변화무쌍이라는 창과 방패로 MZ세대에게 어필해야 하기 때문이다.

지금까지 수백 년을 넘게 지켜온 전통과 유산이라는 가치는 유지하되,

소비자들의 새로움에 대한 욕구 변화를 사회적 가치와 역할로 연결하여야 한다.

그렇게 믿을 수 있는 유유한 흐름과

또 한 시대를 긍정의 눈으로 우리의 삶 속에 관여하고 있어야 한다.

3. 디자이너 가구의 오픈 북

- 아는 만큼 즐기는 디자이너 가구

세계적인 가구 트렌드의 흐름을 한눈에 알 수 있는 집약된 공간은 박람회일 것이다.

공간 스타일리스트로서 응당 참여해야 하는 행사로서 박람회는 거대한 가구 브랜드의 각축장이다. 매해 전열을 정비하여 손색없이 고객들을 맞을 준비가 되어있다.

특히 1995년에 시작되어 일 년에 1월과 9월 두 번 열리는 프랑스 파리의 '메종 오브제(Maison & Object)' 와 1961년에 시작해 올해로 61회를 맞아, 매년 4월에 열리는 '이태리 밀라노 가구 박람회 (Salone Internazionale del Mobile Milano)' 가 그것이다.

maison-objet

See you Arrivederci

Salone del Mobile. Milano

i saloni

Fiera Milano, Rho 05_10.04.2022

salonemilano it

메종오브제는 세계적인 리빙 트렌드의 성격이 강하다.

반면에, 밀라노 페어는 모든 국가 간 대표 브랜드와 디자인이 총 망라된 가구와 주방,

조명등 산업의 상징이라 할만하다. 이에 디자이너들은 두 페어를 위주로 돌아본다.

산업 전반의 글로벌한 동향과 따끈한 정보를 한 곳에서 몰아 볼 수 있는 기회의 컨벤션 장이다.

이러한 홍보와 커뮤니케이션은 새로운 자극으로 안목의 스펙트럼을 확장 시킨다.

2013년 밀라노 박람회를 보기 위해 오전 9시 전시장 출입구에 섰다.

전 세계에서 온 참관인들이 인산인해를 이루고 있었다.

앞으로 펼쳐질 가구의 세상을 다 보고자 결의에 찼었다. 마치 경기에 출정식 하는

선수의 마음가짐이었다. 그 티켓을 손에 쥐고 바코드를 긁었던 기억이 지금도 생생하다.

처음 가는 가슴 벅찬 출장이기도 했지만 상황 상 혼자 가는 박람회였기에

더욱 뇌리에 남아있다. 물론 거기서 다양한 분야의 사람들을 만났다.

그해 국내로 돌아와 뒤풀이까지 감행하였던 순수한 만남의 여정으로서도 기억된다.

여행사에서 묶어 준 호텔 룸메이트와 다른 팀원들과 나눠서 사진을 공유하기도 했다.

혼자서는 도저히 며칠을 돌아다녀도 다 볼 없는

광대한 조닝(Zoning)은 모던 가구와 클래식 가구, 오피스 가구 등으로 구역이 나뉘어져 있다.

해를 바꿔 주방(Cucina)과 조명(Luce)이 번갈아 전시된다.

처음 들어서서 조금 걷다 보니 국내에서 이미 익숙해 있는 가구회사를

이탈리아 본고장 쇼룸에서 맞닥뜨렸다. 명품가구의 면모 그대로 그 웅장한 스케일감에

동공이 확장되었다. 현란하고 기막힌 디스플레이는 또 어떤가! 직접 본 벅찬 감동이

지금도 밀려온다. 디자이너가 새로운 옷을 갈아입고 준비된 파티에 나를 초대해

기다렸다는 듯한 착각이 들었다. 내 눈에 가구들이 서로 반짝이며 인사하듯,
반가움과 환희는 귀국해서도 한동안 나를 흔들며 마음에 손난로를 지닌 듯 훈훈했었다.
그렇게 처음은 모든 것이 강렬하게 남는다.
그곳에서 만난 가구가 주는 희열이 내게 어떤 의미인지를 생생하게 경험했다.
런치로 먹었던 질긴 이태리 바게트와 이탈리아 사람들의 아침을 깨우는
에스프레소의 독한 커피 맛도 그곳에선 다 용서되었다.
그렇게 그해 개인적으로도, 회사 일도 용량 초과로 버겁게 느껴졌던 때였다.
그래서 서울에서의 모든 것을 잊고 오로지 보는 것이
전부인 양 미로를 빠져나가듯 속속들이 휘젓고 다녔다. 그런 박람회 기간은 차라리
내게 주는 휴식이자 힐링의 시간으로 먹는 시간도 아까울 정도였다.
한정된 기간 내에 수많은 전시를 욕심껏 챙겨 보러 다니느라 매일 발바닥에 불이 날 정도였다.
우습게도, 다른 브랜드 부스에 가면 언제 아팠냐는 듯 다시 셔터를 누르기 바빴다.
그렇게 황홀할 정도의 시각적 보상의 달콤함에 빠져 물집 잡힌 발바닥의 시련쯤 문제가
되지 않는다. 물론 지칠 땐 전동 킥보드가 있다면 냉큼 집어타고 보러 다니면 좋겠다고
생각한 적도 있었다. 그러나 다음 날, 마치 농축된 피로 회복 알약을 먹은 듯 가뿐히 일어나
다시 빡빡한 일정을 축제처럼 즐긴다.

박람회가 첫걸음인 일반인들이라도 목적 없이 보러만 다니면 참관인으로서의 의의만 남는다.
필자의 경험으론 어느 정도의 사전지식을 가진 상태에서 보는 것은 완전히 다르다.
참고서를 읽고 온 것처럼, 아는 만큼 보이면서 본인만의 시각적 감각의 데이타가 쌓인다.
그 엄청난 디자이너들의 무궁무진한 디자인 향연을 영화의 프리뷰 (preview)로 먼저 만나 보듯,
국내 매장을 먼저 사전 답사하듯 돌아보고 올 것을 권한다.

박람회에서 만나는 가구들은 매해 그 공간에서 다시 새로운 옷을 갈아입고 기다린다.

마치 레드 카펫위의 슈퍼 모델들을 만날 기대에 갈 때마다 설렌다.

역시 아는 만큼 즐길 수 있고, 그 커다란 즐거움 때문에 고단함은 파티가 된다.

이젠 구력이 생겨 메인 박람회를 다 찾아보지는 않는다.

전략적 선택으로 다니게 되고 초대받은 곳과 주요 디자이너 전시 위주로 시간을 안배한다.

박람회 외에 밀라노 시내의 플래그십 스토어(Flagship Store)를 찾아

그 해 주력하는 전시를 보는 것도 좋다. 가구의 흐름을 집약적으로 보는 좋은 기회다.

그 기간은 밀라노 도시 전체가 축제의 장이다. 다른 예술의 거리인 브레라(Burera) 지역의

디자인 위크(Design week)도 같이 진행된다.

개방형 전시와 특별 세미나, 음악 등 외부 행사 코스 거리를 찾아다니는 맛도 쏠쏠하다.

우리나라도 이렇게 국제적인 전시가 서울 어느 도시 한 곳에서 열릴 순 없을까?.

모두 같이 즐기는 축제의 한마당인 이런 문화가 빠른 시간 내 국내에서도 펼쳐지기를

즐겁게 상상해 본다.

돌아와 여독을 풀 새도 없다. 세계 가구 트렌드를 일반 수강생들에게 생생하게 전해 줄 욕심에

밤새 PPT 작업을 하면서 자료를 정리한다.

정신없이 찍힌 수천 장의 사진을 통해 그 시공에서 만난 가구를 다시 새롭게

재구성하는 두 번째 즐거움이기도 하다. 요즘은 그 분야의 관계자뿐만 아니라,

그 기간을 택해 여행하는 센스있는 일반인들도 증가하는 추세다.

좋은 안목의 일석이조의 멋진 경험을 살 수 있기에,

참관을 위한 여행 저축도 미리 준비 해두자.

이렇듯 로마가 하루아침에 세워질 수 없었듯이 감각도 하루아침에 쌓이지 않는다.

그래서 가구 페어뿐만 아니라 각종 매체의 다양한 온 오프라인을 통해

시각적 관심의 뾰족한 안테나를 지녀야 한다.

그렇게 테트리스 쌓듯 시각적 데이터가 축적되어야 비로소 보이기

시작한다. 그 디자이너가! 그 가구가 말이다.

그리고 역시 아는 만큼 즐기게 된다.

각 현장의 공간을 살리기 위한 가구 제품을 보기 위해 매장을 돌아다니는 것을

'필드 트립 (Field trip)' 이라 한다. 공간구성을 위해 자주 방문하다 보면

전문가로서 필자는 각 회사의 디자이너 제품을 소위 말해 한 줄로 꿰뚫게 된다.

한눈에 시야 전체가 다 들어온다는 것은 모든 제품을 망라해 거의 안다는 의미다.

디스하겠지만, 그만큼 많이 봤다는 것이고,

많이 보는 게 이기는 것임을 계속 강조해도 부족하다.

때론 기존 디자이너가 트렌드에 맞추어 출시되는 같은 디자인의 다른 컬러,

다시 말해, 신소재 버전의 제품을 만나는 것도 애인을 만나듯,

매장 방문의 즐거움 중 하나다.

그 시대의 기념비적인 디자이너 가구도 요즘 시대적 변화의 흐름에 올라타야 한다.

트렌디해 보이기 위해서는 유족들과 회사와의 긴밀한 소통이 필요하다.

변화하는 시대의 감각을 이해하고 있어야하기 때문이다.

예를 들면 이탈리아 모던 디자인의 아버지라 불리는 '지오 폰티(Gio Ponti)' 의

50년대 서랍장이 있다.

첫째 서랍칸은 요즘 가구의 뎀핑 시스템(자동 닫힘)을 도입해 사용자의 편의를 도모한다.

이런 유족들을 설득하는 과정이 분명 있었을 테고 그들의 허락이 있어야

새 버전으로 제작될 수 있는 것이다.

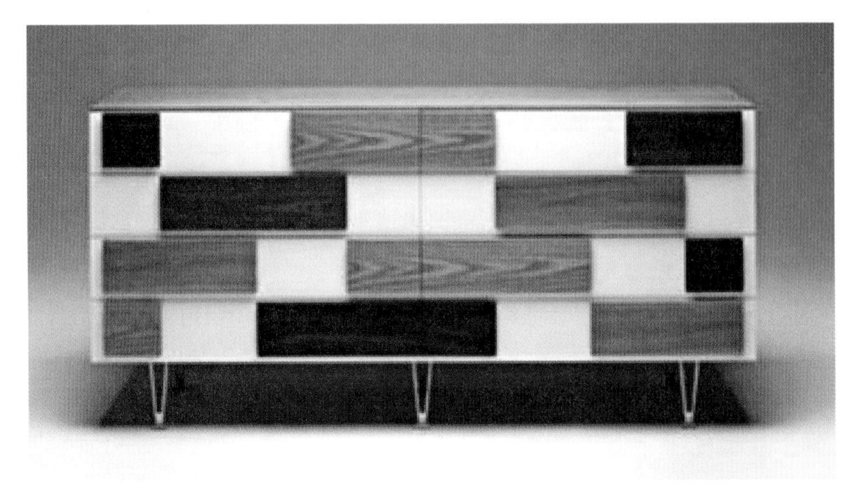

molteni

'20C 의자 디자인' 이란 책에 따르면 "1950년대 의자 디자인 경향은 모더니즘, 데 스틸,

실용주의 등의 조류를 거쳐 미국식, 스칸디나비아식, 이탈리아식의 세 가지 스타일로

발전되었다. 당대의 이런 세 가지 스타일은 나라마다 처한 소비환경과 기술적 발달로

많은영향을 주고받으며 성숙해갔다."

특히 북유럽은 지리적 환경으로 8개월 이상 추운 겨울에 노출 되어 있다.

그 주변에 흔한 나무들로 인해 실내 장식이 유럽 국가들보다 발달할 수 있었다.

가구가 그들의 전통적 기술과 실용적인 목재의 아름다움을 조화시키며

독자적인 미학을 형성하게 되었다.

이로써 우리에게 친근한 스칸디나비아식 스타일의

대중적이고 실용적인 가구 양식을 발전시킬 수 있었다.

이러한 친숙한 북유럽 가구를 이 지면을 통해 확실하게 핀셋으로 집어서 찬찬히 알아 가보자.

연예인 급 북유럽 디자이너들의 시대적 배경과

대표적인 디자이너 가구를 새로운 시선으로 만나보자.

- 자타공인 어벤져스 북유럽 디자이너 4 인방

2017년 4월 덴마크(Denmark) 코펜하겐(Copenhagen)에 도착했다.

그림 같은 색색의 밝은 색채로 된 다양한 집들의 집합체가 엽서에서 본 것처럼 줄줄이

나열되어있는 외양이었다.

코펜하겐 도심에서 전해지는 차분한 날씨와 역시 이국적인 거리였다. 기본 코스로

처음으로 들른 곳은 우리에게도 데니쉬 스타일로 낯익은 '헤이(Hey)' 라는 리빙 숍이었다.

왠지 친숙하게 느껴지는 이유는 이미 내 눈에 익었기 때문이리라.

건물 입구 부터 벽면에 층층이 그려진 깔끔한 시각디자인이 '헤이' 라는 본사 디자인숍의

정체성을 느끼게 해주었다. 그런 신선함과 넓은 공간 구성의 시각적 확장성이 눈에 들어왔다.

그러나 매장 디스플레이만 다를 뿐 아이템도 별반 다름없는 눈에 익숙한 제품들이었지만,

그 본사에서 보니 반짝반짝 다시 새롭게 보였다. 똑같은 제품이라도 어디에 있느냐에 따라

다르게 보이기 마련이다.

코펜하겐 도심 거리에 반드시 알현한다는 '일룸스 볼리거스(IIIums Bolighus)' 는

모든 제품을 한 곳에서 볼 수 있는 리빙 백화점이다.

그런데 유독 다른 국가의 유명가구 제품들이 눈에 띄지 않아 가이드에게 물어봤더니,

놀랍게도, 자국의 디자이너 제품이 너무 완벽해 "타 국가의 제품을 필요치 않아 한다는 것" 이다.

조금은 국수주의로 치운 친 듯한 인상을 받았으나 그들의 자부심만은 부러웠다.

덴마크 헤이(Hey) 본사 입구

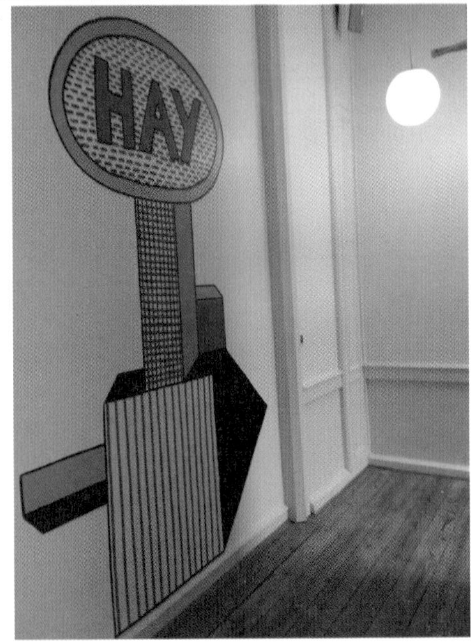

다른 국수주의적 행보로는 덴마크는 타민족의 이민을 받지 않는다고 한다. 기독교 국가여서 성직자들도 다 공무원이라 한다. 살짝 문화적 충격이 느껴졌다. 또한 우리가 부러워하는 북유럽의 복지 정책으론, 우리는 꿈도 못 꾸는 노후에 대한 걱정이 없었다.
노후를 삶의 커다란 부담으로 인식하지 않고 자유 할 수 있는 사회적 시스템이 너무 부러웠다.
물론 번 것의 반 이상을 세금으로 내야하는 사회적 합의에 의한 구조지만 말이다.
마치 십시일반 공동으로 내놓은 기금이 쌓여 약체 적 핸디캡을 가진 사람들에게도 소외되지 않도록 똑같은 혜택을 누린다. 이런 선진화된 복지 시스템은 더할 나위 없는 낙원일 것이다.
전적으로 노후와 복지 두 가지를 책임지는 북유럽 국가들의 사회적 시스템이야말로 우리에겐 소설 속에 등장하는 유토피아일 것 같았다.
한편 그런 덴마크 사람들도 첫 월급을 타면 자국의 디자이너 의자부터 구매한다고 한다.
사실 덴마크 디자이너 가구도 일반인이 덥석 쉽게 사기엔 결코 가벼운 가격은 아니다.

덴마크 일룸스 볼리거스(Illums Bolighus)

덴마크 헤이(Hey) 본사

그들도 그들의 자부심인 명품 디자이너 가구를 자기의 공간에 들일 때엔 다 계획이 있다.

상대적으로 가격부담이 적은 소품이나 가벼운 조명으로 시작하며 가구에 이르기까지

우리처럼 공간 꾸미기를 시작했을 것이다.

데니쉬 가구를 구매하는 루트는 이곳 현지에서 직접 구매하거나,

국내에서 직구를 선택해도 그다지 가격엔 큰 차이가 없다.

공시가격은 유로 금리에 의해 영향을 받을 수 있어,

그냥 국내업체의 세일을 이용하는 편이 속 편하다.

다음날 찾아간 덴마크 '디자인 뮤지엄' 에서는 일본전시도 같이 진행되었다.

같은 섬나라의 케미가 맞는지 '무지' 라는 미니멀 제품의 소비 매출이 높다고 들었다.

그곳에서 가구가 완성되기 전의 '프로토타입(prototype)' 즉, 초기원형의 의자 전시는

꽤 흥미로웠다. 특히나 소재 개발의 진화된 변천사가 내 시선을 사로잡았다.

덴마크 '디자인 뮤지엄'

유명해지기 전, 무명의 제품에서 출시되기를 기다리기까지 무수한 시행착오를 거쳐야 '완성' 이란 타이틀로 우리 앞에 당당히 이름을 드러낸다.
이처럼 의자 하나도 완성돼 가는 쉽지 않은 과정들이 마치 우리의 삶과도 비슷하다는 걸 느끼며 그곳 카페에서 차분히 커피를 마셨다.
어느 곳을 가더라도 친숙한 가구 디자이너들 제품으로 공간 대부분이 차 있었다.
떠나는 공항까지도 그 디자이너 그 가구가 우리 일행을 배웅해 주었다.

이제 온 오프라인의 컷에 익숙해진 북유럽 디자이너의 가구를 배경까지 설명할 수 있는 지식적인 식견까지 더해보자. 어디선가 본 적이 있어 눈으론 익히 알지만, 입으로 요약 설명하기 위해 몇 장으로 정리해 보았다.
어디서나 나를 더욱더 고급지게 돋보이게 할 것이다.
이에 자타공인 북유럽 어벤져스 급 덴마크 디자이너 사 인방을 쪽집게처럼 꼭 집어 살펴보고 숨은 에피소드로 알아가자.
더불어 꼭 알았으면 하는 매력적인 네덜란드 디자이너 일 인도 소개하고자 한다.

그 첫 테이프를 끊는 디자이너는 아르네 야콥센이다.
- 아르네 야콥센 (Arne Jacobsen 1902-1971)은 우리에게도 친숙한 '세븐 체어(Seven Chair)' 와 덴마크 디자인의 아이콘이라 불리는 '에그 체어(Egg Chair)' 를 디자인했다.
코펜하겐 출신의 대표적인 건축가이자 처음으로 모던 디자인을 한 선두주자다.
북유럽의 디자인은 1950년대에서 60년대를 거치면서 폭발적 인기를 구가했다.
그 중심엔 아르네 야콥슨이 있었다.
그는 덴마크의 공예를 기반으로 하는 디자인 유산을 바탕으로 산업용 가구를 만든

fritzehansen

최초의 한 사람으로 평가된다.

야콥센은 왕립 아카데미 교수로 재직하면서

전 세계의 관심을 끌기 시작하였다.

그 지점은, 1957년 덴마크 코펜하겐 최초의 고층

건물인 'SAS 로얄 호텔 (SAS Royal Hotel)' 이다.

지금의 명칭인 레디슨 불루 로열 코펜하겐의

호텔 설계를 위한 프로젝트 의뢰를

진행하면서 부터였다.

'세계 최초의 디자인 호텔을 만들자'라는 구호 를 외쳤다.

이 로얄 호텔의 리셉션 공간과 로비를 위해 그 유명한 상징적인 '에그 체어(Egg Chair)' 와

'스완 체어(Swan Chair)' 가구 디자인이 탄생했다.

특별히 에그 체어는 그의 차고에서 찰흙 모형을 만들면서 의자의 형태를 완성해 나갔다.

야콥센의 의자 디자인 목표는 편안하게 보일 뿐만 아니라,

실제로 편안한 의자를 만드는 것이었다. 그 목표를 이룬다.

사용자의 관점에서 공간을 분류하기 위해 디자인된 것으로 기능성이 부여된 일인 체어다.

둥근 곡선 라인이 우선 마음에 편안함을 준다. 머리 부분은 소음을 차단하는 기능적인 부분과

동시에, 사적 자유를 보장받는 느낌까지 세밀한 신경을 썼다고 한다. 장인의 숙련된 한 땀의

마무리로 인체 곡선에 따라 자연스레 몸이 기대지면서 이완된다. 가구이면서 동시에

공간 분할의 역할도 겸한다. 이런 풍성한 볼륨감으로 실제 앉아보면, 좌판이 몸체와 비교해

비교적 작은 편이다. 개인적으로는 오트망(Ottoman) 같은 풋 레스트 (Foot rest)가

같이 있어야 안성맞춤의 완전한 휴식의 자세가 나온다. 야콥센은 유독 디테일에 대한

표현 관심과 색채 표현력에 많은 신경을 썼다고 한다. 공간 가구 전체에 적용되는 비율과

높은 안목의 예술적 완성도는 다른 사람들에게 영향을 주기에 충분했다.

그 당시 50년대 초에는 르코르뷔지에로 대두되던 건축적 형태가 주를 이루고 있었다.

그는 독자적인 세련된 건축양식을 선보였고, 전후 모더니즘의 독보적이며 상징적인

pinterest

가구 디자인을 출시했다. 그 정점을 이루게 된 너무나 유명한 '개미 의자(Ant chair)' 는
새로운 가구 디자인의 일환이었다.
특별히 야콥센은 의자 디자인에 있어서 당대 미국의 부부 디자이너 '찰스 앤 래이 임스' 의
영향을 많이 받았다고 전해진다.
1951년에 선보인 개미 의자도 임스 부부가 디자인한 성형합판과 금속파이프의
크롬기술을 차용하였다. 더나가 세계 최초로 좌판과 등받이를 한 장의 판으로 성형한
삼차원 곡면의 베니아 의자를 성공시킨다. 구내식당용 의자로 처음 개발된 앤트 체어의
성공 바탕에는 잘 알려진 '베르너 팬톤' 도 디자인 개발에 참여하였다고 한다.
이런 야콥센의 가구 디자인 중 가장 상업적으로도 크게 성공하여 대량생산이 이루어졌다.
그의 초기 작업은 1920년대 디자인의 경향인 네덜란드 전위운동인 '데 스틸(De Stijl)' 과
기능주의의 '바우하우스(Bauhaus)' 의 영향을 받았다. 원래 앤트체어의 다리는 세 개였지만
안정성을 위해 기본 적인 다리 네 개로 타협하였다.
백 년이 넘은 '프리츠 한센 (Fritz Hansen)' 과 첫 콜라보로 현재까지 제작이 이어지고 있다.
이 제품 생산을 통해 이 회사를 국제적으로 성장시킨 일등 공신이 야콥센의 앤트체어다.
그는 가구 외에 조명 디자인으로도 유명하다.
1934년 덴마크 조명회사인 '루이스 폴센 (Louis Poulsen)' 의 조명을 디자인하였다.

북유럽뿐만 아니라 국제적으로도 인기 있는 덴마크 모던 스타일의 표준이 된
'세븐 체어' 는 일 년에 20만 개 이상 팔린다고 하며 '모델 3107' 에서
따온 제조번호의 이름이라는 설이 정확하다.
아래 시리즈는 탄생 60주년을 기념해 선보인 에디션 특별 판인데 동이 날 정도로
국내의 인기도 실감할 수 있었다.

이처럼 야콥센의 가구는 그 시대뿐만 아니라 현재까지도 큰 사랑을 받고 있다.

danishdesignstore

개인적으로 야콥센의 유명한 의자 외에,
아래 1956년도의 모던한 디자인
'Series 3000' 소파를 눈에 넣어 둔다.
패턴 있는 패브릭 소재와 가죽의
두 소재가 있지만,
패브릭 소파를 더 애정한다.
지금 봐도 이토록 모던하고 세련된 패턴과
간결한 스틸 다리의 하부 구조로 된
디자인의 소파는 여타의 결이 다른 감성을
느끼게 해준다.
디자이너의 가구를 공공장소에서 모두가
누릴 수 있는 것이 선진국의 하나의 기준이 될 수 있다. 그 멋진 소파가 코펜하겐 공항에서
내 레이더망에 딱 걸렸다. 근데 하필 비치된 곳이 비좁은 흡연실이라니!.

hivemodern

사심으로 마음이 조금 아팠다. 애정하는 것에는 편심이 존재하나 보다

두 번째로는 핀 율이다.

- 핀 율 (Finn Juhl 1912-1989)은 근대 덴마크 디자이너의 기원이라 불리는

실질적 스칸디나비안 디자인의 선구자로 알려져 있다.

건축을 전공했으며 특유의 유기적이고 창조적인 디자인으로 수많은 디자인 가구가 있다.

1989년 세상을 떠날 때까지 국제 디자인 무대에서의 다수의 수상 경력과 함께 최고의

가구 디자이너로 평가 받았다. 더불어 미드 센츄리 모던가구의 확실한 서막을 열었다.

핀 율의 초기 제품 중 '펠리컨 체어 (Pelican Chair)' 는 강한 캐릭터로 날개를 파닥이는

모습에서 모티프를 얻어 디자인 되었다. 그 디자인은 북유럽 사람들의 시선으로도

낯설고 과장된 표현으로 그 당시는 냉혹한 평가를 받았다고 한다.

그는 북유럽 자연의 환경적 수혜를 최대로 이용한 미를 추구하였다.

특별한 북유럽 사람들의 기능주의적 가치를 디자인과 연결하였다.

각기 다른 문화의 디자인을 참고하는 등 폭넓은 시각으로 발전시켰다.

이러한 특성으로 인해 핀 율의 디자인은 덴마크와 스칸디나비아에서

동시대의 동료들과 차별화 되었다. 늘 인체를 염두에 두고 가구를

디자인하여 실용적인 구성의 관점에서라기 보다는 조각과 유기적 형태에 더 큰 관심을 두었다.

그래서 유기적인 디자인 아이콘답게 곡선적인 디자인은 최근 유행하는 부드러운

곡선 소파들의 원형처럼 다시 주목을 받고 있다.

이 접근 방식으로 대두되는 세 개의 대표적 의자로 '포엣 소파(Poet Sofa)',

'치프테인 체어(Chieftain Chair)' 및 '45 Chair' 와 같은 상징적인 작품들을 만들었다.

그는 상업적인 수익을 위해 타협하지 않은 굳건한 자기 철학으로,

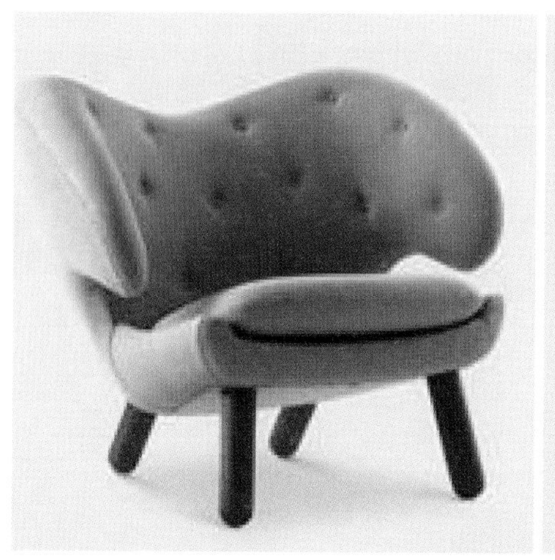

finnjuhl

그만의 덴마크 가구 디자인의 혁신적이고 아이코닉한 제품들을 출시시킬 수 있었다.

'45 Chair' 는 곡선형 등받이와 유기적인 형태의 인체 공학적인 의자다.

핀 율을 20세기 디자이너로서의 명성을 견고히 하게 하였다.

흥미로운 것은 이 제품을 제작하는 곳이 덴마크가 아닌, 장인이 많은 일본의

'아사히 소푸(ASAHI-SOFU)' 라는 사회적 기업에서 만들어지고 있다는 것이다.

이 '아사히 소푸' 라는 기업은 장인이라 불리는 직원들의 기술력이 대단하다고 입소문이 났다.

그 결과, 전 세계의 많은 디자이너가 이곳 장인들을 찾는다고 한다.

작품으로 구현할 수 있는지를 줄 서서 상담하며 의뢰하고있을 만큼 대단하다고 전한다.

핀 율의 국제적인 성공에는 1951년 미국 시카고에서 열린 'Good Design' 이란

전시회가 데뷔의 발판이 되었다. 이 전시를 통해 24점에 달하는 그의 작품들이 전시되었고,

핀 율을 국제무대에 알리는 커다란 계기가 되었다.

이로서 그가 바라던 전통적인 수공예에 바탕을 둔 디자인에 대한 대량생산까지 성공하게 된다.

이처럼 기회란 언제나 준비된 자의 몫이었다,

덴마크의 일정에서 오늘날까지 스칸디나비아 양식으로 귀결된 핀 율이 살던 집을 꼭 보고 싶었다.

일행의 각자 다른 견해로 결국 시간을 내서 보지 못하고 온 것이 서운했다.

다시 한 번 그곳에 가서 핀 율 부부의 알뜰살뜰 살았던 그들의 검박한 공간을 눈으로 보리라.

그 시대의 모던한 색채와 온기를 꼭 느끼고 돌아오리라 다짐한다.

가치 있는 것에는 시간을 비워두어야 하기에 현재는 코펜하겐에 'House of Finn Juhl'

houseoffinnjuhl

houseoffinnjuh

쇼룸도 운영하고 있다고 한다.

국왕 프레데릭 9세가 잠시 앉았다고 해서 더욱 포스가 전해지는

'치프테인 체어(Chieftain Chair)' 는 족장 체어라 한다.

1950년대 황금기였던 덴마크 모던 디자인의 획을 긋는 작품이라 해야 한다.

그래서 반드시 짚고 넘어가야 하는 핀 율의 시그니처 의자다.

이 의자는 유럽과 미국에서 유행되었던 덴마크 근대 스타일의 대표작으로 손꼽힌다.

묵직한 매력과 함께 기품 있는 유기적인 디자인 형태의 정수라 불린다.

다만 금액은 절대적으로 범접할 수 없다.

벌써 꽤 오래전 서촌의 대림 미술관에서 '핀 율(Finn Juhl) 탄생 백 주년 기념전' 이

열려 알현하러 갔었다. 좁은 공간에 전시장 메인엔 수직으로 여러 개의 의자가 매달려 있었다.

그의 가구들을 돌아보느라 사람들 틈을 비집고 소란스레 봐야 했던 기억이 떠오른다.

그땐 그 가구가 그렇게 멋있는 가구인가 싶었다. 그런데 다른 공간에서 찬찬히 다시 보니,

그 아름다움이란 역시 세월이 지닌 섬세한 손길과 공간의 여백으로부터 나오는 조화라는 것을!. 이처럼 건축가의 삶보다는 인테리어 디자이너와 가구 디자이너의 삶을 충실히 살았던 핀 율이었다. 그의 신념이 드러난 한 줄은 "기능성과 예술성의 충돌 없는 조화, 미학적이면서도 실용적인 디테일을 놓치지 않는 도약" 이다.
이것이 가구 디자인 전반에 강조했던 핀 율의 멋진 마지막 메시지였다.

세 번째 디자이너는 한스 베그너다

- 한스 베그너 (Hans. J. Wegner 1914-2007)는 카피 제품이 주변에 유독 많아 우리에게 더욱 친근하다. 그는 14살 때 가구 제작사에서 수습생 일을 시작으로, 이후에 코펜하겐 미술 공예 학교에서 수학하였다.
1946에서 1955년 같은 학교의 강사로 있으면서 수많은 가구회사와 관계하였다.
"한스 베그너의 디자인을 '유기적 기능주의(Organic Functionality)' 라고 설명한다.
나무와 가죽 등의 간결한 재질을 가지고 안정된 유기적인 구조를 선의 미학적이고 섬세한 기술을 통하여 완성하였다.
그가 늘 목표로 하던 50년 이상 사용 가능한 편안한 의자를 디자인하였다.
무엇보다 그가 쌓은 경험에 근거해, 나무라는 물질에 대한 높은 이해도와 간결한 선의 미학은 모던 가구의 친근감으로 다가온다. 당대 야콥센이 추구했던 엄격한 모더니즘보다는 좀 더 전통적인 형태를 현대적으로 해석하였다.
그는 혁신적인 것에 관심을 가졌다. 대량생산 방식보다는 전통적인 우수한 장인의 기술적 협업을 적극적으로 활용하고자 힘썼다. 그 결과, 1959년에는 런던의 왕립예술 협회로부터 산업 분야의 명예 로얄 디자이너로 임명되었다.

carlhansen

1944년 그의 첫 데뷔작이던 '더 차이니스 체어(The Chinese Chair)'는

중국 명나라 시대에 흔히 볼 수 있는 형태를 차용하였다.

그 의자에서 받은 영감의 원천이 서구적인 디자인으로 재해석되어 국제적으로

높은 평가를 받는 그의 대표작이라 할 수 있다.

이 제품은 덴마크의 제조업체 '프리츠 한센'에 의해 최초로 양산되었다.

이들은 친환경 목재의 아름다움과 덴마크의 전통적인 공법을 고수하였다.

오히려 역으로 중국에서 복제품 생산을 더 많이 한다고 하니 참으로 아이러니하다.

그의 스테디셀러인 '위시본(Wishbone Chair)' 체어는 20세기 의자 디자인 중 주저함 없이

고르는 원 픽(One pick) 체어일 것이다. 등받이는 중심 지지대와 만나 그 센터 지지대가 위시본

즉, 새의 가슴뼈처럼 생겼다 해서, '위시본 체어' 또는 Y 모양이라 해서 대중적으로

'Y 체어'라고 불린다. 프리츠 한센이 생산한 첫 번째 것은 재료적 근원을 살렸다고 말한다.

지금은 덴마크의 백 년 넘은 수공예 장인 가구 브랜드인

'칼 한센 앤 쇤(Carl Hansen & S ø n)'과의 협업을 통해 현재 생산 중이다.

한스 베그너는 500개가 넘는 의자만 디자인해 세상에 내놓았다.

그중 100개는 대량생산에 들어갔다.

완벽한 매뉴얼과 프로토타입(Prototype)을 통한 일련의 과정을

고스란히 후손들을 위해 남겨 놓았다.

그는 일평생 지치지 않는 열정과 성실하고 진지한 삶의 자세를 견인하였다.

천 개가 넘는 디자인 작품들은 한평생 바친 노력의 산물이었다.

그런 훌륭한 가치와 더불어 후대 디자이너에게 본보기가 되기 충분하다.

찬사를 받을 만큼 그가 세상에 내놓은 수많은 아름다운 의자는

시대를 초월하는 불멸의 작품들이 되었다. 한스 베그너 체어 중 떠오르는 것 중,

덴마크 디자인 뮤지엄에 가면 입구에서 포토 존으로 마련된 베그너의 'CH07 쉘 체어' 다.

마치 실물을 뻥튀기한 것처럼 과장되게 키워진 사이즈에 눈길이 꽂힌다.

유난히 채도 높은 주황색으로 마감되어 관람자들을 재치있게 맞이한다.

덴마크 '디자인 뮤지엄'

관람자라면 누구나 이 유머러스하게 확대된 의자에 올라 타서, 나처럼 미소지으며 한 장의 추억을 남기는 통과의례를 행사할 것이다.

static dezeen

1949년 미국에서 인테리어 잡지의 소개로 "세상에서 가장 아름다운 의자" 라는 수식어가 붙은 체어가 있다. '더 체어(The Chair)' 라는 이름으로 'The One & Only'라고 불릴 만큼 완벽한 모습으로 평가받았다. 이 의자는 리처드 닉슨과 존 F케네디 사이의 선거 토론에 등장해서 유명세를 치르게 되었다.

허리가 약한 케네디가 고집하던 의자로도 유명하다.

원래 이름은 라운드 체어(Round Chair, PP-501)다. "가장 단순한 4개의 다리, 좌판, 다리와 결합 된 팔걸이, 의자의 디자인적 구성 요소를 최소화하기 위한 베그너의 디자인 철학을 가장 잘 나타내고 있다." 고 평가받는다. 기존의 의자들처럼 등받이의 공간을 비워두고 활처럼

덴마크 '디자인 뮤지엄'

둥글게 휘어지게 하는 곡면은 앉는 사람이 편안하고 기품 있어 보이게 한다. 불편한 진실이지만, 로드 샵 카피 제품으로 인기가 많다는 것은 대중들의 선택에 호감도가 높다는 방증일 것이다. 그러함에도 역시 오리지널, 진짜 가구 한 점이라도 자기 공간에 들이길 권한다.

개인적으로 의자를 유난히 좋아한다. 의자는 한 눈에 알 수 있는 디자인 유산을 계승한 디자인의 역사이다. 그래서 의자야말로 건축적 시각을 지닌 디자이너가 세상에 출품해 내놓은 하나의 디자인 세계다. 왜냐하면 디자이너의 의도가 있다는 것은
철학을 기반으로 하기 때문이다. 공간이 제공하는 작은 장소이기도 하다.
필자도 디자이너 가구를 의자부터 시작해서 하나하나씩 기회가 될 때마다 구매하여
내 공간 파트너로 사용하고 있다.
이처럼 베그너는 가구 제작자와 가구 디자이너로서 대중적인 성공을 거두었다.
데니쉬 모던(Danish Modern)의 거장으로 명성도 얻었다. 사회적 디자이너의 올곧은 철학은 이런 친근함 속에 고요히 빛나는 존재감으로 드러난다. 모든 작품이 현재까지 불변하는 디자인의 완성도와 가치를 보여주며 가구 마니아로부터 끝없는 사랑을 받는 것이다.

마지막으로 소개할 덴마크 디자이너는 베르너 팬톤이다.
- 베르너 팬톤 (Verner Panton, 1926-1998)은 20세기 가장 영향력 있는 디자이너 중 한 명이다.
그가 디자인 업계에 남긴 업적은 팬톤 체어(Panton Chair) 만으로도 기념비적인 일이라고 할 수 있다. 그 역시 건축을 전공했다. 1950년부터 2년간 당시 덴마크 건축을 이끌어 간 '아르네 야콥센(Arne Jacobsen)' 의 사무실에서 근무하며 그의 디자인에 많은 영향을 받았다. 그 시대는 여전히 나무 목재를 기반으로 하는
수공예적인 전통 방식의 가구생산을 고집하던 때였다.

재료의 한계와 본연의 자연 색감이 주는 지루함이 있었다.

그에 반해 선명한 컬러를 사랑한 팬톤은 기하학적인 강렬한 패턴과

신소재에 대한 관심과 열망이 컸다. 그것은 다양한 실험으로 이어졌다.

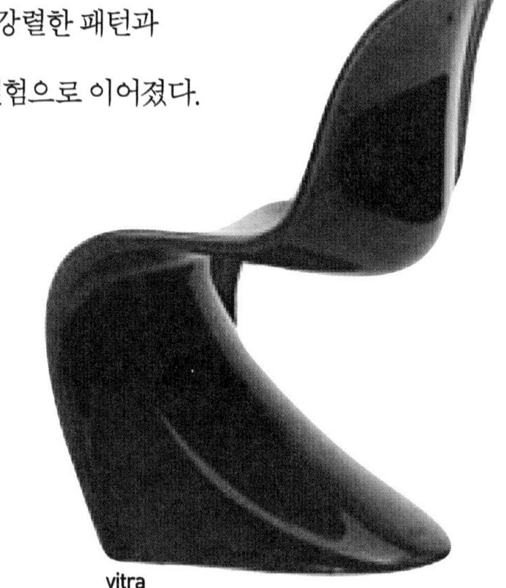

전통적인 공간의 개념을 거부한 새로운 디자인과

진보적 성향의 모험을 즐겼다. 펜톤 체어는 20세기

디자인사의 획기적인 전환점을 마련한 상징적인

디자인 체어다. 헤엄치듯 유연한 유기적인

조형성은 의자 자체의 디자인뿐만 아니라,

공간에서 조각 같은 오브제의 의미를 보여주는

형태였다. 성형플라스틱으로 만든 최초의 의자면서

작품이었다. 그는 1950년대부터 일체형 의자를 실험하기 시작하였다.

1960년대 플라스틱 양동이와 안전모를 제작하는 공장을 방문 후,

펜톤은 플라스틱 의자를 만들기로 결심하였다. 사람의 인체 곡선의 윤곽을

그대로 따르며 튼튼하고 균형 잡힌 디자인을 제작하기에 이른다.

다만 이 독창적인 디자인을 구현해내는 재료와 제작 업체가 나타나기가 어려운 상황이었다.

드디어 1967년 독일의 비트라(Vitra)사가 제작에 나섰다.

신소재를 개발하는 계속된 실험과 양산된 제품의 발전으로 대량생산의 문을 열기까지,

7년에 걸쳐 오늘에 이른다. 이로써 강도와 탄성의 적절한 균형을 유지하는 재료인

폴리프로필렌이 적용되었다. 이런 팬톤 의자의 초현대적 디자인 배경에는

60년대 팝 문화라는 시대적 배경이 있었다. 밝은 색상과 새로운 재료를 사용하여

팝아트 선봉에는 서는 시대의 상징이 되었다.

펜톤의 이와 같은 팝아트적인 성향들은 필립 스탁(Philip Starck),

고인이 된 자하 하디드(Zaha Hadid)등 현대 대표적 디자이너들에게 많은 영향을 주었다.

결과적으로 반 데니쉬 적인 성향을 보이는 원인이 되기도 했다.

오늘날까지도 많은 디자이너에게 큰 영감을 주는 이 혁신적인 팬톤 체어는

'스태킹 체어 (Stacking Chair)' 즉, 쌓아 올릴 수 있는 최초의 싱글 피스로 구성된

플라스틱 의자다. 마치 공중 부양한 듯이 떠 있는 '켄틸레버(Cantilever)' 구조 형태로

되어있다. 합성수지의 소재 개발의 혁신적인 발전을 거듭해 '비트라(Vitra)' 에서 현재까지

생산되고 있다. 팬톤 디자인의 강렬한 트레이드마크는 '색채' 다.

그는 "배색은 형태보다 더 중요하다" 라고 했을 만큼, 색채 사용을 중요하게 여겼다.

그는 배색은 환경예술품 디자인에서 결정적인 요소다.

빨강은 빨강이고 파랑은 파랑이라고 말하는 것만으로는 부족하다." 라고 역설하였다.

특히 팬톤의 원 픽 컬러는 '레드' 였다. 미국에 연구소를 두고 매해 유행할 컬러 트렌드를

주도하는 '펜톤 컬러' 연구소도 베르너 팬톤으로 부터 영감을 받았다고 한다.

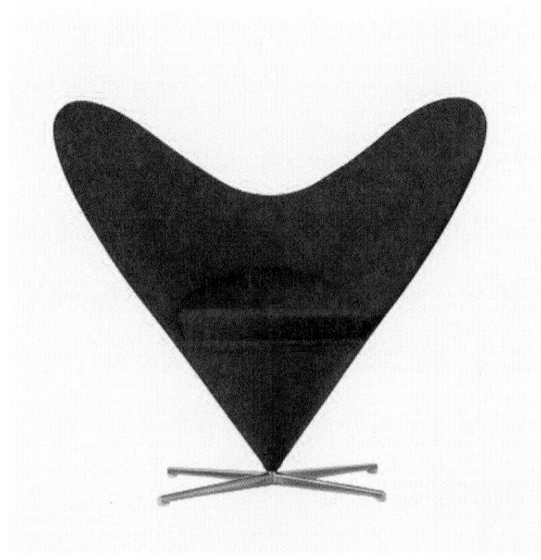

vitra

그러나 아이러니컬하게도 북유럽에서는 펜톤의 선명한 컬러를 선호하기보다는,
북유럽 날씨 같이 톤 다운된 그들만의 뉴트럴 색상을 사용한다고 한다.

판교에 사시는 고객분으로 부터 2층 타운 하우스 전체 스타일링을 의뢰받아 진행하게 되었다.
2층 패밀리 룸에 팬톤의 강렬한 레드 컬러와 오렌지 색의 '하트 콘 체어 (Heart corn Chair)' 인
이지 체어(Easy Chair) 두 개를 제안했었다.
팝아트적인 레드가 주는 압도적인 강렬함이 쉽게 질릴 수 있지 않을까 하는
우려를 살짝 했었다. 그러나 오히려 창을 통해 쏟아지는 자연채광과 함께 빛나는
그 고유의 레드 컬러는, 공간을 비비드하고 화려하게 살려내는 색채 경험을 하였다.
고객분도 "공간을 환하게 밝혀 준다." 라고 말하며 "기분이 좋아지는 공간" 이라고 덧붙인다.
역시 팬톤의 색채는 몇 년이 지나고 봐도 질리지 않고 오히려 신선하게 느껴진다.
그것이 시대를 이끄는 디자이너의 힘이다.

정확한 연도는 기억나지 않지만, 강하게 필자의 시선을 얼어붙게 만든 한 장의 사진이 있다.
러시아의 고색창연한 성당을 레너베이션의 일환으로 의자를 교체하는 작업에
이 팬톤 체어가 채택되었다. 성당의 오래된 창가를 통해 쏟아지는 햇살이 팬톤 체어의
등받이에 작은 십자가 구멍이 뚫어진 사이로 그 빛이 투과되어 부챗살처럼 퍼지고 있었다.
전체적으로 뿜어내는 그 오래된 인고의 성당 내부가 주는 아우라가 모던한 경검함을 일으킨다.
그 절묘한 감각이 어우러져 감탄을 자아낸다.
언제 다시 봐도 그 공간과 팬톤 체어와의 조우가 기막힌 선택이 아닐 수 없다.
이렇듯 팬톤 체어는 공간의 다양한 변주가 가능한 디자인으로 클래식 라인과 스탠더드 라인의
두 종류로 선택할 수 있다. 클래식 라인은 바디의 묵직함으로 금액은 좀 더 고가다.

러시아의 〈성 바돌로매오 성당〉

가끔 일하면서 뜻하지 않은 보너스처럼 가끔 업체에서 보상이 이루어질 때가 있다.

나의 케미와 감각이 잘 맞는 조명 숍에서 오래전에 하나 남은 팬톤 조명을 70% 할인 받아

디자이너 첫 조명을 구매했다. 'VP 글로브(VP Glove 1970)' 라는 우주선같은 조명이다.

필자 집엔 익스텐션 다이닝 테이블이 있다.

다 키우면 2m 40cm 사이즈의 제법 큰 다크 브라운색 글래스 테이블이다.

그 위로 천장에서 한 줄로 내려온 아크릴 구형의 팬톤 식탁 등이 달려 있다.

테이블에 반사된 원구형의 금속 반사체 불빛은 식탁에 달이 떨어져 투영된 듯하다.

볼수록 공간을 스타일리시하고 개성 있게 살리는 오브제처럼 매력적인 디자인이

아닐 수 없다. 이 조명 디자인 하나의 존재감으로 평범한 공간이

비범하게 살아 반짝이는 경험을 한다. 지인과 가족들을 가끔 초대하면 한 목소리로

일반적이지 않은 이 디자인에 대한 호기심과 존재감에 모두가 즐거운 화제로 삼는다.

초기에는 루이스 폴센에서 제작을 맡았으나 지금은 '베르판(Verpan)' 에서 판매하고 있다.

modernity.se

이렇듯 한 시대를 앞서가는 얼리어답터 디자이너들의 디자인으로 우리는 공간의 유희만 즐기면 되는 일이다. 그 이후 몇 년이 지나 이 조명이 서서히 뜨기 시작하더니 다른 업체에서는 스테디셀러가 되었다.

펜톤은 색채의 기하학적인 화려한 패턴 텍스타일과 러그 디자인으로도 유명하다.

공간구성을 위한 가구나 의자에만 멈추지 않았다.

래퍼런스(reference)로서도 충분히 활용도가 높았다.

25개 이상의 인테리어 조명 디자인에도 뛰어난 감각을 보여주었다.

이처럼 팬톤은 과거와 현재를 이어주는 실험적이며 독창적인 공간에 대한 스펙트럼이 넓은 디자이너였다.

모든 요소를 융합한 공간의 마술사로서도 열정과 차원 높은 사상적 의미를 발전시켰다.

이상과 같이 4명의 덴마크의 어벤져스 급 디자이너는 20세기의 의자 디자인 역사의 한 획을 그었다. 1950년대 스칸디나비아 모더니즘 특유의 독자적 미학을 형성한 시대적 디자이너들이다. 그러한 성과로 북유럽의 생활 방식 디자인을 우리가 '스칸디나비아 디자인' 이라 부르는 개념으로 널리 통용되게 되었다.

자 그러면 이에 못지않게 현재의 막강한 슈퍼 디자인 파워를 자랑하는 한 명의 매력적인 네덜란드 디자이너도 알아가자.

'네덜란드(Netherland)' 라는 나라는 사실 세계사 시간에 들어봄 직한 '동인도 회사' 라는 세계 최초 근대적 형태인 주식회사의 기원이다. 지금의 주식 역사의 뿌리를 가진 국가다.

우리가 자연스럽게 생각하는 자본주의 근간인 주식회사라는 사업체를 처음으로 실현했다.

이미 17세기에 '복권' 이라는 제도를 처음 만든 나라이기도 하다.

네덜란드는 영토가 부족해 귀족 세력은 약했던 반면, 도시는 발달하였다. 이탈리아처럼 도시민 특히, 상인들의 목소리가 국가와 사회에 강력하게 반영되어 시장이 발전할 수 있었던 배경이 되었다. 이름만 대면 다 아는 렘브란트며 반 고흐 등 철학자 스피노자까지 배출한 나라다. 건축 분야에서도 서울 대학교 도서관을 설계한 '렘 콜하스(Rem Koolhaas)' 등 세계적인 명성을 구축하였다. 이런 당대에 영향력 있는 디자인으로 또 다른 문화의 한몫을 담당하고 있는 디자이너가 바로 마르셀 반더스 (Marcel Wanders) 이다.

- 마르셀 반더스 (Marcel Wanders 1963~)는 현재 금세기를 대표하는 네덜란드 디자인 거장이다.

marcelwanders.

암스테르담 '마르셀 반더스 스튜디오' 의 아트 디렉터이다. 건축, 가구, 호텔 인테리어 및 산업 전반의 디자인을 총망라한다. 다양한 분야의 프로젝트를 진행하는 동시대 가장 걸출한 현대 디자이너의 한 명으로 인정받는다.

1993년 설립된 드로흐 디자인(Droog Design)을 발판으로 국제적인 명성을 얻었다.

1996년 첨단 기술 소재와 수공예 생산 방법을 결합한 '매듭 의자(Knotted Chair)' 로 주목을 받았다.그가 회고하기를 그 디자인은 "과정을 통한 배움의 산물이었다." 라고 밝히고 있다. 이미 오래전부터 국내에서도 알려진 디자인 브랜드 '모오이(Moooi)' 의 공동 창립자이자 아트 디렉팅을 맡으며 왕성한 활동을 하고 있다.

반더스를 잡지에서 처음 봤던 기억이 떠오른다.

외모에서부터 뿜어져 나오는 '나는 태생부터 디자이너다' 라는 아우라에 걸맞게, 그토록 큼직한 진주목걸이가 잘 어울리는 남성을 여태껏 본적이 없었다.

moooi

그런 강력한 인상이 호기심으로 발동된 디자이너였다. 초창기 마르셀 반더스 가구를 첫 대면 한 곳은 2005년 상하이였다. 첫 인상엔 클래식 가구의 변주 디자인 정도로만 느껴졌었다. 그런데 전시장에서 '블랙 체어'를 자세히 살펴 보았더니, 의도적으로 등받이 프레임 귀퉁이를 마치 호두 파이의 끄트머리를 한 움큼 손으로 잡아 뜯어낸 듯 시크한 디자인이었다.

그러면서도 우아함을 잃지 않는 그의 제품들을 홀리듯 눈을 크게 떠서 천천히 돌아본 기억이 있다.

나중에 그 가구가 모오이(Moooi)라는 반더스가 아트 디렉터로 있는 회사 제품이라는 것을 알게 되었다. 초창기의 '뉴 앤티크(New Antique)' 럭셔리 모던이라는 디자인의 고전주의적 재해석과 화려한 장식성이 그의 디자인 모토임을 알게 되었다.

그 후로도 다양한 디자인이 검증된 인기몰이와 함께 2014년부터 반더스는 국제 디자인 전문가와 함께 '마르셀 반더스 스튜디오'에서 제품 및 호텔 인테리어 디자이너를 하고 있다.

marcelwanders

이들은 내로라하는 이탈리아 럭셔리 크리스탈 제품회사인 '바카라(Baccrat)'의 태양왕, 이탈리아의 모자이크 타일로 유명한 '비사짜(Bisazza)', 이탈리아

조명회사 '플로스(Flos)', '푸마(Puma)' 와 화장품 회사제품 용기 등 개인 고객 및
프리미엄 브랜드를 위한 다수의 프로젝트를 완료했거나 진행중이다.
이탈리아의 탑 가구 브랜드인 '비앤비 이탈리아 (B&B Italia)' 나 '모로소(Moroso)' 같은
국제적인 브랜드들과 일하면서 전 세계 건축과 유수의 획기적인 호텔 디자인을 진행 중이다.
특별히 나의 논문에서도 모신 이유가 있다.
반더스의 아날로그적인 수공예적인 기술과 장식에 대한 감각으로 완성된 대담한
독창성이 있었다. 거기에 인간 정신을 고양하며 기계화로 잃어버린 인간의 손길을
디자인으로 되돌리기 위한 인본주의적 관점에 뿌리를 두고 있기 때문이었다.

'마르셀 반더스 (marcelwander.com)' 홈페이지는 마치 원더랜드로 초대받은 듯 환상적이다.
초현실주의적인 호텔 인테리어 디자인과 가구 디자인 철학, 비전 그리고 시대정신이
아주 잘 설명되어 있다. 한 번쯤 꼭 방문해 보길 권하며 아래와 같이 설명하고 있다.
"Marcel Wanders 스튜디오는 세계적으로 유명한 브랜드와 정기적으로 협력한다.
개별 홈 퍼니싱부터 아이코닉한 맞춤형 디자인 컬렉션에 이르기까지 스마트하고 지속가능한
제품을 만든다. 스튜디오가 지향하는 것은 과거와 문화의 다양성을 존중하며 낭만적이고
인간적인 사고의 디자인 산업을 형성하고 있다.
디자인 팀은 디자인에 인간적인 터치를 다시 가져온다.
디자이너, 장인과 사용자가 재결합하는 디자인의 새 시대로 안내한다." 라고 소개하고 있다.
이런 일련의 행보로 수공예적인 장인들과 결탁한
루이뷔통의 '오브제 노마드(Objets Nomades)' 가 있다.
160년 넘게 이어온 루이뷔통 브랜드 철학인 '여행 예술(Art of Travel)' 을
당대 최고의 디자이너들이 재해석한 컬렉션이다.

세계적인 디자이너의 뛰어난 재능과 루이뷔통의 노하우가 의기투합하여 최고급 소재로 만들어진 컬렉션이다. 한정판 에디션과 실험적인 프로토 타입으로만 제작되고 있는 점도 주목할 만하다. 산업 디자인 분야를 대표하는 창의적인 디자이너들이 대거 참여하여 반더스가 자신의 역작이라고 밝힌 바 있는 아래 디자인이다.

marcelwanders

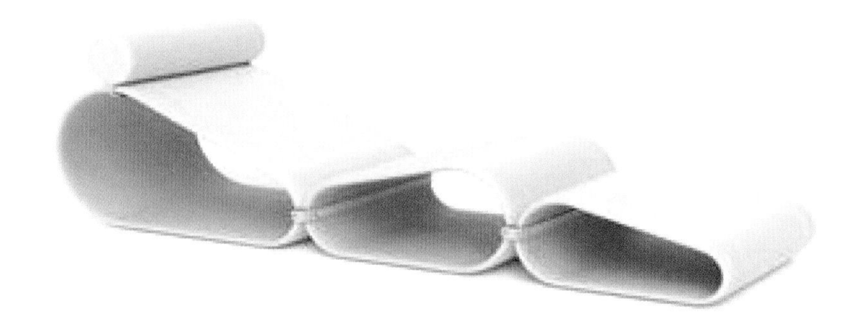

반더스는 디자인 세계에서 "인간성을 되살리며 우주에서 산업주의가 주는 차가움 대신
현재의 순간에 생생하게 살아 숨을 쉬는 다양한 시대의 시와 판타지
그리고 로맨스로 디자인을 대체한다." 라고 밝히고 있다.

그들은 일상에 찌든 우리에게 가끔은 자극적인 디자인의 판타지 세계로 초대한다.
잠시 이런 유머러스하며 초현실적인 디자인이 주는 놀라움과 유희를 경험케 하는 것만으로도,
여타의 다른 디자이너와 비교해도 기분이 좋아진다. 그런 유쾌함과 독특한 상상력으로
많은 관심과 사랑을 받는 이 시대의 아이콘 디자이너다.
이러한 "특별하고 상징적인 가구, 조명 및 홈 액세서리 등을 컬렉션이라 정의한다.
사랑받는 물건을 만드는 것만으로도 이미 환상적인 생태학적 단계다." 라고
마르셀 반더스는 그들의 디자인 세상을 정의하고 있다.
현재 마르셀 반더스는 자신의 스튜디오를 잠정 폐쇄하고 안식년을 갖고있다.
충격적이게도 작년 교통사고로 인한 심경의 변화를 이렇게 설명한다.
"내안에 남은 모든 에너지를 더 적은 수의 프로젝터에만 집중하고 싶다" 고 밝히고 있다.

marcelwanders.com

지금까지 살펴보았듯이, 일상에서 사용하는 의자가 없는 세상을 지금은 상상이나 할 수 있을까?

그러나 역사상에서 보면 의자는 오로지 권력자들만을 위한 것이었다.

이전의 전통 사회에서는 권위나 부의 상징으로 장식성이 강한 가구를 사용했던 것을 상기해 보자.

이것이 근대 19세기에 이르러 산업 혁명 덕분에 대량 생산체제로 전환되면서,

일반인이 일상으로 누리는 생활 가구로 발전한 것이다.

대량 생산된 의자의 출발점은 1859년 오스트리아 '토넷(Tonet)' 회사의 의자를 기점으로 한다.

새로운 기술의 거듭된 발전과 다양한 양상의 양식으로 변천, 진화되어 오늘에 이르게 된 것이다.

이처럼 '의자는 곧 디자인의 역사' 라 할 만큼 디자이너들의 수고로움과 고뇌의 산물이다.

다양한 창조성이 이룬, 인체 공학적인 과학의 산물이다.

이 얇은 지면을 통해 의자의 변천사를 다 담을 수 없는 안타까움이 있다.

혹 의자의 역사에 관심 있는 독자가 있다면 추천 도서를 통해 그 호기심을 풀어가길 바란다.

● Stylist Point

- 아르네 야콥센 (Arne Jacobsen)은 코펜하겐 출신의 대표적인 건축가이다.

처음으로 모던 디자인을 한 선두주자다. 우리에게도 친숙한 '세븐 체어(Seven Chair)' 는

북유럽뿐만 아니라 국제적으로 인기있는 덴마크 모던 스타일의 표준이 되었다.

덴마크 디자인의 아이콘이라 불리는 '에그 체어(Egg Chair)' 를 디자인 하였다.

앤트체어(Ant Chair)는 야콥센의 가구 디자인 중 가장 상업적으로도 성공하여 대량생산이 이루어진

아이템이다. 세계 최초로 좌판과 등받이를 한 장의 판으로 성형한 삼차원 곡면의 베니아 의자를

성공시킨 의의를 갖는다. 야콥센은 유독 디테일에 대한 세부 표현의 관심과 색채 표현력에 주력하였다.

공간 가구 전체에 적용 되는 비율과 높은 안목의 예술적 완성도로 다른 사람들에게

충분한 영향을 주었다.

- 핀 율(Finn Juhl)은 근대 덴마크 디자이너의 기원이라 불리는 스칸디나비안 디자인의 선구자다.
유기적이고 창조적인 디자인으로 수많은 가구가 국제 디자인 무대에서 다수의 수상 경력으로 증명되었다. 최고의 가구 디자이너로 평가 받아 미드 센츄리 모던가구의 확실한 서막을 열었다.
이 접근 방식으로 대두되는 세 개의 대표적 의자로 '포엣 소파(Poet Sofa)',
치프테인 체어(Chieftain Chair)' 및 '45 Chair' 와 같은 상징적인 작품들을 만들었다.
'45 Chair' 는 곡선형 등받이와 유기적인
형태의 인체 공학적인 의자로 핀 율을 20세기 디자이너로서의 명성을 견고히 하게 되었다.
'치프테인 체어' 도 덴마크 모던 디자인의 획을 긋는 핀 율의 시그니처 의자로 유기적인
디자인 형태의 정수라 불린다.

- 한스 베그너 (Hans. J. Wegner)는 디자인을 '유기적 기능주의(Organic Functionality)' 라고 한다.
그의 의자는 나무와 가죽 등의 간결한 재질을 가지고 안정된 유기적인 구조를 미학적이고 섬세한 장인 기술을 바탕으로 한다. 견고함과 간결한 선의 미학을 표현하였다.
그의 첫 데뷔작이던 '더 차이니스 체어(The Chinese Chair)' 와 '위시본(Wishbone Chair)' 체어는 20세기 의자 디자인의 한 획을 긋는다. 미국에서 "세상에서 가장 아름다운 의자" 라는 수식어가 붙은 '더 체어(The Chair)' 는 'The One & Only'라고 불릴 만큼 완벽한 모습으로 평가받았다.
베그너는 가구 제작자와 가구 디자이너로서 대중적인 성공을 거두었으며,
데니쉬 모던(Danish Modern)의 거장으로 명성을 얻었다.

- 베르너 팬톤 (Verner Panton)은 20세기의 가장 영향력 있는 디자이너 중 한 명이다.
디자인 업계에 남긴 업적은 팬톤 체어(Panton Chair) 그 자체다. 20세기 디자인사의 기념비적인 획기적인 전환점을 마련한 상징적인 디자인 체어다. 스태킹 체어 (Stacking Chair)' 로 쌓아 올릴 수 있는 최초의 싱글 피스로 구성된 최초의 성형 플라스틱 의자다.

팬톤의 디자인에 대한 열정은 무엇보다도 공간과 공간을 채우는 모든 것의 혁신적인 디자이너로 기억된다. 기하학적인 색채 패턴의 화려한 텍스타일과 러그 디자인으로도 유명하다.
공간구성을 위한 가구나 의자에만 멈추지 않았다. 거기에 래퍼런스(reference)로서의 충분히 활용도가 높은 25개 이상의 인테리어 조명 디자인에도 뛰어난 감각을 보여주었다.

- 마르셀 반더스(Marcel Wanders)는 현재 금세기를 대표하는 네덜란드의 디자인 거장이자 '마르셀 반더스 스튜디오' 의 아트 디렉터다. 건축, 가구, 인테리어 및 산업 전반의 디자인을 총망라한다. 다양한 분야의 프로젝트를 진행하는 동시대 가장 걸출한 현대 디자이너의 한 명으로 인정받는다. 국내에서도 알려진 디자인 브랜드 '모오이(Moooi)' 의 공동 창립자이자 아트 디렉팅을 맡았다. 그는 국제적인 브랜드들과 일하면서 전 세계 건축과 유수의 획기적인 호텔 디자인을 진행 중이다.
정기적으로 협력하여 개별 홈 퍼니싱부터 아이코닉한 맞춤형 디자인 컬렉션에 이르기까지 스마트하고 지속 가능한 인간적인 터치의 제품을 만들고 있다.

4. 알고 싶은 가구 디자이너 TOP 12

- 알아 두면 격 있어 보이는 디자이너들

이제 국가별 카테고리로 이탈리아, 스페인, 프랑스 가구와 미국, 남미 가구로 나누어 보겠다. 각 나라의 시대적 배경이 어떤 흐름과 현재의 트렌드로 부상하게 되었는지 개요 정도만 집어주고 가겠다. 이정표를 시작으로 로드맵을 그리듯이 따라만 오면 세계적인 디자이너의 맥을 잡을 수 있다. 어떤 곳을 가도 눈에 찍힌 가구에 개념까지 장착하면 안목에 품위까지 업그레이드 시킬 수 있다.

이번 장에서는 순전히 개인적인 관점에서 세상의 중심에 있는, 그래서 꼭 알았으면 하는 세계적 디자이너들을 선별하였음을 밝혀 둔다.
이런 전지적 사심의 가구 디자이너를 개인적 참견에 따라 각별한 애정이 있는 홀릭(holic) 디자이너들로 구분하였다. 대부분 20세기대중화된 명품가구로 등극한 디자이너들뿐만 아니라, 21세기의 맥을 이으며 이미 대중적 인기를 얻고 있는 디자이너들도 추려 선정하였다.
크게는 남유럽권(이탈리아, 스페인) 디자이너 여섯 명과 서유럽권(프랑스) 디자이너 네 명 그리고 북미(미국) 디자이너 한 명과 마지막으로 생소할 수 있는 남미(브라질) 듀오 디자이너로 그룹화(Grouping)하였다. 지면의 제약이 있어 총 열두 명으로 압축된 디자이너들의 플레이리스트를 연도순의 흐름으로 정리하였다.
디자인의 숨은 이야기들도 소개하고자 한다.

-남유럽권(이탈리아, 스페인) 디자이너 6인의 탁월한 가구의 시선

일상 속에 친숙하게 들어온 이탈리아 디자인이 꽃핀 것은 1930년대에서 60년대였다.
일찍이 1920년대부터 디자인 전문 잡지를 만들어 국가적인 디자인 홍보를 시작하였다.
영민하게 광고를 이용했던 것이다. 신세대 디자이너를 대거 세계무대에 알리는 교두보 역할의 무대가 제공되었다. 잡지를 통해 세계시장에 좋은 디자인을 선보인 덕분이었다.
특별하게도 디자인 실명제를 먼저 도입하였다. 판매 수량에 따른 인센티브와 디자이너의 아이덴티티를 갖출 수 있는 기반을 다졌다.
회사 브랜드와 디자이너 간의 시너지 효과가 홍보를 통해 전 세계적으로 인정받는 대중적인 이탈리아 디자인으로 이끈 것이다.

이런 디자인 실명제를 통해 재능 있는 디자이너들을 발굴하고 등용하여 이젠 공공연한
기업의 경쟁력이 되었다. 디자이너들은 자기의 디자인을 더 멋지게
구현해줄 회사를 찾아다니며 주가를 올리고 있다.

1. 지오 폰티 (Gio Ponti 1891~1979)

지오 폰티는 이탈리아의 20세기 건축을 확립하는 데 중요한 역할을 한 인물이다.
건축. 출판 등 예술 산업 전반의 디자인에 걸쳐 다방면으로 능력을 발휘한
이탈리아 모던 디자인의 아버지다. 일찍부터 장르에 구매를 받지 않는 제품 디자이너로
커피잔 티스푼에 이르는 일상의 리빙 디자인 제품도 선보였다.
지오 폰티의 산업 디자인 작품은 건축보다 더 많은 영향을 미쳤다는 평가를 받는다.
1928년에 창간한 잡지 '도무스(Domous)' 의 발행인이었다.
80년이 넘는 시간 동안 세계에서 영향력 있는 디자인 잡지로서 지금도 명맥을 유지하고 있다.
그의 이러한 제품 디자인과 잡지 편집 활동은
밀라노가 디자인의 중심지가 되는데 일조하였다. 도무스 잡지는 오늘날까지 판매되고 있으며
이태리 공항에서도 쉽게 구입할 수 있다.
지오 폰티는 오랫동안 왕성한 활동으로 다양한 표현형식을 설계했다.
재건 시대 특유의 이탈리아 현대건축을 발전시켰으며, '폰타나 아르테 (Fontana Arte)' 의
예술 감독이 되었다. 트리엔날레 디자인상을 거머쥐면서 존재감이 한껏 고무되었다.
무엇보다 1957년, 초등학생 어린이가 한 손으로 들 수 있는
초경량의 '슈퍼레게라 의자(Superleggera chair)' 를 개발했다. 이탈리아 말로 매우 가벼운' 이란
뜻이다. 불과 1.7kg의 가볍지만 견고한 제품으로 경량 의자의 기원을 만들었다.

media.gq

디자이너와 제조업자가 함께 만든 성공적인 협업의 사례로, 매우 실용적이며 예술적인 의자 디자인으로 평가받는다. 기존 제품을 최고의 품질로 다시 구현한 '슈퍼레게라'가 이렇게 가벼울 수 있었던 이유는 무엇일까? 재료를 최대한의 무게로 줄이기 위해 나무 프레임의 껍질까지 벗겼다 한다. 인도에서 공수해 온 나무줄기를 장인 한 사람이 도맡아서 만들었다. 이 의자는 집어 던질 수 있을 만큼 가벼웠다. 땅에 떨어져도 다시 튕겨 오를 정도로 탄력적이었으며, 절대 부러지지 않았다.

이 의자는 지금까지 이태리 가구회사 '카시나(Cassina)'에서 판매하고 있다.

지오 폰티가 구현한 업적은 이후 이탈리아 모던 디자인 역할을 선도했다.

지오 폰티는 그 시대 디자이너와 장인이 직접 운영하는 회사와 지역에 산재해 있는

molteni

중소기업 사이를 연결해 주었다. 요즘처럼 '핫라인' 을 개설했다.

그가 수공예로 가능한 대량생산 라인의 네트워크 시스템을 만들어 주어 후대 디자이너들이

그 덕을 톡톡히 보게 된다. 가구뿐만 아니라 지오 폰티가 디자인한 제품들은

현대 이탈리아의 상징이 되었다.

또 다른 모던 가구의 상징인 이태리 '몰테니 앤씨' 가구회사가 있다.

그곳에서 제작되는 'D.153.1' 이라는 일인용 라운지체어가 있다.

1953년에 디자인된 것으로, 빅뱅의 '탑' 이

구매하러 와서 매장이 한바탕 들썩였다고 한다.

정작 폰티 자신이 집에 두고 사용하기 위해

디자인 됐다는 제품으로, 필자도 고객들에게 많이

제안하는 일인용 체어다. 가죽과 트렌디한 색감의

패브릭도 여러 버전이 출시되어 공간에

무게감과 함께 편안하고도 오래 질리지 않는

디자인 체어다.

molteni

지오 폰티의 일인용 체어 중에 사심으로 애정이 가는 디자인이 있다.

안락의자 D.154. 컬렉션이다. 앉아 있다 돌아서면 뒤태마저 음악의 끝자락인 카덴자 여운이

전해지는 듯하다. 내게는 그 적정한 곡선 라인에 숨어 있는 클래식의 여운이

여백의 공간마저 아름답게 물들일 미의 체어라 소개하고 싶다. 의자의 곡선을 부드럽게 살리는

벨벳 패브릭과 만나 더욱 헤리티지의 우아함을 살린다.

여성의 모자를 뒤집어 놓은 듯한 디자인이 그 색감 그대로 완벽하다.

그래서 나의 위시 리스트에 이름을 올렸다. 사실 스타일링을 하면서 남들보다 멋진 가구들을

자주 접하며 눈에, 가슴에 묻어두며 집에 모시고 싶은 열망의 가구들이 얼마나 많겠는가!

그래서 오늘도 희망 목록을 하나 더 추가한다.

그 외 우측 컷은 지오 폰티의 다른 디자인 의자다.

하나하나가 지금 봐도 이토록 모던하고

현대적일 수 있을까! 볼수록 감탄이 나온다.

역시 거장의 디자인은 세월이 흘러도,

molteni

Molteni Museum

아니 한 세대를 거쳐도 그 미적 감각은 공감 받고 사랑할 수 있는 것이다.
그래서 디자인이 생명력이 있다고 말 하나 보다. 우리는 그저 거장들의 디자인을
만나는 것 만으로, 볼 수 있는 것만으로도 축복이라 생각해야 하는 것 아닐까 싶다.

2. 안토니오 치테리오 (Antonio Citterio 1950~)

이탈리아의 밀라노 북쪽에 자리한 소도시 메다(Meda)는 지역적으로 중요한 이유가 있다.
바로 가구산업의 핵심지역이기 때문이다. 이곳에서 출생한 안토니오 치테리오는
밀라노 장인이자 사업가인 아버지 밑에서 성장하면서 가구 디자인을 공부하였다.
아버지로 부터 이탈리아 건축에 관한 얘기와 디자인과 가구에 대한 본질적인 조기교육을 받았다.
이런 환경 속에서 성장하여 자연스레 장래는 결정되었다.
13살 때 이미 디자이너가 되기로 결심한 것은 예측된 결과였다.
예술 학교에 진학하고 밀라노의 폴리 테크니코 대학에서 건축을 전공하였다.
20대 때 디자인을 시작하여, 1972년 개인 스튜디오를 오픈 한 이래 수많은
디자인 회사들과 일해 왔다. B&B 이탈리아, 플랙스 폼, 플로스, 해크만, 카르텔, 비트라 등
이탈리아 내외의 명망있는 브랜드 회사들과 일한다.
치테리오가 어린 시절 부터 20대 청년 디자이너로 활동하면서 자연스럽게 터득된
가구 디자인의 본질이 있다, '가구를 디자인하는 것은 그 가구를 사용하는 환경이나 위치,
다른 가구와의 관계를 고려해야 한다는것과, 일상의 행위를 접목하는 작업이라는 확고한
철학을 바탕으로 성장하였다. 이후 1970년대 이탈리아 디자인은 그가 지향하는
구조주의적 기능주의와는 사뭇 다른 방향으로 흘러가고 있었다.
당시는 2차 대전 이후 줄곧 세계 디자인계를 지배해왔던 엄숙한 기능주의에

반하는 혁신적이고도 전위적인 디자인 운동이 펼쳐졌다.

1980년대는 에토레 솟사스나 알레산드로 멘디니 등을 중심으로 한' 멤피스(Memphis)

'디자인 그룹이 있었다. 또한 '알키미아(Alchimia)' 같은 그룹이 급진적인 디자인을 선보였다.

그 당시 포스트모더니즘 운동이 세계 디자인계를 주도하고 있었다.

그러나 치테리오는 오히려 모더니즘에 기반을 둔 군더더기 없이 완벽하고 세련된

디자인 철학을 유지하고 있었다. 그 결과, 세계 가구 디자인의 트렌드를 이끌어 가며

독자적인 길을 개척해 나간다.

1990년대에 들어 그의 가구 디자인은 국제적인 명성을 얻게된다.

기능적이되 감성적이고 단순하면서도 세련된 치테리오의 디자인이 미니멀리즘 사조와

함께 주목받기 시작한 것이다. 요즘 공간에 어필될 수 있는 하이브리드 디자인이다.

1999년 종합 건축디자인 스튜디오 '안토니오 치테리오 & 파트너스' 를 설립하면서

그는 새로운 전환점을 맞이한다.

2000년 독일 함부르크의 에델 무지크 본부(Edel Music Headqueter)에 사무실을 오픈한다.

그것을 시작으로 호텔과 쇼룸 등으로 디자인 영역을 확장해 나간다.

세계 각지의 유명 패션 플래그십 스토어를 디자인했다.

최근에는 에르메네질도 제냐 그룹 본사, 밀라노와 발리 그리고 런던의 유명한 불가리 호텔을

디자인 했다. 밀라노와 싱가포르의 레지덴셜 빌딩, 상트페테부르크 W호텔 등을 작업했다.

밀라노의 도무스 아카데미와 로마의 라 사피엔차 대학에서 학생들을 가르쳤으며,

1999년부터 현재까지 멘드리시오 건축 아카데미에 출강하고 있다.

논현동 본사 카시나 쇼룸에서 안토니오 치테리오를 처음 만났다.

그의 디자인 세계를 세미나를 통해 짧은 시간이나마 볼 수 있는 초청 기회였다.

이태리 남성 특유의 작고 다부진 인상이었다.

치테리오는 진중하면서 마치 무림 세계를 평정한 고수처럼,

그가 디자인계에서 쌓은 연륜의 아우라가 느껴졌다.

그도 그럴 것이 산업 디자인 최고권위상인 '황금 콤파스(Compasso d 'Oro Award)' 상을

1987년과 1995 두 차례 수상하였다. 그의 작품은 뉴욕 MOMA와 파리의 퐁피두 센터 등

세계 주요 미술관에 영광스럽게도 영구 소장 되어있다.

지난 40여 년간 산업계의 무수한 파워 브랜드들과 손잡고 다양한 작업을 펼쳐왔다.

그런 그에게 산업 디자이너로서의 명성을 안겨준 대표적인 프로젝트를 이야기하기 위해서는

비앤비 이탈리아(B&B Italia), 플랙스폼(Flexform), 비트라(Vitra), 그리고 카르텔(Kartell)을

거론하지 않을 수 없다. 1973년부터 함께해 온 비앤비 이탈리아와는 리빙 친화적 가구를

선보여 왔다. 작고 슬림한 금속 프레임과 상대적으로 거대한 몸체의 조화가 이루어내는

세련된 비례와 우아한 단순미 로 치테리오 스타일의 전형을 완성해냈다.

이런 구조적 아름다움을 잘 드러내는 '찰스(Chales)' 소파는 치테리오가 언제나 자신의

대표작으로 뽑는 디자인이다. 작고 날렵하며 슬림한 L자형의 세련미가 넘치는

금속 다리가 특징이다. 보기에도 군더더기 없는 매력적인 디자인이다.

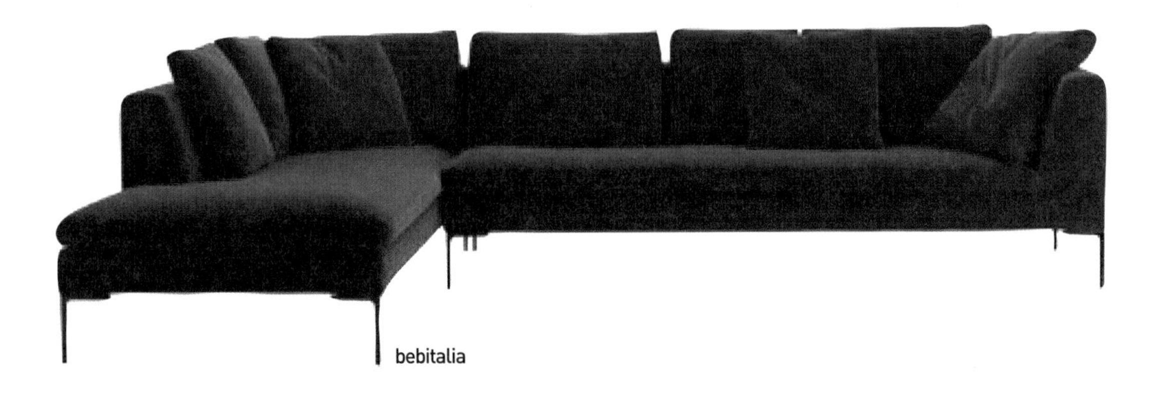
bebitalia

단순함과 럭셔리함의 패브릭 소재가 주는 부드러움은 휴식을 원하는 몸을 그냥 맡겨보고 싶은 생각이 든다. 물론 가죽도 있지만, 이 디자인은 벨벳의 패브릭 소재가 훨씬 더 잘 어울린다. 일자형 사이즈도 있어, 어느 공간에도 부담 없는 선택을 받는 것이다. 1997년 첫 선을 보인 후 2011년 아웃도어 제품까지 출시하며 꾸준한 사랑을 받는 스테디셀러 제품이다.

이탈리아 브랜드 '플렉스폼(Flexform)'은 안토니오 치테리오의 또 다른 아트 디렉터이다. 수석 디자이너로서 40년 넘게 디자인을 진행하였다.
2012년 영국의 럭셔리 불가리 호텔(BVLGALI HOTEI))을 총괄 디자인하였다.
2022년 로마, 모스크바, 도쿄에 호텔이 오픈할 예정이며,
그의 작품 철학과 플렉스폼 가구의 진가를 체험할 수 있는 곳으로도 유명하다.
한편 비트라(Vitra)도 빼놓을 수 없다. 그가 선보인 사무용 가구는 인체 공학적 설계에 의한 뛰어난 기능성으로 큰 인기를 끌게 된다. 신소재와 첨단 기술 활용에 적극적인

bvlgal

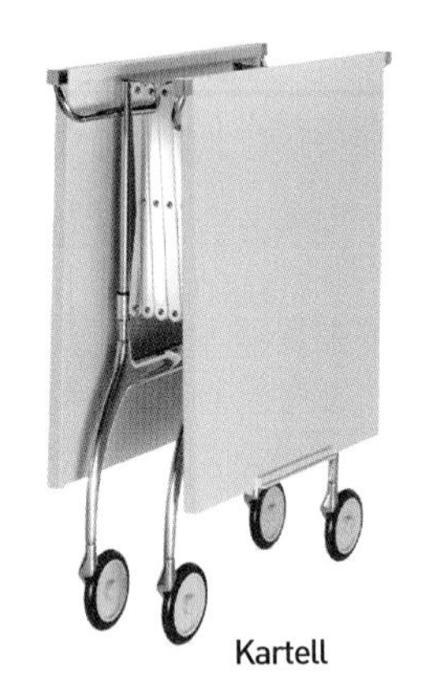

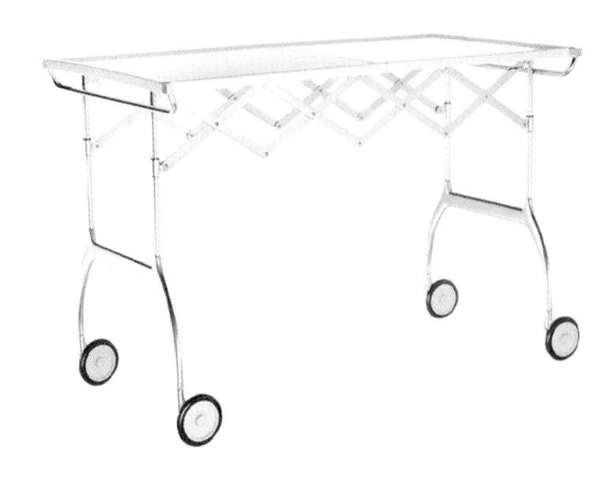

그는 “디자인은 한 번에 완성되지 않는다. 프로토타입이 나오면 지속해서 엔지니어와 상의하며 수정하는 과정을 통해 완성된다.” 라며 기술과 제작 과정의 중요성을 강조한다. 플라스틱 제품회사인 카르텔(Kartell)을 위해 오래전에 디자인한 제품이지만 접이식 폴딩 테이블 ‘바티스타(Battista, 1991)’ 는 장점이 많다.

오히려 요즘 공간 구성에 딱 맞는 추천 테이블이다. 상판 크기를 조절할 수 있고 접어서 보관도 가능한 이동식 테이블이다. 자리를많이 차지를 하지 않아 작은 공간에 멀티 테이블로도 유용하다. 그래서 심플한 디자인의 기능적 유연성이 돋보이는 제품으로 추천하고 있는 아이템이다.

3. 로돌프 도르도니 (Rodolfo Dordoni 1954~)

1954년에 아탈리아에서 태어나 건축을 전공했다. 1980년대 카펠리니의 아트디렉션과 이미지 데코레이션을 담당했다. 1995년 이후 돌체& 가바나(Dolce & Gabbana)와 몰테니앤씨(Molteni & C)등과 꾸준한 협업이 이어지고 있다.

수년 동안 그는 모로소(Moroso)에서도 제품 디자인,

쇼룸 및 전시회의 디자이너 및 이미지 컨설턴트로 일했다.

2005년에 두 명의 디자이너와 같이 도르도니 아키텍쳐 스튜디오(Dordoni Architects Studio)를

설립했다. 그는 이탈리아와 전 세계에서 주택 프로젝트와 빌라, 산업 건물과

레스토랑 및 호텔 등을 설계하고 있다.

이탈리아 모던 가구의 자부심인 카시나(Cassina)에서 로돌포 도르도니는

"피렌체(Florence)의 전설적인 정원에 헌정한 테이블 '보볼리(Boboli)' 가 있다.

" 매우 대담하고 우아한 디자인 이라는 평가를 받는다.

조각적인 오브제 같은 하부 다리는 테이블의 유동적인 라인에서 볼 수 있는

문화와 역사적 아름다움의 상징이 된다." 고 설명하고 있다.

이 보볼리(Boboli) 디자인 초창기 버전은 실버 플래티넘의 하부 구조다.

벌써 십년 전 한강 변에 사시는 고객 집을 스타일링 해드렸다.

cassina

2m 40cm 사이즈 직사각형 다크 브라운색 상판의 고급 훈중 무늬목 버전이었다.
이 보볼리 테이블은 알루미늄의 다리 무게의 중량감을 줄이기 위해 속을 가볍게 파낸
카시나만의 기술로 완성되었다고 한다.
다른 고객 집에 제안한 위의 컷 버전은 오벌 형 곡선의 우아한 베이지색 글라스 테이블이다.
하부구조가 블랙으로 마감되어 차분하면서도 단아한 듯한 완전히 다른 분위기로 어필된다.
이렇게 같은 디자인을 새로운 소재와 버전으로
업그레이드시키며 분위기를 새롭게 연출하는 마법 같은 디자인 테이블이다.

도르도니는 이탈리아 모던 가구 디자인을 대표하는 브랜드 '미노티(Minotti)' 의
아트 디렉터이다. 미노티의 모토인 'Classic Today, Classic Tomorrow'라는 이미지를
잘 구현내었다. 'Made in Italy' 의 획기적인 생산 기술과 이탈리아 최고의 재료를 사용함으로
제품의 질을 높였다는 평가를 받는다. 도르도니의 미노티와의 전략적 협업은
1997년에 시작되었다. 합리주의적 건축가이며 전 방위로 보여준 탁월한 감각의 도르도니를
영입한 이유는 다음과 같다. 그들이 직면한 회사의 새로운 비전을 구현시켜 줄 적임자로
판단하였기 때문이다. 이듬해인 1998년에 그는 미노티의 모든 컬렉션 아트 디렉터이자
코디네이터로 지금도 여전히 왕성한 디자인의 영향력을 과시하고 있다.

해마다 절제되면서 모던한 컬렉션을 통해 콜라보레이션된 제품들을 선보인다.
혁신과 연속성을 창출함으로써 럭셔리 브랜드의 아이덴티티를 강화하여 타사와의 다른
독보적인 하이엔드 느낌을 주는데 주력하고 있다.
그로 인해 훌륭한 이탈리아 장인 정신에 대한 강력한 메시지를 전 세계에 전달하는 데
기여하고 있다. 이 미노티 브랜드가 주는 첫 느낌은 이탈리아 모든 명품가구가 주는

minotti

고급스러움과 다르게 다가오는 이유가 있다.
마치 에르메스하면 그 한 단어에 모든 것이 함축되어 평정되듯이, 가구 소재가 주는 탁월한 차별성과 디자인의 완벽한 조우가 뿜어져 나오는 아우라로 압도되기 때문이다.
이렇게 도르도니는 20년 전 이 회사와 함께 일하기 시작한 이래로 그가 만든 많은 상징적인 실내 및 실외 가구 디자인은 가히 독보적이다. 다양한 가구 솔루션, 소형 가구 및 액세서리와 함께 패션의 장인 정신에 대한 오뜨 꾸뛰르적인 접근 방식으로 요약된다.
이런 독보적인 스타일은 세계적인 디자이너를 주력으로 형성되며 현재, 미노티를 이끌어가고 있는 구심점이 되고 있다.
최근에 출시된 아래의 '뱅글(Bangle)' 커피 테이블이 그러하다,
모든 인테리어 디자인 프로젝트에서 진정한 놀라움의 요소로 눈에 띄는 모든 특성을 갖추고 있다. 하이 쥬얼리의 세계에서 영감을 받은 뱅글은 여성들의 클래식하면서도 견고한 브레이슬릿과 유사하다 팔찌에서 모티브를 따온 핀 덕분에 핀이 있는

minotti

표면의 치수에 따라 열리는 각도를 결정한다.

보석을 연상시키는 내부 표면의 고급광택으로 처리 되었다.

라이트 골드 알루미늄 시트와 외부의 카페 컬러가 무광의 연마로 처리된

래커 효과로 대비되는 고급스런 마감이다.

그렇게 라이트 골드 끝부분의 디테일과 함께 정교한 대비를 표출한다.

모서리가 섬세하게 계산된 광택마감으로 원형, 정사각형 및 직사각형 형태가 있다.

브론즈 유리의 우아한 상단을 통해 베이스 모양과 시크한 일체감이

럭셔리 디자인의 정수를 보여주고 있다.

마치 묵직한 와인의 풀 바디감을 디자인으로 표현한 듯하다.

미니멀한 소파에 이 볼드한 커피 테이블 하나면,

더는 다른 것을 공간에 허락하지 않을 것만 같은 충분한 존재감이 도르도니 다운 디자인이다.

로돌포 도르도니는 가구 디자인뿐 아니라 조명 디자인 등 다양한 작업을 통해

그의 감각을 잘 보여주고 있다.

수년 동안 이탈리아 조명의 역사를 함께하는 아르테미드(Artemide),

폰타나 아르떼(Fontana Arte)와 포스카리니(Foscarini)등의 회사와도 함께 일했다.

4. 피에르 리소니 (Piero Lissoni 1956~)

이탈리아 출생인 '피에로 리소니' 는 현재 이탈리아를 이끄는 가장 중요한 디자이너이자 건축가이다. 1986년 자신의 이름을 딴 '리소니 아소시아티(Lissoni Associati)' 스튜디오를 오픈하였다. 산업 디자인에서 인테리어 디자이너로 디자인 분야의 스펙트럼을 넓히며 쇼룸과 요트, 타일 디자인에 이르기까지 전 방위의 토털 디자이너로 활동하고 있다.
'모던(Modern), 심플(Simple), 럭셔리(Luxury)' 라는 3개의 키워드로
그의 디자인을 요약할 수 있다. 그는 이태리 디자인 가구의 자존심인 '카시나 (Cassina)' 와 그 그룹 '카펠리니(Capellini)' 와 플라스틱 재료로 만든 디자이너 가구 '카르텔(Kartell)' , '프리츠 한센(Fritz Hansen)' , '놀(Knoll)' , '리빙 디바니(Living Divani)' ,
뽀로(Porro)' 등 글로벌 명품가구 브랜드 등과 활발한 콜라보를 진행하고 있다.
이탈리아 조명으로 유명한 '플로스(Flos)' 등 세계 여러 브랜드와 손을 잡고
디자인을 추진 중이다. 이탈리아 건축회사인 보피(Boffi)에서
아트 디렉터 겸 디자이너로서 커리어를 쌓기 시작했으며,
국내에도 선보이고 있는 이탈리아 명품 주방 가구 '보피(Boffi)' 의 아트 디렉터를 맡았었다.

이미 알려진 '신라스테이(Silla Stay)' 는 국내에서 진행한 호텔 디자인 설계로 유명하다.
호텔의 등급을 떠나 고객들의 특별함을 느낄 수 있는 호텔을 만들기 위해 노력했다고 한다.
이런 신라스테이가 역삼점을 기점으로, 강남 한복판에 비즈니스 호텔을 선보였다.
협소한 공간이기에 단순하면서도 구성적이고 효율적으로 사용하기 위한 스마트 디자인 철학으로 심혈을 기울였다고 한다. 부산, 제주 등 현대적인 디자인의 5성급 수준인

비즈니스호텔이다. 고객의 라이프 스타일을 고려한 편안한 공간 배치로 고객들에게 인기가 높다. 단순함에 기반을 두는 그의 디자인은 두드러지게 드러나는 디자인의 정체성을 내세우지 않는다. 하지만 비례와 균형이 만드는 절대적인 아름다움과 탁월한 기능성은 리소니만이 이뤄낼 수 있는 전매특허다. 수많은 브랜드가 그와의 작업을 원하는 이유도 이 때문일 것이다. 이런 그에게 지대한 영향을 끼친 디자이너 한명이 있다.
이미 잘 알려진 덴마크의 건축가이자 모던 디자이너인 '아르네 야콥센(Arne Jacobsen)' 이라고 밝힌다. 야콥센의 미니멀하고 당대 특유의 모던함에 리소니의 가구 디자인의 절제된 라인에 영향을 받았으리라.

개인적으로 케미가 잘 맞는 이탈리아 디자이너의 한 사람이 리소니다.
'카시나' 에서 제작된 '투트(Toot) 소파' 는 뒤돌아 볼 정도로 잘생긴 근육맨이면서 거기에 시크한 매력까지 갖추었다. 최고급 가죽의 소울(soul) 등급이 주는 찰진 촉감과 디자인이 절묘하게 만나 찐 멋을 더한다. 기본을 지키는 고급스러움과 특유의 무게감으로 균형감을 지킨다. 오랜 시간 멋지게 함께 할 공간의 파트너처럼 모던한 감각이 지금도 너무나 세련되다.

cassina

질리지 않고 세월과 함께 나이들 수 있는 볼수록 매력적인 소파다.

게다가 모듈형의 실용성마저 갖춤으로써 공간의 맞춤 소파로 실물이 훨씬 더 멋지다.

리소니는 1995년에 ‘카시나(Cassina)’ 와 협업을 시작하였다.

특별히 그가 선보인 ‘로토르(Rotor)’ 테이블을 보면 나무를 다루는 능란함이 놀라울 정도라는 평가를 받는다. 이 기막힌 테이블은 다리가 종이를 접은 듯, 양 끝이 반대로 돌출되어있다.

상판은 여섯 개의 다른 무늬 결이 만나는 박판 구조로 되어있다.

사이즈가 2m 30cm에 육박하며 갈수록 좁아지는 형태의 디자인이다.

첫 만남에서 나무의 두께가 주는 무게감과 상판 나뭇결의 바리에이션의 그 고급적인

cassina

시크함이 유니크했다. 클라이언트를 꼭 만나게 해주고 싶은 사심이 생겼던 제품 디자인이다.

운 좋게도 별도의 다이닝 룸이 있는 두 현장에 인연이 닿았다. 두 곳 모두 빌라였다.

한 곳에서 테이블이 입고되는 날, 남편분이 정원을 거니시며

슬쩍 곁눈질로 보시더니, “잘생긴 테이블 하나 들어왔다” 라며 흡족해 하셨다. 고객의 공간에

여러가지가 잘 어울어져 더욱 빛날 것 같은, 스타일링에 사심을 품은 테이블 중 하나였다.

그런데 딱 맞춤 공간에 두니, 두둥실 알라딘 카펫을 탄 것처럼 보상받은 듯이

내내 기분이 좋았다.

그래서 더욱 기억에 남는 디자인 제품이다.

1988년부터 피에르 리소니가 또 다른 디자인을 총괄하고 독특한 스타일을

주도해 오고 있는 가구 브랜드가 있다. 바로 '리빙 디바니(Living Divani)' 다.

현재 아트 디렉터로서 끊임없이 관여하고, 새로운 형태를 찾는데 심혈을 기울인다고 한다.

새로운 생활 방식을 제안하고, 새로운 라이프 스타일을 지지하는 디자인 연구 과정을

실현한다. 아래 정사각형 모양으로 정의된 소파는 요즘 꾸준하게 모든 연령층에서 인기있는

모델이다. 착석감을 결정짓는 충전재가 주는 안락함과 컨템포러리한 멋이 느껴진다.

ivingdivani

세미 클래식 이던, 모던한 공간이던 컨셉에 구애받지 않는 절충적인 디자인이다.

색상 별로 가죽이 주는 공간의 기분과 분위가 다르다. 크기도 공간에 맞춤 선택이 가능하다.

이 리빙 디바니는 작은 안락의자, 테이블, 책장, 수납장, 카페트 등 공간에 필요한 미묘한

모양과 비율로 특징적인 보완 요소와 결합한다. 실내 또는 실외의 장식 시스템을 중심으로

완전한 생활환경을 점진적으로 만든다. 결국, 모든 환경에 적합한

디자인을 구현해 가고 있다고 정의 할 수 있겠다.

이상과 같이 피에르 리소니는 단순 명료한 형태안에서 가벼움에 도전한다.

거기에 효율성과 아름다움을 동시에 담는다. 그래서 기능을 뛰어넘어 인류를 위한

디자인을 추구하는 디자이너라고 평가 받고있다.

5. 파트르시아 우르퀴올라 (Patricia Urquiola 1961~)

스펜인 출신으로 건축과 디자인을 공부하였다.

밀라노 대학에서 이태리의 거장 아킬로 가스틸리오니 (Achille Castiglioni) 스승의 멘토링

아래 산업 디자인과를 졸업한 행운아였다.

그녀는 이탈리아 디자인에 매료되었다고 오래전에 밝혔다.

밀라노 기업들의 수공예적인 장인정신과 현대적인 산업 디자인의 기반을 갖추고 있는

시스템에 더욱 홀리게 된다. "디자이너에게 있어 이탈리아 기업과 일한다는 건 중요하다.

밀라노 국제가구 박람회만 보아도 '밀라노' 의 중요성을 알 수 있지 않은가!" 하던

그녀가 지금은 명실공히 밀라노의 퀸으로 등극했다.

전 세계에서 가장 많이 찾으며, 드물게 성공한 소위 잘나가는 여성 디자이너다.

1998년 이탈리아 가구 '모로소(Moroso)' 를 통해 데뷔했다.

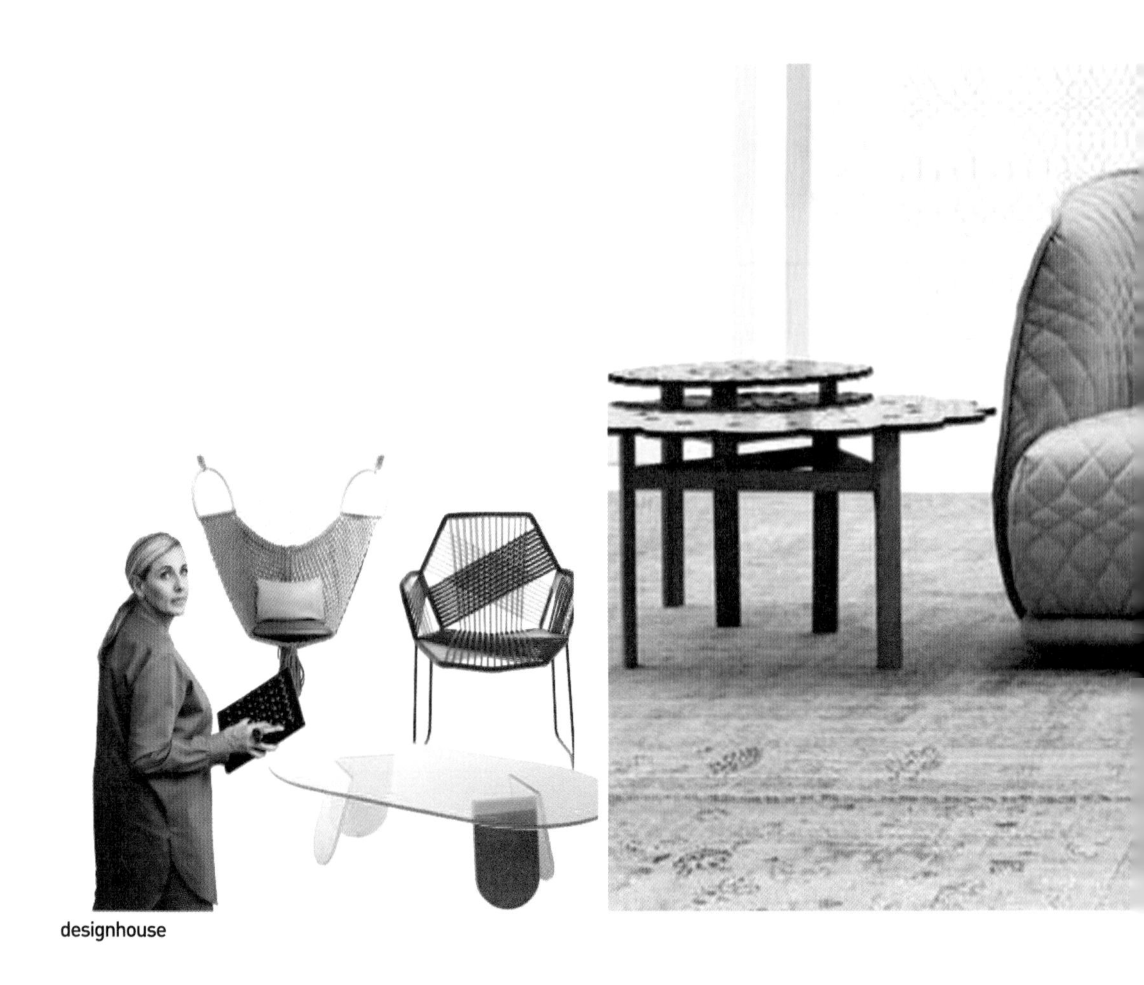
designhouse

그녀는 그 브랜드와 오랜 친분을 쌓았다. 이에 독보적인 컨셉의 모로소는 파트르시아 우르퀴올라 라는 공식의 정체성을 만들어냈다. 수공예적이고 전통적인 것에서 현대적인 것을 찾으며, 전통적인 패턴을 세련되게 해석하는 감각으로 유명하다. 섬세하고 풍부한 디테일과 심미적 기능을 잃지 않으면서도 실용성을 더한 디자인으로 정평이 나있다. 공예와 산업을 풍부한 미감으로 풀어내는데 탁월한 재주를 지니고 있다는 평가를 받는다. 그래서 유럽 유수의 가구 브랜드와 세계적인 명품 브랜드에서 줄지어 러브콜을 받는다. 전 세계 모든 산업을 망라해 전 방위로 가장 핫 한 화려한 행보로 열 일하는 디자이너다.

moroso

이미 쌓아둔 이탈리아의 인적 네트워크를 기반으로 2001년 우르퀴올라는 산업 제품 디자인, 건축, 아트 디렉션 및 공간 전략 컨설팅을 전문으로 하는 자신의 스튜디오를 설립했다. 그녀는 "일상 속에서 아이디어를 찾는다. 프로젝트를 할 때마다 변치 않는 내 생각은 열린 마음으로 과거를 받아들이고 미래에 대해 새로운 제안을 하는 것이다" 라고 밝힌다. "나는 스타일을 좇거나 믿지 않으며, 프로젝트에 나의 정체성을 담으려 하기 보다 클라이언트와의 공감대나 그들이 표현하고자 하는 가치, 역사를 연구하는 데 집중한다" 고 본인의 디자인 철학을 피력한다. 수공예적이고 전통적인 것에서 모던함을 찾는 일이 그녀의 정체성이라고 말하고 있다. 이런 철학은 파트리시아 우르퀴올라 디자인의 출발이자 과정이다.

본인도 공예와 산업을 연결할 수 있는 디자이너라는 자부심과 함께 프로젝트에 대한 자기 존중이기도 하다. 그녀가 손잡고 콜라보한 회사들은 이탈리아 모던 가구 몰테니앤씨(Molteni & C), 이탈리아 가구의 자존심인 비엔비 이탈리아(B&B Italia)와 첫 작업을 한 드리아데(Driade)등이 대표격인 가구 브랜드다.
이뿐만 아니라 탁월한 카펫 디자인 작업을 해주는 씨씨 타피스(CC Tapis) 등, 루이뷔통, 알레시, 카르텔과 이탈리아 조명회사 플로스(Flos)와 포스카리니(Foscarini)와의 협업한다.

이탈리아 럭셔리 크리스탈 회사들과 이탈리아 주방 가구 보피(Boffi),
유리라는 두려움을 벗어나게 한 글라스 이탈리아(Glas Italia)아 등, 중요한 이탈리아 회사의 디자인 제품을 협업하였다. 패션과 패브릭, 타일 등 라이프 스타일에 관한 작업은 브랜드만 해도 일일이 열거하기도 벅찰 정도로 많다.
글로벌한 팔방미인인 그녀의 이름을 내세워 디자인 영향력을 펼치고자 줄 서 있다.
이렇게 다양하고 넘쳐나는 디자인을 소화하는 샘의 원천은 남편이 전적으로 재정을 맡아 관리하고 있기 때문이다. 덕분에 우르퀴올라는 자유로운 디자인 영감만을 위한 온전한 시간을 보낸다고 한다. 유럽과의 긴밀한 디자인 협력 관계의 유지 비결을 묻자, 그녀는 '공감' 이 가장 중요하다고 말한다. 소파 등 제품을 만들건, 호텔을 짓건 간에 본인의 아이디어는 모두 클라이언트에 대한 호기심에서 비롯 된다고 한다.
그들에게 주어진 경계를 함께 손잡고 넘어가야 한다고 말한다.

그녀의 놀라운 행보중 하나로서, 이탈리아 가구 카시나(Cassina)의 크리에이티브 디렉터로 2015년 부터 일하고 있다.
밀라노 쇼룸 레노베이션 작업을 통하여

카시나의 분위기가 더욱 역동적이며

풍부한 컬러감으로 전체적으로 젊어진

느낌이 들었다.

2016년 '젠더(Gender)' 라는 제품을

선보였다. 한 눈에도 어필되는

개성이 강한 디자인의 일인용 이지 체어다.

색상과 마감재의 조합 덕분에 중성적인

멋의 확실한 존재감이 있다. 몸을 감싸

나를 품을 듯한 큼직한 어깨의 안락감이

cassina

매력적인 일인용 디자인 체어다. 이 제품은 공간 중심의 거실보다는 코지한 코너에서

포컬 포인트 요소로 배치하는 것이 컬러의 존재감을 드러낼 것이다.

넓은 좌판과 유연하게 기울어지는 높은 등받이는 다재다능하고 매우 편안한 착석감을 준다.

다양한 색상의 가죽과 패브릭이 만나 장인의 솜씨와 정교하게 맞춤 제작된 품질이 결합하여

개성 넘치는 공간을 선사할 것이다.

개인적으로 좋아하는 또 다른 디자인은 몰테니 앤 씨의 '아스테리아스(Asterias)' 라는

너무나 매료된 라운드 테이블이 있다.

위의 테이블의 하부 디자인은 손으로 잘 빚은 만두처럼 조형적인 오브제다움과,

상판의 정교한 3D로 인쇄된 패널의 짜 맞춤이 더욱 절묘하다. 실제로 보면 정교하면서도

조각 같은 디자인의 매력에 계속 눈길이 꽂히며 바라보게 되는 디자인이다.

이 '아스테리아스' 는 멕시코의 산악 지역에서 자라는 선인장에서

이 멋진 이름을 따왔다고 한다.

우리의 주거 문화인 아파트엔

사실 라운드 식탁을 들이기엔

공간이 차지하는 면적이

부족하기도 하거니와,

molteni

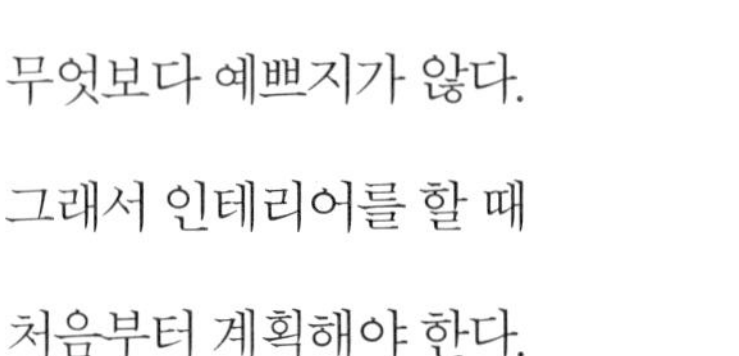

무엇보다 예쁘지가 않다.

그래서 인테리어를 할 때

처음부터 계획해야 한다.

넉넉한 다이닝 공간이 확보가 되어야 빛이 나는 찰떡같은 테이블이 연출된다.

그 이유로 다이닝 라운드 테이블은 지금까지 손가락에 꼽을 정도로만 진행되었다.

오벌(oval) 형태의 테이블은 그래도 운신의 폭이 좀 있는 편이다.

파트리시아 우르퀴올라는 현재 주요 대학에서 강의하고 있다.

전 세계의 저명한 박물관에서 그녀의 제품을 소장하고 있으며,

유명 디자인 갤러리에서 작품을 전시한다.

그녀의 조국인 스페인에서 당연히 예술 공로로 황금 메달을 수여 받았다.

국내에서도 우리에게 친숙한 신세계 백화점 강남점 9층 생활문화관을 레노베이션 하였다.

그로 인해 영업 매출이 급증하고 다른 백화점에도 영향을 미치게 되었다고 한다.

이후에 그녀의 러브콜은 현대백화점 무역센터점, 롯데백화점 에비뉴엘,

갤러리아 명품관 매장에도 이어지고 있다. 국내 가구업체 카사미아의 격을 높이는

고급 브랜드와도 계속 협업 중이다.

이젠 전 세계적으로 디자인 협업에 관한 모든 것을 순서 표를 받고 진행해야 할 만큼

성공한 여성 디자이너로서 우뚝 서 있다.

후배 디자이너들에게 롤 모델과 멘토로서 위상을 견인하고 있다.

6. 하이메 아욘 (Jaime Hayon 1976~)

현재 스페인을 대표하며 자국의 위상을 떨치는 간판급 스타 디자이너다.

하이메 아욘은 자타 공인 스페인과 세계 유수의 매체가 선정한 동시대의 가장 파급력 있는 크리에이터로 평가받고 있다. 2000년 아욘 스튜디오(Hayon Studio)를 설립하여 본격적으로 가구, 조명, 생활용품, 장난감, 인테리어, 패션 등의 디자인 영역에서 전 방위로 활동하며 센세이션을 일으켰다. 현재 BD 바르셀로나디자인(BD Barcelona Design), 프리츠 한센(Fritz Hansen), 앤트래디션(&Tradition), 마지스(Magis)와 같은 가구 회사뿐만 아니라. 호텔, 레스토랑, 일반 로드 숍 등 장르에 구애받지 않는 다양한 분야의 브랜드들과 협업하고 있다. 그의 작업을 한 번이라도 본 사람이라면 언제 어디서든

hayonstudio

그의 작업을 알아볼 수 있을 만큼 특별하다.
독특한 개성으로 비주얼 피싱에 낚이듯 기억되어진다.

밀라노 박람회 등에서 첨단 기술과 전통적인 수공예 작업을 조화시킨 다수의 작품을 전시하였다. 탁월한 예술성과 디자인의 경계를 와해시키는 주도적인 역할로서 새로운 트렌드를 창출하였다. 그는 공예의 철학과 전통을 유지하고 보존한다.
장인들과 함께 일하는 것 자체를 존중하고 즐기며 중시한다고 밝힌다. 수공예의 가치를 제품 디자인에 접목함으로써 전통 공예를 신기술과 결합한다. 현대 고전 문화에 대한 지극한 애정과 존중으로 재해석하는 혁신적인 디자이너로 인정받고 있다.
이로써 자신만의 일상적이지 않은 초현실적이고 독창적인 스토리를 재현해 내는 것이다.

2019년 11월 대림 미술관에서 하이메 아욘(Jaime Hayon) 전시가 열렸다.
좋은 신발을 신으면 좋은 곳으로 데려다 준다는 말처럼, 기대와 반가움이 있기에 한걸음에 달려갔다. 어른의 판타지 세계로 데려가는 확실하고도 다양한 코스가 준비되어 있었다.
이 전시의 제목은 '하이메 아욘, 숨겨진 일곱 가지 사연(Jaime Hayon: Serious Fun)' 이었다.
그의 디자인, 가구, 회화, 조각, 스케치부터 특별히 제작된 대형 설치 작업에 이르는 다양한 작품들이 대거 등장했다. 그의 숨겨진 작품의 스토리를 통해 세상을 더 흥미롭고 유머러스하게 바라보는 작가 특유의 시선을 보여주자는 기획 취지였다.
역시 자유로운 상상력을 여과 없이 그대로 보여주는 아욘의 디자인은 화려함 그 자체가 특징이다. 그의 스케치는 다른 제품 디자이너가 보여주는 반듯하게 제도화된 선보다는, 추상적인 예술가의 드로잉처럼 따뜻한 동심으로 이끄는 자유분방함이 있다. 어른들의 지나친 진지함과 경계심을 위트로 풀어주는 어덜트 (Adualt)적인 디자인이 유니크함을 준다.

마치 우리를 메리 포핀스에게 손 잡혀 어디론가 타지의 세계로 날아가 판타지 세상에 안착시킨 듯하다. 그렇게 공간의 코스를 따라 자유롭게 풀어 유영시킨다. 그의 유기적인 디자인은 스페인 하면 떠오르는 건축가 '가우디(Gaudi)의 영향임을 부인할 수 없다. 그러면서도 기능성을 잃지 않고 유쾌하게 변신할 수 있다는 걸 증명한다. 베네치아의 유리공예 전문 브랜드 나손 모레티와 함께 실험적인 아이디어와 기하학적 형태의 새로운 소재에 도전하였다. 이탈리아의 세라믹 브랜드 보사(Bosa)의 장인 트라팔가의 체스 경기 작업들은 현실과 가상을 넘나드는 아욘의 판타지를 집약적으로 보여준다.

hayonstudio

하이메 아욘 전시회

그리고 5점의 페인팅 시리즈 '메디테리언 디지털 바로크(Mediterranean Digital Baroque)' 는 하이메 아욘의 디자인 곳곳에 드러나는 정신세계의 확장성을 드로잉을 통해 보여주고 있다. 아욘은 이미 세계적인 팬덤이 형성되어 있다. 여느 디자이너들이 제품을 잘 만들고자 고심한다면, 그는 사람들에게 어떤 깜짝 선물을 해줄까 고민하는 사람이다.
늘 그가 강조하듯이 "전통과 현대를 섞는 일을 중요하게 생각하며, 좋은 재료와 신기술이 합쳐지면 환상적인 오브제 공간이 된다. 이것이야말로 내 모든 프로젝트의 가장 중요한 혁신이다." 라고 본인 디자인의 정체성을 정의하고 있다.

이미 서울 외곽지역에 하이메 아욘이 공간 디자인을 맡은 문화, 예술 복합 공간인 '모카 가든' 을 오픈했다. 아욘만의 독창적인 시각으로 도심에 사는 사람들이 자연을 보다 가까이할 수 있도록 기획했다. 모카 가든은 아이들만을 위한 공간이 아니다.
어른들도 즐겁게 대화를 나눌 수 있는 곳이다.

noblesse

잠시라도 행복한 기분을 이 공간에서 느껴지도록 편안한 공간을 의도했다고 한다.

마치 원더랜드의 어른 동화 속으로 초대받은 듯 훈훈한 인간미가 넘친다.

동심의 DNA를 홀씨처럼 흩뿌려온 디자이너이기에 더욱 정감이 간다는 정리된 평이 떠오른다.

이어 서울에는 더 현대와 판교 현대점 'YPHAUS' 는

젊은 VIP를 위해 하이메 아욘의 유토피아가 펼쳐진다. 더욱 럭셔리해진 MZ세대를 위한

아지트 같은 놀이터로 이번에 국내에선 두 번째 협업이다.

● Stylist Point

- 지오 폰티(Gio Ponti)는 이탈리아 모던 디자인의 아버지이다.

 이탈리아의 20세기 건축을 확립하는 데 중요한 역할을 한 인물이다.

 산업 디자인 작품은 건축보다 더 많은 영향을 미쳤다는 평가를 받는다.

1928년에 창간한 잡지 '도무스(Domous)' 의 발행인이었다.

초경량의 '슈퍼레게라 의자(Superleggera chair)' 는 이탈리아 말로 매우 가벼운' 이란 뜻이다.

불과 1.7kg의 가볍지만 견고한 제품으로 경량 의자의 기원을 만들었다.

지오 폰티는 디자이너와 장인이 직접 운영하는 회사와 지역에 산재해 있는 중소기업 사이를

연결해 주는 '핫라인' 을 개설하였다. 수공예로 가능한 대량생산 라인을 구축했다.

그가 구현한 업적은 이후 이탈리아 모던 디자인의 선도 역할을 했다.

가구뿐만 아니라 디자인한 제품들은 현대 이탈리아의 상징이 되었다.

- 안토니오 치테리오 (Antonio Citterio)는 시대의 조류에 기울지 않는 모더니즘에 기반을 두었다.

군더더기 없이 완벽하고 세련된 디자인으로, 세계 가구 디자인의 트렌드를 이끌어 가는

독자적인 길을 개척하였다. 기능적이되 감성적이고 단순하면서도 세련된 치테리오의 디자인이

미니멀리즘 사조와 함께 주목받기 시작한다.

1973년부터 함께해온 비앤비 이탈리아와는 리빙 친화적 가구를 선보여 왔다.

구조적인 아름다움을 잘 드러내는 '찰스(Chales)' 소파는 치테리오가 언제나 자신의 대표작으로

뽑는 디자인이다. 플랙스폼과 비트라 그리고 카르텔과도 꾸준한 협업 중이다.

산업 디자인 최고권위 상인 '황금 콤파스(Compasso d Oro Award)' 상을 두 차례 수상하였다.

그의 작품은 뉴욕 MOMA와 파리의 퐁피두센터 등

세계 주요 미술관에 디자인이 영구 소장 되어있다.

- 로돌프 도르도니 (Rodolfo Dordoni)는 이탈리아와 전 세계에서 주택 프로젝트와 빌라,

산업 건물과 레스토랑 및 호텔등을 설계하고 있다. 가구 브랜드의 아트디렉션과

이미지 데코레이션을 담당했다. 몰테니, 카시나 등과 꾸준한 협업이 이어지고 있다.

고급 조명 브랜드 아르테미드와 모로소(Moroso)에서 제품 디자인, 쇼룸 및 전시회의 디자이너 및

이미지 컨설턴트로 일했다. 현재까지 이탈리아 모던 가구 디자인을 대표하는

미노티(Minotti) 의 아트디렉터로서 브랜드를 이끌고 있다.

훌륭한 이탈리아 장인 정신에 대한 강력한 메시지를 전 세계에 전달하는 데 기여하고 있다.

- 피에르 리소니 (Piero Lissoni) 는 현재 이탈리아를 이끄는 가장 중요한 디자이너이자 건축가이다.

산업 디자인에서 인테리어 디자이너로 디자인 분야의 스펙트럼을 넓히며 쇼룸과 요트,

타일 디자인에 이르기까지 전 방위의 토털 디자이너로 활동하고 있다.

그의 디자인은 '모던(Modern), 심플(Simple), 럭셔리(Luxury)' 라는 3개의 키워드로 요약 할 수 있다.

그는 이탈리아 디자인 가구의 자존심인 '카시나 (Cassina)' 와 그 그룹 '카펠리니(Capellini)',

플라스틱 재료로 만든 디자이너 가구' 카르텔(Kartell)', '프리츠 한센(Fritz Hansen)',

'놀(Knoll)', '뽀로(Porro)' 등 글로벌 명품가구 브랜드 등과 활발한 콜라보를 진행하고 있다.

또 다른 디자인을 총괄하는 가구 브랜드 '리빙 디바니(Living Divani)' 의

아트 디렉터를 유지하고 있다.

- 파트르시아 우르퀴올라 (Patricia Urquiola)는 명실 공이 밀라노의 퀸으로서

전 세계에서 가장 많이 찾는, 소위 잘나가는 성공한 여성 디자이너다.

1998년 이탈리아 가구 '모로소(Moroso)' 를 통해 데뷔했다.

독보적 컨셉의 모로소는 파트르시아 우르퀴올라 라는 공식의 정체성을 만들어냈다.

그녀는 수공예적이고 전통적인 것에서,

현대적인 것을 찾으며 전통적인 패턴을 세련되게 해석하는

감각으로 유명하다. 섬세하고 풍부한 디테일과 심미적 기능을 잃지 않으면서도

실용성을 더한 디자인뿐만 아니라,

공예와 산업을 풍부한 미감으로 풀어내는

탁월한 재주를 지니고 있다는 평가를 받는다.

- 하이메 아욘 (Jaime Hayon)은 자타 공인 세계 유수의 매체가 선정한 스페인
동시대의 가장 파급력 있는 크리에이터로 평가받고 있다.
BD 바르셀로나디자인(BD Barcelona Design), 프리츠 한센(Fritz Hansen), 앤트래디션(&Tradition),
마지스(Magis)와 같은 가구 회사뿐만 아니다. 호텔, 레스토랑, 일반 로드 숍 등 장르에 구애받지 않는
다양한 분야의 브랜드들과 협업하고 있다. "전통과 현대를 섞는 일을 중요하게 생각하며,
좋은 재료와 신기술이 합쳐지면 환상적인 오브제와 공간이 된다.
이것이야말로 내 모든 프로젝트의 가장 중요한 혁신이다". 라고
본인 디자인의 정체성을 정의하고 있다.

- 서유럽(프랑스) 4 인 디자이너, 다른 방식으로 보기

7. 르코르뷔지에 (Le Corbusier 1887-1965)

건축은 모르더라도 한 번쯤 들어봤음직한 그 멋진 이름 '르코르뷔지에' 는
1887년 스위스에서 출생하였다, 20세기 모더니즘 건축의 위대한 거장이며 도시계획과
현대 건축디자인의 이론적 연구의 선구자다.
스위스 명품시계 직인의 아들로 태어나 샤를 에두아르 잔느레(Charles Edouard Jeanneret)라는
본명을 고쳐 개명했다. 1917년 프랑스로 이주하여 아틀리에를 오픈하였다.
건축 및 도시계획의 설계를 시작으로 50여 년 동안 다양한 건축 프로젝트를 진행하였다.
당대에 가장 영향력 있었던 건축가였다. 1923년 현대건축의 선언서라고 할 수 있는
〈건축을 향하여〉라는 책을 발간하여, 지금까지 건축학도의 필독서로 불린다.
그가 프랑스에 귀화하여 건축으로 보여준 세계적인 영향력과 삶에 경의를 표하며

1965년 국빈장으로 그를 애도하였다.

2016년 예술의 전당에서 '현대건축의 아버지 르코르뷔지에 展시' 가 열린다기에
한걸음에 달려갔었다. 전 생애에 걸친 그림에 뛰어난 재능을 보여준 그의 작품을 한 곳에
모아 볼 수 있다는 기대감에서였다. 그의 삶에 관한 책을 여러 편 읽은 경험으론,
역시 건축에만 집중된 내용이어서 그림은 그저 거들뿐 이었다.
그러나 이 전시는 전적으로 그의 그림을 새로운 관점의 화가로서 당당히 초점을 맞추어
보여주는 전시이기에 기대가 컸었다. 많이 놀라웠던 점은, 솔로 전시회라 불리어도
손색없을 만큼 엄청난 양의 회화 작품들로 그림 한 점 한 점의 완성도가 매우 높아 보였다.
피카소의 친구답게 비구상적인 추상화와 브라크, 레제를 연상시키는 채도 낮은
아름다운 색채감의 파노라마였다. 보는 내내 건축과 회화를 하나로 연결한
완성도 높은 그림과 '백문이 불 여 일 컷' 이라는 사실을 확인했다.
이토록 간결한 선과 장식적 요소가 배제된 순수주의의 군더더기 없는 회화가 건축으로
지금도 빛나고 있는 것이 아닐까라는 생각을 했다.

그는 전쟁으로 인해 파괴된 도시와 새로운 산업사회에서 수백만명의 서민에게
저렴한 비용으로 삶의 보금자리와 공간을 제공하기 위한 노력을 기울였다.
현대도시 계획안과 함께 철근 콘크리트 구조물 형태의 대규모 공동주택(아파트) 모델을
제안했다. 그결과, 박스 형태인 근대 건축 양식 최초의 아파트라 불릴 수 있는 사회
임대주택은 가장 많이 모방 되었다. 위니테 다비타 시용(Unite d'habitation)은 지금의 주거
문화의 대부분을 차지하는 아파트의 원형이 되어. 작금의 미래를 이끈 위대한 건축가였다.
그는 화려한 "치장에만 몰두하던 당시의 건축 기조를 비판하였다. 건축의 기능적 본질에

대한 사유를 통하여, 건축의 목적은 사람을 감동하게 하는 데 있다" 라고 말했다.
지금도 너무나 공감이 되는 멋진 생각의 통찰이 아닐 수 없다. 그 전시 맨 끝 구역에서, 그가 마지막 삶을 보낸 지중해의 네 평짜리 오두막집(카바농) 공간을 '명상의 공간' 으로 의도, 기획하였다고 한다. 이탈리아 장인들이 꼬박 일 주일간 작업을 하여 고스란히 재현해 놓았다고 한다. 그 공간에 놓여 있을 가구에 대한 호기심에 눈이 반짝여졌다.

그 전시회에서, 그동안 논현동 본사 카시나 쇼룸에서나 볼 수 있었던 그의 'LC' 시리즈 제품 중 하나가 있었다. 단순한 스툴 박스 'LC 14 01(Tabouret Stool Cabanon)' 였다.

cassina

가운데 구멍을 내어 들기 쉽게 만들어져있다. 유독 궁금해 하던 이유는 심플한 박스의 용도였다. 실제 사용된 공간에서 보니, 개인의 살림집뿐만 아니라 어디에나 둘 수 있는 최소 주거 공간면적에 적용된 스툴 개념이라는 것을 알게 되었다.
그래서 아직도 회자 되는 유명한 그의 말이 떠올랐다. "집은 거주하기 위한 기계다" 라고 평하며, 가구를 "가정 설비" 로 부른 기능주의적 이유를 그 공간에서 확인할 수 있었다.
어찌 보면 너무나 평범해 보이기까지 한 미니멀한 박스였다.

그 최소의 공간에는 침대도 하나 뿐이어서 르코르뷔지에는 바닥에서 잤다고 한다.

그 거장이 아내와 검박한 생활했던 실제 공간을 보니 내가 사는 공간과 비교 되었다.

내려놓을 것들이 얼마나 많은지 스스로 부끄럽게 느껴지기도 했다.

르코르뷔지에의 수많은 건축 중 대표격인 '빌라 사보아(Villa Savoie) 는 알아야 할 주택이다.

cdn.kbmaeil

성숙한 모더니즘 건축을 알리는 '국제주의 양식(International Style)' 인 백색의 단순한 직선

형태를 사용한 근대 건축의 양식적 언어를 제시하는 건물로서의 전형적인 예라 할 수 있다.

만년에 선보인 그의 건축물에서 빼놓을 수 없는 수작은 1955년 완성된

그 유명한 '롱샹 예배당 (Notre-Dame-du-Haut at Ronchamp)' 이다. 신부님의 간곡한 요청으로

탄생된 인생 최대 역작으로 손꼽는다. 콘크리트와 강철을 이용한 새로운 건축양식이라는

'브루탈리즘(Brutalism)' 이 적용된 건축이었다. 용어는 어렵지만, 어느 건축가보다 뛰어나게

그 기술을 활용하여 그만의 새로운 건축 언어를 창조했다.

특히나 외양에서 보듯 "유기적이고 조각적인 형태는 기계미학에 의존하지 않는 예술에서 영감을 받았다" 라고 한다. 이러한 그의 건축을 살아있는 동안 직접 가서 그 경건함과 평화의 성지 순례지를 꼭 방문하리라는 굳은 결의를 해본다.

르코르뷔지에는 가구 디자인으로도 유명하다.

그 자신의 철자를 따서 'LC' 를 붙인 연작 이름으로 불린다.

사실 그의 사촌 '피에르 잔느레(Pierre Jeanneret)' 와 그 스튜디오에서 십년 간 근무했던 숨은 공신이자, 당대 여류디자이너인 '샬롯트 페리앙(Charlotte Perriand)' 과 공동으로 작업한 가구가 대부분이다. 원래 건축물의 내부를 구성할 가구를 직접 설계하면서부터 본격적으로 가구 디자인을 시작했다.

1964년에는 밀라노 '카시나(Cassina)' 가 그의 가구를 생산할 수 있는

cassina

cassina

전 세계 독점 계약을 따냈다. 특히 그의 가구 중 유명한 일화가 전해진다.

고인이 된 '스티브 잡스' 가 아이폰 프레젠테이션을 할 때였다.

스포트라이트가 떨어지는 스테이지 위에서 참석자를 기다리며 가만히 앉아 있는데,

무심한 듯 시크하면서도 모던한 그 블랙 의자에 관심이 쏠렸다.

수소문 끝에 알게 된 것이 'LC 2' 의 큰 모델인 'LC 3' 였다.

'그랜드 컴포트(Grand comfort)' 즉, 위대한 편안함이라는 부재가 붙은 일인 체어다.

스티브 잡스의 상징적인 암 체어가 됐다. 그 명성을 더해 오늘날까지도

많은 마니아들이 덕후몰이 중이다.

개인적으로 프랑스 누아르(Noir)가 연상되는 이유가 뭘까?

'누아르(Noir)' 는 검다(black)는 속뜻과 어울리듯,

블랙이 이 디자인과 가장 잘 맞아떨어진다.

지금은 LC 2의 가죽 컬러와 펠트로 된 패브릭, 금속 컬러를 취향에 맞게 선택해

주문할 수 있다. 무거움을 덜어내고, 경쾌하면서도 동생처럼 좀 더 젊어진 분위기를 준다.

cassina

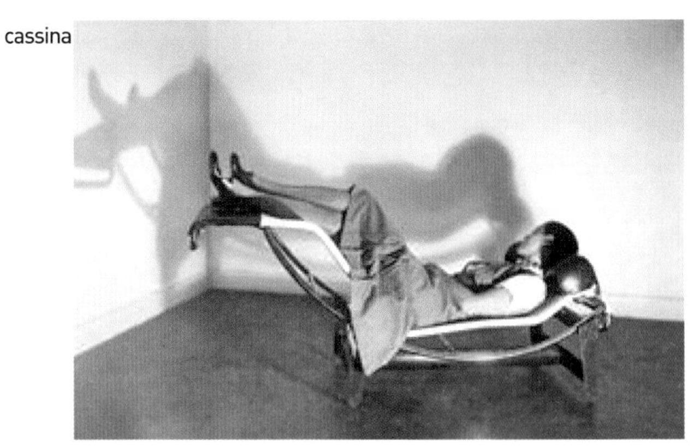

'LC 4 셰즈 롱' (The LC 4 Chaise longue + CP) 체어는

18세기 프랑스 소파의 우아한 곡선에서 영감을 받아 디자인되었다.

원래 토넷(Tonet)가구 회사에서 런칭 하였으나 지금의 카시나에서 'LC 4' 로 판매하기

시작하였다. 최근에서야 '샬롯트 페리앙(Charlotte Perriand)' 의 디자인 공로를 인정받아

'CP' 라는 이니셜이 추가되었다. 'LC 4' 는 그야말로 대화, 휴식, 수면 등에 적합한 의자이며,

모더니즘 가구의 상징이 되었다.

이 의자는 금속으로 된 이중 구조다. 인체의 구조나 움직임을 최대한 반영한다.

두 다리를 뻗고 누워서 휴식을 취하거나 낮잠을 잘 수 있는 '휴식 기계(Relaxing Machine)' 라는

별명으로 불리기도 한다. 그 당시에는 강철관과 매끈한 가죽 소재의 결합은
파격적이었다고 한다. 더욱이 정형외과 의사들이 척추에 무리가 가지 않는 인체 공학적인
최초의 형태라며 추천하였다고 해서 더 유명해졌다.
이 강렬한 디자인은 특히나 남성들에게 놀이기구처럼 인기 있는 디자인이기도 하다.
한 번 누워 체험하면 도저히 그 편안함의 유혹에 벗어날 수가 없기에,
고객들의 공간에도 가장 많이 제안하였다.
디자인도 멋지지만 그 기능까지도 사랑받는 롱런 가구임이 틀림없다.
이러한 의자는 간결하면서도 기능주의적인 원리에 의해 제작된 시대를 초월하는
스테디셀러이기도 하다.
"가구는 날렵하고 기능적이어야 하며 공간과 비율이 맞아야 한다." 간결한 선과
인체 공학적 디자인은 그의 철학에서 비롯된 산물이다.
"의자는 건축이고, 소파는 부르주아다." 라고 르코르뷔지에가 말했지만,
사실 그의 가구뿐만 아니라 조명도 개인적으로 소장하고픈 남성적인 느낌을 주는
디자인 조명이 많다. 공간에 힘을 주고 싶을때 눈여겨 봐두면 좋다.
지금까지도 'LC' 시리즈는 도도한 역사의 흐름에 방점을 찍으며,
유통기한 없는 마스터피스 디자이너 반열에 이름을 올렸다.

8. 장 프루베 (Jean Prouve 1901~)

장 프루베는 스틸 가구의 대가이다. 20세기 디자인 사에 가장 혁신적인 인물로
알루미늄 건축 및 조립식 가구의 선구자로 손꼽힌다. 예술가이며 금속 기술자이던
아버지의 영향으로 자연스레 철제 작업 수습생으로 일했다.

그 경험을 통해 금속을 접했으며, 1924년 독자적인 활동을 위해 '아틀리에 장 프루베' 자신의 이름을 건 공방을 열고 독립한다. 그가 만든 혁신적인 가구들이 선수가 선수를 알아보듯, 르코르뷔지에와 당대의 유명한 건축가들의 눈에 띄면서 세계적인 명성을 얻게 되었다.
특별히 그는 르코르뷔지에와 같은 사무실에서 가구를 담당하던
여류디자이너 '샬로트 페리앙' 과 그의 사촌 '피에르 잔느레' 같은 당대 최고의 건축가,
디자이너들과 함께 교류하며 작업하였다. 르코르뷔지에의 '위니테 다비타시옹' 의
내부 인테리어를 위한 모델하우스 가구를 제작하였다.

장 프루베는 50년대 목제가구가 주를 이루었던 북유럽 당대의 시대상에서,
금속을 가구에 이용하여 기술적, 구조적 혁신을 이끌어낸
실용주의 가구 디자인의 선구자였다.
그는 "만들어 낼 수 없는 디자인은 하지도 말라" 는 유명한 명언을 남겼다.
항상 디자인의 기능성과 장식을 배제한 단순성과 견고함, 제작의 평이성에 주안점을 두었다.
그는 스스로를 '건설가' 라고 칭하며 매우 독립적으로 활동하면서 제조회사를 찾기보다
자체 공방을 유지하였다. 이로써 디자인 제품 생산의 전 과정을 관리하는 대량시스템을
개발하여 대규모의 가구공장을 차린 진짜 디자이너였다.
장 프르베는 20세기 프랑스의 가장 위대한 디자인의 선구자였다.
직업이 건축가. 엔지니어, 제작자, 교육가이며 다방면의 전문가였던 그를,
르코르뷔지에는 "엔지니어와 건축가의 영혼을 모두 갖춘 사람" 이라 평가하였다.
산업 시기에 그가 만든 단순하면서도 우아한 가구들은 수공예적인 장인 정신과 기술,
미적 감각을 완벽하게 조화시켰다는 평가를 받는다.
대량생산 체제를 모두 갖춘 독보적인 성공은, 목재가 주류였던 시대에 과감히 금속을 택하여,

강철판을 포개어 접는 획기적인 기법을 도입했다.

제작에 드는 시간과 비용을 절감하여 대량생산

시스템의 개발에 주요한 역할을 했다.

그의 작품을 소장하는 마니아층이

전 세계적으로 분포, 형성되어 있다.

특히 유럽과 일본에서 높은 평가를 받고 있다.

사회적인 이슈에 관심이 많던 장 프루베는

학교나 지역사회와 관련된 작품을 유독 많이 남겼다.

프루베가 대학교를 위해 설계한 '학교 의자(School Chair)' 라는

애칭으로도 불리는 '스탠더드 체어(standard chair)' 가 많이알려져 있다.

그 이름처럼 오늘날에도 우리가 사용하는 일반적인 학교 의자 디자인의 효시다.

이 의자는 오래 앉아 있어도 허리에 무리가 가지 않는다고 한다.

1931년 낭시 대학을 시작으로 파리 시테(Cite) 대학과 대학 기숙사, 병원 등을 위한

가구를 연달아 제작하였다. '시테 암체어 (Cite Armchair)' 는 견고한 느낌을 주는

혁신적인 모더니즘의 안락의자로 주문이 쏟아졌다.

그가 만든 가구는 특별한 공간을 위한 독특한 가구가 아니다. 일상생활에서 소박한 소재로

기능적인 디자인을 선보였다. 1954년에는 낭시의 자택을 자신의 손으로 완성하면서

실내를 구성하는 가구와 조명 모두 공간구성을 위해 디자인하었다.

2009년에 서촌 대림 미술관에서 '장 프루베 회고전' 이 열려 다녀왔었다.

기억이 사실 가물거려 그때 모 잡지에서의 해설을 빌려야겠다.

전시장의 가장 큰 공간을 차지하는 프루베의

'〈6x6 Demountable House〉' 는

세계 2차 대전 이후 폭격으로 인해 폐허가 된

도시에서 전쟁 피해 주민들의 주거

문제를 해결하기 위해 고안한 조립식 주택이다.

가구부터 집까지 모든 것을 휴대할 수 있어야

한다는 프루베의 신념을 담았다고 한다.

그래서 운반과 조립, 해체가 쉽고 저비용으로

지을 수 있도록 설계되었다고 한다.

vitra

이 임시 가옥은 유목 건축의 발전에 중요한 역할을 했다. 이처럼 그는 사회에서

디자인의 역할이 무엇인지 분명하게 인지한 진정한 사회적 양심의 디자이너였다.

스타일리스트의 푸른 꿈을 안고 막 현장을 시작했을 때였다.

처음으로 만난 고객의 집에 이 장 프루베의 'EM 테이블' 이란 식탁을 제안했었다.

젊은 30대 중반으로 공주가 올망졸망 세 명이었다. 그때 제안한 실용적인 디자인으로

vitra

EM 테이블이 딱 떠올랐다.

그 다섯 가족을 위한 공간 구조와

스케일에 잘 맞아 다이닝 테이블로

제안했다.

고객 아파트는 40평형대 였는데,

주방 구조가 비교적 작은 편이었다.

대부분 수입 가구의 식탁 사이즈는

보통이 길이가 2m가 넘어간다.

폭 넓이가 보통 1m여서 일반적인 30평형 아파트 공간엔 조금 빡빡할 수 있다.

그런데 이 테이블은 넓이가 90cm라 안성맞춤이었다.

공간에 구애받지 않고 서재 책상으로도 혼용할 수 있다.

EM 테이블은 2m by 90cm 사이즈로 멀티테이블로도 활용도가 좋아 잘 쓰고 있다고 한다.

이 테이블의 하부 구조는 내가 본 어느 철제제품 디자인보다 특별히 아름답게 느껴지는

이유가 있다. 일반적으로 금속하면 딱딱하고 차겁다는 느낌을 먼저 받는다.

그런데 이 디자인의 하부 구조를 보고있자면, 금속 곡면이 주는 부드러움과

그 우아한 라인의 다리가 선입견을 녹인다. 게다가 견고함은 덤이다.

무엇보다 일단 필자가 그 디자인에 반하기도 해서 권하기도 했지만,

이 디자이너의 히스토리를 잔잔히 부연 설명해 주었다. 그랬더니, 고객이 "이 디자이너를

몰랐을 때도 디자인이 마음에 들었지만, 설명을 다 듣고 나서 보니 확실히 더 달라 보인다며

가치 있게 느껴진다는 것" 아닌가!. 필자 역시 이런 디자인 역사를 지닌 테이블에서

온 가족들이 즐거운 추억을 쌓을 것을 생각하니 더불어 행복해짐을 느꼈다.

그렇게 첫 디자이너 가구와 공간 페어링이 시작되었다.

개인적 사심의 또 하나의 가구로 '트라페즈(Trapeze)' 라는 테이블이 있다.

2m 23cm 72.5cm 사이즈다. 길이가 비교적 길어서 스타일리시한 오피스 테이블

또는 거실 창가 쪽, 어디에 두어도 공간을 엣지 있게 만드는 매력 넘치는 제품이다.

트라페즈는 '공중그네' 라는 뜻이란다.

이름에 값하는 하부 다리가 실제로 사다리꼴 디자인으로 되어있다.

각 부분의 각 이음새를 자세히 보면, 강판을 구부려서 만들어져 있다.

금속의 연금술인 불맛의 섬세한 손맛으로 다듬어진 조각처럼 맵시 있게 느껴지게 한다.

다리를 지지하는 원형으로 마감된 곡선 디자인 형태는 왕 사탕을 꾹 눌러 논 듯이,

사랑스럽기까지 하다. 상판 테이블의 테두리 마감도 돋보인다.

견고함의 하부 구조가 하나의 일체감 있는 작품처럼 멋지다.

상판은 고압 래미네이트로 제작되어 철재 다리와의 비율과 조화가

진심 매력적이라고 고백할 태세다.

프루베 디자인 중 가장 소장하고픈 아이템을 고른다면 주저 없이 트라페즈를 선택하겠다.

9. 필립 스탁 (Phillip Starck 1949-)

1949년 프랑스에서 태어난 필립 스탁은 항공사 엔지니어였던 아버지의 영향을 받았다.

어릴 때부터 기계와 공구 공작에 큰 재능을 보였다. 19세의 나이에 첫 번째 작업실을 차리며,

독학으로 디자인 인생을 개척하였다. 이후 파리의 유명 나이트클럽의 실내 장식을 해주며

기존의 공간과 확실히 차별화된 디자인으로 명성을 얻게 된다.

미테랑 대통령 재임 시 엘리제궁 안에 있는
개인 사저의 인테리어 디자인을 맡은 계기로,
가구 디자인계에 첫발을 들여놓았다.
1984년에 '리처드 3세'의 암 체어는 정면에서
보여주는 위풍당당한 권위를 고전에서 빌려왔다.
현대적인 단순한 라인으로 정리하였다.
뒷모습에서는 한 개의 다리로 지지하며
공간의 무게를 가볍게 줄였다.

m.blog

이 파격적인 반전의 디자인 시도로 스타 디자이너 반열에 오른다.
이후 다수의 유명한 건물의 인테리어를 맡으며 두각을 나타냈다.

1980년대 프랑스의 적절한 시기에 디자인계에 등장한 필립 스탁은 거대한 건축에서부터
호텔, 가구 디자인, 조명, 럭셔리 요트와 안경, 작은 칫솔에 이르기까지 장르 구분 없는
방대한 분야의 전 방위 산업 디자이너로 우뚝 선다. 1980년대부터 이미 필립 스탁 이름만으로
충분한 상품성과 미술적 조형성을 각 분야에서 공고히 인정받았다.
현재도 슈퍼 디자이너로서의 명성을 그대로 유지하고 있다.

1960년대 처음 플라스틱 가구를 선보인 '카르텔(Kartell)' 회사도, 사실 필립 스탁을 영입한 후,
그의 제품이 대중적 인기와 성공으로 이어져 세계적인 회사로 성장하는 발판이 되었다.
카르텔에서 가장 많이 판매되는 히트작은 ' 루이스 고스트 체어(Louis Ghoust Chair ')다.
폴리카보네이트 소재는 저렴한 비용으로 대중화와 현대적 디자인으로 재탄생시킨 공신이다.
세계에서 연간 5 만개가 판매되는 효자 제품이다. 이 의자는 루이 15세 신 고전주적 형태를

kartell

자기만의 시각으로 정리해 현대적 소재와 디자인으로 재해석하였다.
그의 다른 다수의 디자인이 질리지 않는 이유는 이런 밑바탕 본질에는 고전이라는 무기가
중심이되어 자리 잡고 있기 때문이다. 이 고스트 체어는 어떤 컨셉트을 지닌 공간이든
다 잘 어울린다. 무게감을 걷어내고 테이블이 클래식하거나,
모던해도 그 나름의 디자인적 요소로 분위기를 이끈다.

특별히. 카르텔 60주년을 맞이해 2009년 출시된 마스터스(Masters chair))' 체어가
중요한 이유가 있다. 자세히 뜯어보면 어딘지 봤던 낯익은 디자인이 문득 떠오른다.
여러 개 곡선이 유려하게 겹쳐지면서 다른 분위기의 디자인이 재탄생 되었다.
이 의자는 아르네 야콥슨(Arne Jacobsen)의 '세븐 체어' 와 에로 사리넨(Eero Sarinen)의
'튤립(Tulip)' 암 체어, 그리고 찰스 임스(Charles Eames)의 '에펠(Eiffel)' 의자들의
독특한 외곽선을 노련하게 등받이에 이식한 것이다.

kartell

이렇게 고전이 된 모델인 의자 디자인의 핵심 요소를 연관 지어
새로운 디자인으로 재탄생시켰다.
모두 1950년대에서 지금까지도 영향을 주는 현대 디자인 아이콘이라 할 수 있는
불멸의 디자인들이다. 이에 대한 영민한 필립 스탁의 경애의 오마주다.
스탁은 "서로 겹치고 엇갈린 역사적인 선들이 현대적인 인체에 가장 가까운 유기적인
디자인을 낳았다" 고 평가한다. 이젠 '루이 고스트' 체어의 판매율을 넘어서 전 세계의
또 하나의 스테디셀러로 등극했다고 한다. 역시 모든 디자인은 고전에서 답을 찾아야 한다.
소재를 뛰어넘는 다른 가치를 제시한 기념비적인 디자인 제품이라 할 수 있다.
이처럼 빛나는 디자인 경력과 그만의 독특하고 대담한 디자인 스타일의
표현 양식을 구축하고 있다.
카시나(Cassina)에서 선보인 '프리베(Prive)' 라인의 일인용 소파는 첨단기술 등 기능을 탑재했다.
공구 다루기에 능숙한 스탁은 사용자의 편의와 디자인적 요소를 결합하였다.

cassina

사이드 테이블과 일체형으로 높이가 위아래로 움직여 조정된다.

버튼다운 좌판의 고전적 디자인이 결합되어 컨셉에 구애 없이 매치해도 잘 어울린다.

어느 곳에서도 품위를 잃지 않는 디자인전달력으로 특유의 무게감을 준다. 일자형의 3인 소파도 제안하는데 편리함과 질리지 않는 디자인이라는 평을 받는다.

스탁은 현존하는 디자이너 가운데 인테리어는 유난히, 부티크 호텔 디자인 분야에서 가장 왕성한 작업을 진행 중이다. 세계 디자인계와 프랑스 인들에게 지대한 영향을 미치고 있으며, 이미 디자인 추종자들의 찬양해 마지않는 팬덤이 형성 된지 오래다. 필립 스탁은 60%는 디자인을, 40%는 건축을 통해 100%의 창작을 일구어낸다. 그는 "디자인이 인간의 생활에 활력과 즐거움을 줄 수 있도록 인간 중심적인 디자인을 추구한다. 디자인 철학이 항상 인간과 자연으로 부터 시작되어 결과적으로 광역의 세상에 도움이 되고자 한다". 라는 신념으로, 윤리적이며 생태학적인 사회적 디자이너의 방향성을 유지한다.

그 일련의 디자인으로 올해 출시한 '아델라 렉스(Adela Rex)' 를 소개 한다.

암체어 컬렉션은 회사 소유의 땅에서 수확한 천천히 자라나는 재조립 목재만을

andreuworld

사용하여 전체가 순수한 합판(Plywood)으로만 제조되었다.
피팅, 나사, 추가 재료 없이 퍼즐처럼 세 조각이 완벽하게 결합되어있다.
수줍은 듯한 여성적인 곡선과 세심한 디테일을 통해 시트와 등받이가 매끄럽게연동된다.
새 디자인을 의자 전문업체인 '엔드류 월드 (Andreu world)' 사에 생산을 맡겼다.
스탁 본인의 말을 빌리자면 "우리에게 필요한 것은 사랑할 수 있는 능력, 지능, 유머, 그리고 도덕뿐이다." 란 말에서 그의 모든 디자인의 크리에이티브한 정신을 함축시킨다.

10. 로낭 & 에르완 부홀렉(Ronan & Erwan Bouroullec) 형제

로낭 부홀렉 (1971~)과 에르완 부홀렉(1976~) 형제는 각각 파리의 미술학교에서 디자인을 전공하였다. 1997년 함께 작업한 이래 가구, 제품 디자인, 인테리어, 건축 등 다양한 영역에서 활동하며 영향력을 키워왔다. 이들은 서로가 가진 장점을 흡수하여 단순성, 독창성, 완전성을 담은, 제품이 아닌 작품을 선보이고자 노력한다.
1999년 파리에서 부홀렉 디자인 스튜디오(Bouroullec studio)를 공동으로 설립하였다.
여러 디자인 기관상을 휩쓸면서 성공적인 데뷔를 하였다.
현재까지 프랑스 산업 디자인을 넘어 세계적으로 활발한 산업 디자인을 이끌고 있다.
그들이 추구하는 디자인 철학은 일상생활 소품에서부터 오브제, 가구, 건축 프로젝트까지

디자인의 스펙트럼이 넓다.

공공미술의 크고 작은 다양한 작업도 진행한다. 그들만의 독창적인 제품을 '부홀렉 스타일' 로 만들어가고 있다. 앞서 소개된 필립 스탁은 스타성 있는 개성 강한 디자인 스타일을 선도하고 있었다. 그의 넘치는 디자인 제품 홍수에 식상해질 즈음, 1990년대 말 혜성같이 부홀렉 형제가 나타났다. 타고난 디자인 DNA로 장식성이 배제된 간결하면서도 프랑스적인 특유의 현대적 기품과 부드러운 우아함을 지닌 제품들이었다. 신선하다는 평가와 함께 뜨거운 찬사를 받는다.

그들의 디자인 영감은 항상 자연에 있었고, 이를 모던한 프렌치 시크(French chic)의 멋과 감성으로 간결하게 재해석했다. 이들이 생각하는 좋은 디자인이란 "자연과 공예, 그리고 재료와 생산 기술이 서로 교차 된 디자인이다." 라고 말하고 있다.

bouroullec

2008년에 발표된 나무가 자라는 모습을 3년간이나 연구해서 형상화한 의자가 '베지틀 블루밍 체어(Vegetal Blooming Chair)' 다. 시간이 흘러도 대표 격으로 설명하는 이유는 바로 '구축적인 오가니즘' 을 제시하기 때문이다. 100% 재활용 가능한 플라스틱을 사용하여 자연을 추구하는 의미있는 결과물로 일관된 그들의 철학과 성취가 잘 녹아있는 디자인이다. 부홀렉 형제는 "디자이너로서 우리는 새로운 구조와 새로운 구축적인 형태를 찾아냈다" 라고 말한다. 세계 유명한 리빙 브랜드들은 공간에 오브제 같은 작품 요소와 자연을 모티프로 한 혁신적이고 예술적인 디자인에 감명을 받았다. 부홀렉 형제와 협업하기 위한 랠리는 계속 이어가고 있다. 클래스가 다른 자체 발광 디자이너인 까닭이다.

프랑스의 백년이 넘은 가구회사 '리네로제(Ligne Roset)' 에서 조합형 유닛 파티션으로 '클라우드(Cloud)' 란 이름의 디자인 모듈을 출시했다. 구름에서 모티브를 얻어 모듈 방식의

덴마크 '디자인 뮤지엄'

파티션 또는 컨템퍼러리 설치작품으로 사용된다. 크기도 면적에 맞추어 확장성을 가진다. 레고같이 입체 퍼즐을 끼어 맞추어 규칙성을 거부한다.

유기적인 형태를 자유롭게 어느 공간에도 적용이 쉬운 유연한 오브제를 만들 수 있다.

덴마크 디자인 뮤지엄 카페 천장에도 설치되어 있다.

리네로제의 '쁠름(Ploum)' 이란 소파는 일명 뒹굴이 소파라 불러도 손색이 없다.

ligneroset

정말 그 폭신함이란 엄마 품처럼 아늑하게 느껴질 정도다. 거기에다 고밀도의 폴리우레탄 탄성이 주는 완벽한 편안함은 디자이너의 의도에 딱 부합된 결과물이다.

지금까지 여러 패브릭 버전의 다양한 컬러로 출시되고 있으며 이 회사의 효자 스태디셀러가 되어있다. 여러 현장 패밀리 룸이나 거실 또는 자녀 방에 작은 사이즈를 제안한다.

그 편안함에 대해선 고객들의 평가는 '만족' 이었을 만큼, 지금도 공간에 따라 두 종류의 사이즈가 있어 맞춤 제안을 하고 있다.

플라스틱 프리미엄 디자인 가구로 이미 유명한 '카르텔(Kartell)' 부터, 톡톡 튀는 디자인으로 알려져 있는 이탈리아 가구 브랜드 '마지스(Magis)', 그리고 전통을 현대적으로 재해석한 덴마크 리빙 브랜드 '헤이(Hey)' 와 핀란드를 대표하는 리빙 브랜드 '아르텍(Artek)' 등과 함께 활발한 행보를 이어갔다. 그들의 독창적인 디자인이 세계적인 트렌드가 되면서 글로벌 스타 형제 디자이너로 자리매김했다. 특히 오랜 역사를 지닌 스위스 디자인 가구회사 '비트라(Vitra)' 와의 다양한 디자인 협업은 부홀렉 형제의 디자인을 빼놓고 논할 수 없을 만큼

static.wixstatic news.samsung

제품 디자인이 다양하다.

용감한 형제인 로낭&에르완 부홀렉 형제 디자이너는 2016년 삼성과 협업했다.

바로 '세리프 TV' 다. 전 세계 리빙 피플의 TV를 가전이 아닌 가구로 바꿔" 놓았다는

사실을 이젠 대부분이 다 알고 있다. 그해 리빙 디자인 페어에서 먼저 선보인 세리프는

유럽에서 먼저 출시되었다.

국내에도 좋은 반응을 이끌며 부홀렉 디자인너의 이름을 각인시키며,

TV 가전의 가구화로 효시가 된 디자인이다. 이후 국내는 물론 해외 유명 인플루언서의

집피드에는 세리프 TV가 대거 등장했다. 꺼져 있을 때도 예쁘고, 어떤 공간과도 두루 잘

어울리는 무경계의 정갈한 디자인을 무기로 큰 주목을 받았다. 세리프 TV는 'TV도 가구처럼

인테리어 소품이 될 순 없을까?' 란 의문에서 시작됐다고 한다.

그답으로, 일상의 어떤 오브제(objet)와도 잘 어울리는 TV를 디자인하기 위해 노력했다고

밝혔다. TV 뒷면에는 덴마크 고급 패브릭 크바드라트(Kvadrat) 소재 커버를 적용했다.

TV를 어느 방향으로 놓아도 360도 아름다움을 유지할 수 있도록 디자인했다.

그리고 이 덴마크의 크바드라트 패브릭을 디자인하여 레디 메이드 커튼까지

국내에 판매하고 있어 경계 없는 디자인을 계속 선보이고 있다.

galeriekreo

static.vitra

특별히 개인적으로 부홀렉 형제의 아티스트로서의 면모가 유감없이 발휘된

드로잉 시리즈를 소개하고 싶다.

디자인 작업 과정에서의 일부 회화적인 재능이 드러나면서 직관적인 작품으로

인정받기 시작하였다. 2019년 프랑스와 영국 '크리오 갤러리(galertiekreo)' 에서

단독 개인 작품전을 열었다. 올해도 디자이너에서 작가로서의 꾸준한 활약은

내면의 보물찾기를 하듯하다. 다양한 재능을 유감없이 보여주며 우리를 설레게 하고 있다.

국내에서도 프린팅을 부담 없이 가볍게 구매할 수 있는 루트가 많아 더욱 반가운 마음이 든다.

● Stylist Point

- 르코르뷔지에 (Le Corbusier)는 20세기 모더니즘 건축의 위대한 거장이며,

  도시계획과 현대 건축디자인의 이론적 연구의 선구자다.

  근대 건축 양식 최초의 아파트라 불릴 수 있는 원형이 되는 주거 문화를 작금의 미래로 이끈 위대한

  건축가였다. 르코르뷔지에는 가구 디자인으로도 유명하다.

  그 자신의 철자를 따 'LC' 를 붙인 연작 이름으로 불린다.

  그의 사촌 '피에르 잔느레(Pierre Jeanneret)' 와 그 스튜디오에서 십 년간 근무했던 숨은 공신이자

  당대 여류디자이너인 '샬롯트 페리앙(Charlotte Perriand)' 과 공동으로 작업한 가구가 대부분이다.

  카시나의 스테디셀러가 된 스티브 잡스의 상징적인 암 체어로 명성을 더한다.

  'LC 3' 는 '그랜드 컴포트(Grand comfort)' 즉, 위대한 편안함이라는 부재가 붙었다.

  'LC 4 셰즈 롱' 라운지 체어는 대화, 휴식, 수면 등에 적합한 의자였으며,

  모더니즘 가구의 상징이 되었다.

  이 의자는 금속으로 된 이중구조로 인체의 구조나 움직임을 최대한 반영 하여

  '휴식 기계(Relaxing Machine)' 라는 별명으로 불리기도 한다.

- 장 프루베 (Jean Prouve 1901~)는 스틸 가구의 대가이다.

20세기 디자인 사에 가장 혁신적인 인물로 알루미늄 건축 및 조립식 가구의 선구자이다.

그는 르코르뷔지에와 당대의 유명한 건축가들의 눈에 띄면서 세계적인 명성을 얻게 되었다.

금속을 가구에 이용하여 기술적, 구조적 혁신을 이끌어낸 실용주의 가구 디자인의 선구자였다.

산업 시기에 그가 만든 단순하면서도 우아한 가구들은 수공예적인 장인 정신과 기술,

미적 감각을 완벽하게 조화시켰다는 평가를 받는다. 학교나 지역사회와 관련된 작품을

유독 많이 남겼다.특히 프루베의 아이콘인 '스탠더드 체어(standard chair)' 는

그 이름처럼 현재 우리가 사용하는 일반적인 학교 의자 디자인의 효시로도 유명하다.

그는 사회에서 디자인의 역할이 무엇인지 분명하게 인지한 진정한 사회적 디자이너였다.

- 필립 스탁 (Phillip Starck)은 1980년대 프랑스에서 적절한 시기에 디자인계에 등장하였다.

거대한 건축에서부터 호텔, 가구 디자인, 조명, 럭셔리 요트와 안경, 작은 칫솔에 이르기까지

장르 구분 없는 전 방위 산업 분야의 디자이너다. 스탁은 현존하는 디자이너 가운데

부티크 호텔 디자인 분야에서 가장 왕성한 작업을 진행 중이다.

세계 디자인계와 프랑스 인들에게 지대한 영향을 미치는 자타가 공인하는 독보적인

대중적 인기를 구가하고 있다.

1960년대 처음 플라스틱 가구를 선보인 '카르텔(Kartell)' 회사도 사실 필립 스탁을 영입 후

그의 제품이 대중적 인기와 성공으로 이어져, 세계적인 회사로 성장하는 발판이 되었다.

그는 인간 중심적인 디자인을 추구한다. 디자인 철학이 항상 인간과 자연으로부터 시작된다.

결과적으로 "광역의 세상에 도움이 되고자 한다" . 라는

신념으로 윤리적이며 생태학적인 사회적 디자이너의 방향성을 유지한다.

- 로낭 & 에르완 부홀렉(Ronan & Erwan Bouroullec) 형제의 디자인은 일상생활 소품에서부터

오브제, 가구, 건축 프로젝트까지 디자인의 스펙트럼을 넓힌다.

공공미술의 크고 작은 다양한 작업을 진행한다.그들만의 독창적인 제품을 '부홀렉 스타일' 로

만들어가고 있다. 장식성이 배제된 간결하면서도 프랑스적 특유의 현대적 기품과부드러운 우아함을 지닌 제품들로 그들의 디자인 영감은 항상 자연에 있었다.
이를 모던한 프렌치 시크(French chic)의 우아한 멋과 감성으로 간결하게 재해석했다.
프랑스 '리네로제(Ligne Roset)' 쁠름에서 '(Ploum)' 소파는 스테디셀러다.
삼성과의 협업으로 탄생한 세리프 TV로도 유명세를 탔으며, 아티스틱한 행보로 단독 개인 작품전을 열어 올해도 꾸준히 디자이너에서 작가로서의 활약도 기대가 된다.

- 북미, 남미의 인플루언서 2인

이번엔 북미를 대표하는 디자이너를 소개한다. 1945년 이후 산업 선진국인 미국을 중심으로 세계 디자인의 흐름을 주도한 그 중심 인물인 찰스앤레이 임스 부부가 있다.
2차 세계대전 전후로 미국을 풍미했던 디자인 경향인 '유기적 디자인 (Organic Design)' 의 역사를 쓴 디자이너 부부다.

11. 찰스&레이 임스 (Charles 1907~1978 & Ray Eames 1912~1988) 부부

미국 태생으로 20세기의 현대 디자인의 선구자로서 이 부부 디자이너를 빼놓고는 논 할 수 없다. 가장 혁신적이고 가장 영향력 있는 신 분야를 개척했다는 평가를 받기때문이다.
찰스 임스는 위싱턴 대학에서 건축학을 전공하였다. 1930년 자신의 사무소를 설립해 가구와 러그와 조각, 그림 등 수많은 제품을 다뤘다.
그 후 뉴욕의 '오가닉 디자인 설계 공모전' 에 성형합판 의자를 출품하여 대상을 받았다.
죽이 잘 맞은 핀란드 출신 대학 동기인 '에로 사리넨(Eero Saarinen)' 과 함께 '벤트 우드(Bent Wood)' 의 의자 위주로 디자인 하였다.

벤트 우드는 찰스 임스 체어를 저렴한 가격에 대중화하는 데 결정적인 역할을 한 기술이다.

생의 변곡점이 된 테크닉 이기도 하다. 한편 레이 임스는 회화 공부를 한 아티스트였다.

결혼 후 한평생 케미가 잘 맞는 동반자로서 혁신적이며 미학적인 아름다운 가구 디자인을

발표하였다. 기존의 가구업체가 시도하지 않았던

강화 플라스틱과 성형목재 기술을 적용한 것은 이후 임스 부부 디자인의 모태가 되었다.

이들 부부 공동으로 첫 선을 보인 의자는 'DCW(Dining Chair Wood)' 와

'LCW(Lounge Chair Wood)' 였다.

사용할 공간과 재료를 붙여 설명하는 줄임 명이다.

초기의 의자들은 나무 합판을 눌러 만든

성형합판으로 가공된 의자였다,

당시에는 굉장히 혁신적인 재료와 획기적인

기술이었다고 한다.

특히 'LCW' 는 삼차원으로 가공한 최초의 의자였다,

인체 공학적 곡선이 드러나는 유기적인 디자인이다.

1999년 '타임' 지가 선정한 세기의 의자로

hivemodern

선정되기도 했다. 이런 아름다운 형태는 조형감각이 뛰어난 레이의 공헌이 매우 컸다.

이후 두 사람이 이런 혁신적이고 참신한 다수의 가구를

디자인할 수 있었던 배경이 있다.

미국의 오피스 전문 회사인 '허먼 밀러(Herman Miller)' 사의 관심이 한몫을 했기 때문이다.

임스 부부의 가구 생산과 판매를 본격적으로 시작하여 세상에 빛을 보게 되었으며,

지금도 제조 판매되고 있다.

20세기 중반기의 가장 혁신적인 의자로
손꼽히는 'DAR(Dining Armchair Rod)' 은
1948년에 제작된 또 하나의 기념비적인
체어다. 현재 '에펠 체어(Effel Chair)' 의
시초가 된 디자인이다.
의자의 다리 모양이 에펠탑과 비슷하다고 하여
'에펠 체어' 라고도 불린다.
이 의자는 좌판과 등받이, 팔걸이 요소가
하나의 조형 속에 녹아있는 점이

당시 디자인 관점으론 혁명적이었다는 평가를 받는다. 1950년대에는 대량생산에 대한 지대한 관심이 있었다. 그 목적으로 한층 발전된 신소재로 개발된 강화유리 섬유를 사용하였다.
이 소재로 저렴하면서도 실용적인 대량생산이 가능한 의자들 만들었는데,
그 당시 미국 주부들 사이에 큰 인기를 끌었다고 한다.
이때부터 임스 부부는 플라스틱을 이용한 'DAR (Dining Armchair Rod)' 시리즈를
스틸 다리와 접목하여 다양하게 출시한다. 동시에 본격적인 대량생산 시스템을 갖춘다.

마치 전력을 재정비하듯, 대량생산 의자 사용 매뉴얼이 되었다,

이렇게 가볍고도 우아한 디자인으로 가구 대중화를 선도한다.

그 당시 신소재인 파이버글라스로 제작된 암 체어 시리즈는 대량으로 판매되었다.

임스 체어 하면 모두가 바로 알 수 있는 시그니처 디자인 체어의 대명사가 되었다.

1948년 제작된 '라 셰즈' 라는

제품은 작품이라 칭해야 할 정도다.

헨리 무어의 조각처럼 흐르는 듯한 형상은

사실 프랑스계 미국 조각가인

가스통 라셰즈(Gaston Lachaise)의

조각 작품에서 영감을 받았다.

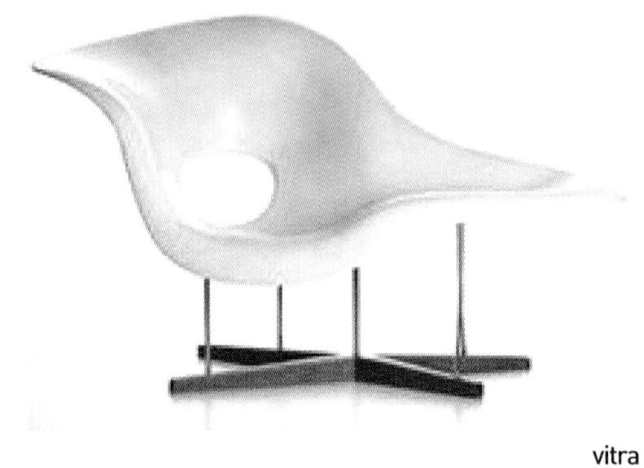
vitra

그래서 의자의 이름도

'라 셰즈(La Chaise)' 라고 지었다.

플라스틱으로 만든 곡선의 우아함으로 대표적인 오르가닉(Organic) 아이콘 의자 디자인으로

평가받는 작품이다. 라 셰즈는 생산하기 쉽고 저렴한 가구를 만들어야 한다는 찰스 임스는

디자인 철학에 위배되는 '작품' 이라고 평가받는 이유가 있다. 실제로 찰스 임스가

1948년 뉴욕현대미술관이 개최한 국제 저비용 가구 디자인공모전에 출품했다.

그 당시에는 제작비용과 방법이 실용적이고 합리적이지 못하다는 이유로 당선되지 못했다.

그러나 제작 과정이 너무 힘들었던 만큼 이 작품은 찰스 임스가 생전에 가장 좋아했던

작품이라고 한다. 아픔만큼 애정이 깃드는 모양이다.

1956년에는 남성을 타겟 층으로 묵직하면서도 세련된 '라운지 체어' 670(Lounge Chair 670)' 과

오트망(Ottoman)을 발표한다.

바로 임스 부부의 대표작이라고

할 수 있다. 베니어합판과 가죽으로

만든 회전의자를 허먼 밀러사에서

생산하게 된다.

원래는 친구인 영화제작자

빌리 와일더(Billy Wilder)에게

hivemodern

줄 선물로 1946년에 디자인 했던 의자였다.

절친인 에로 사리넨과 같이 만든 디자인으로 유명세를 치른 제품이다. 실제로 허먼밀러사는

현대적인 디자인을 상징하는 다른 제품들과 함께 670 라운지 체어를 판매하였다.

지금도 여전히 꾸준한 판매를 기록하고 있다. 그전에는 기술적인 문제로 1940년대에 개발된

특별한 프레스기계를 쓰고 나서야 대량생산에 들어갔던 것이라고 한다.

임스 부부는 미래지향적이고 팝아트적인 디자인에도

심취했다. 아이들 방에 하나 정도 있는

'Hanging it all' 옷걸이가 바로 임스 부부의

대표적인 팝아트적인 제품이다.

시중에 카피 제품이많이 나와 있을 만큼 벽면에

포인트를 주는 옷걸이로 많은사랑을 받고 있다.

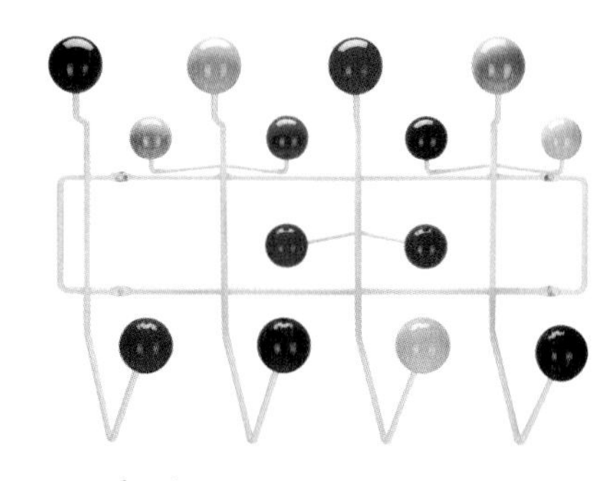

mg.maisonkorea

이렇게 명성을 얻은 임스 부부는 다양한 가구 디자인뿐 아니라, 대다수 건물과,

주택을 디자인하였다. 가장 성공적이며 영향력 있는 건축 작품이 본인들이 지은 주택이었다.

static.vitra

독특하고 참신한 그 시대의 표준이 된 제조사의 재료를 사용하였다.

독창적인 실험주택 사업의 하나로 설계된 '임즈 하우스' 는 지금도 이들의 삶과 공간 설계의 기념물로 보존되고 있다. 그들은 건축설계와 각종 건물 관련 멀티미디어 분야의 광고 디자인과 사진, 예술까지 전시를 기획했다.

슬하에 다섯의 자녀를 두어 장난감 디자인, 심지어 100편 이상의 단편영화까지 제작했다.

지금으로 말하자면 당 대의 핫한 부부 인플루언서였다.

그들은 개인 세계와 직업 세계 사이에 분리가 되지 않는 빛나는 실험정신으로 한평생을 보냈다. 레이 임스는 주로 예술적 측면인 형태와 창조성에 주력했고, 찰스 임스는 기술과 기능 같은 공학적인 면을 책임졌다. 그래서 창조적 기질을 마음껏 발휘 할 수 있었다고 한다.

이들 부부는 찰스 임스가 생을 마감할 때까지 서로에게 최고의 소울 메이트였다.

세상에서 코드가 가장 잘 맞아 의기투합한 파트너였다. 그렇게 아름다운 인생 동반자로 부부의 관계를 유지했다고 한다. 1978년에 남편이 먼저 세상을 떠나고, 십 년 뒤 1988년에 꼭 같은 날 8월 21일에 레이 임스도 세상을 떠난다.

미국 가구 디자인의 선구자가 돼 버린 임스 부부를 기념하고자, 1970년 미국 UPS로부터 임스 부부 기념우표가 발행되기도 했다. 이와같이 미국 디자인 시장을 황금기로 이끌며 가구 디자인의 역사에 한 획을 그었다. 동시에 당대에 같은 디자이너들에게도 혁혁한 영향을 끼치며 멋진 삶을 살다간 디자이너 부부다. 이처럼 임스 부부는 실용성과 심미성을 모두 갖춘 디자이너였다. 사람을 위한 대량생산 가구를 디자인한 모던 디자인 역사의 커다란 시대적 발자취를 남겼다.

"대체 누가 유쾌함이 기능적이지 않다고 말했는가?" 라는 질문을 우리에게 던지며 영원한 모범 답안으로 기억되는 살뜰한 디자인을 선물로 주고 떠났다.

- 어서 와! 이런 가구 처음이지

12. 페르난도 움베르토 앤 캄파나 (Fernando Humberto & Campana)

브라질이 배출된 남미를 대표하는 디자이너 중 가장 성공한 디자이너이자, 최고의 형제 아티스트다. 페르난도 (Fernando 1961~)와 움베르토(Humberto 1963~) 캄파나 형제는 법학과와 건축을 전공한 비전공자였다. 특유의 독창적인 감각으로 디자이너의 길을 걷게 되었다. 1983년 브라질의 상 파울로에 있는 차고를 개조하여 공동의 스튜디오를 오픈한다.

틀에 얽매이지 않는 자유로움과 일상적이고
기성화 된 재료들을 사용하였다.
가령 공산품이나 심지어 버려진 것들까지도
재활용하였다. 기존에 볼 수 없었던 독특하고
실험적이며 유니크한 작업들로
새로운 아트 퍼니처의 지평을 열었다.
1991년 제품 '파벨라(Favela)' 라는 체어는
보기에도 언뜻 의자가 주는 기능적인
요소가 아닌, 작품에 가까운 형태였다.

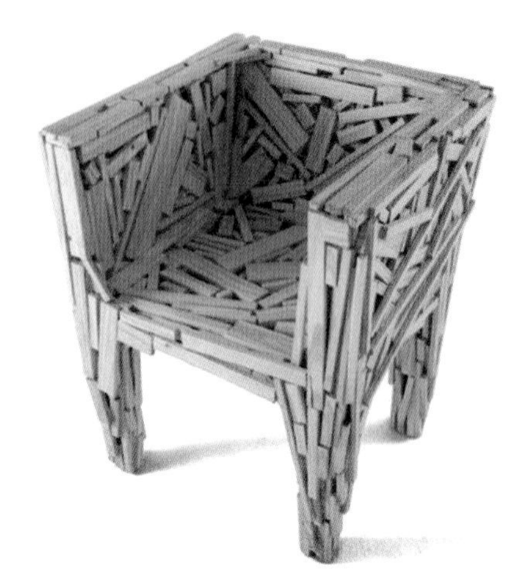
wright20

오히려 어떤 해체주의적인 상징과 기호를 품은 작품 같은 오브제로 제작된 것이 아닐까?
하는 의문을 품었었다. 역시, '파벨라' 는 상파울루 슬럼가의 판잣집에서 영감을 얻어
디자인 되었다고 한다. 이 의자는 버려진 나무 조각들로 만들어졌다.
재료가 형태보다 중요한 나무 조각은 인종 차별이나, 빈부격차 등을 상징한다고 한다.
브라질의 어두운 사회상을 품은 디자인이었다. 이 디자인으로 단번에 이목을 끌었다. 디자인계에서 지금껏 보지 못했던 의자만의 순수 기능과 관습을 벗어 던지며,
사회적 메시지로 디자인계에 출사표를 던진다. 기존에 가졌던 디자이너 체어의 정통성을
벗어난 그들만의 뛰어난 상력과 소재 그리고 디자인에 완성도를 더했다.

1993년에 상파울루의 전시에서 처음 선보인 '베르멜랴 체어(Vermelha Chair)' 도
기본 의자의 개념을 한 번 더 파괴한다.
혜성같이 등장해 적잖은 파장을 일으켰다. 많은 사람은 이 특이하고 개성 넘치는
의자를 예술품으로 여겼다. 디자이너는 이 의자의 상징성에 대해 강조하며

"인종과 문화의 거대한 용광로인 브라질의 초상"

이라고 밝히고 있다.

가구업체들은 이 디자인 의자를 실제로

제작할 수 있는지 반신반의했다고 한다.

실험적이고 독창성 있는 디자인을 모토로 하는

이탈리아 가구회사 에드라(Edra)가 제작을 맡았다.

이렇게 에드라와의 인연은 시작되었다.

보기에는 얼핏 실타래처럼 계획 없이 짠 듯 보이지만,

1stdibs

사실 치밀한 계산으로 제작된 의자였다.

의자 하나당 약 50시간의 작업을 통해 탄생 된 것이다. 거의 장인의 손길과 같은 이 의자는

고리가 여러 층을 이루며 겹쳐 엮은 것으로, 의외로 튼튼하며 편하다고 한다.

캄파냐 형제는 1998년 뉴욕 현대 미술관 MOMA에서의 '프로젝트(Progetto 66)' 66에서

의자의 독창성을 유감없이 과시하였다. 박람회 전시를 그들에게 할애할 정도로

그 가치를 인정받았다. 이렇게 캄파나 형제는 극단적인 시각화로 드러낸 아티스틱한

작품을 통해 사람들의 즉각적인 반응을 끌어내기도 했다. 이들의 작품은 필립 스탁이 출판하는

그 해의 디자인 작품에 선정되기도 했다.

독일 비트라(Vitra) 디자인 뮤지엄에서는 이런 국제적으로 높은 평가를 받아 입지를 다진

캄파냐 형제의 20년 디자인 역사를 회고하는 전시를 연바 있다.

형제 디자이너의 디자인 에너지는 이들이 나고 자란 브라질의 원대한 자연만큼

그 끝을 알 수 없을 정도로 무한하다. 그것은 적잖은 연륜이 갖는 내재 된 역동성의 생명력을

환기하는 힘에 있다. 한눈에 보기에도 직관적이고, 즉흥적인 느낌이 드는 디자인 제품들이 있긴하다. 그러나 캄파냐 형제의 작품은 남다른 유머러스한 위트와 우아함, 그리고 역사와 미래가 공존한다. 그들의 작품은 보는 이들이 한 번쯤 뒤돌아보고 더 생각하게 하는 그들만의 마력이 담겨있다. 유니크한 메시지가 함축되어 있기 때문이다. 이처럼 이 듀오 디자이너는 브라질 특유의 실험적이며 재치가 넘친다. 때로는 사회적 의미를 부여한 철학적 디자인의 정체성을 창조하였다. 이들은 이탈리아 가구 브랜드 에드라(Edra)를 떼어놓고는 설명할 수 없다. 서로 열정적인 협업을 통해 명성을 얻었다. 에드라도 상호적인 도움으로 그들만의 정체성을 각인시키는 역할을 하였다. 그래서인지 평범하지 않고, 독특하면서도 혁신적인 가구들로 주목을 받는다. 그만큼 에드라가 추구하는 개방적인 실험정신은 예술성을 한 단계 끌어올리는 기발함의 연작이었다.

루이뷔통의 '오브제 노마드 (Objets Nomades)' 컬렉션은 예술과 오브제 디자인 사이의 아트 퍼니처다. 디자이너의 면모를 유감없이 선보인 '봄보카 (Bomboca)' 소파는,

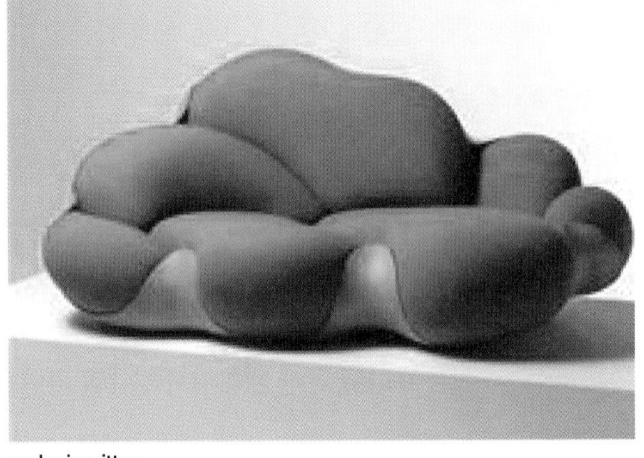

us.louisvuitton

브라질 전통 과자의 이름에서따왔다. 여태껏 보지 못했던 새로운 디자인을 선보이며
눈을 즐겁게 해준다. 부드러운 송아지 가죽으로 안감 처리된 우아한 곡선의
쉘 (Shell)에는 퍼즐처럼 꼭 맞는다. 단단한 가죽 커버 베이스에
8 개가 탈부착 되는 플러시 쿠션이 들어 있다. '봄보카 소파' 는 알록달록하고
둥근 모습을 한 '바다 사과(Sea Apple)' 에서 영감을 받아 제작한 것이라 한다.
추상 조각처럼 아름답고 구름처럼 편안한 오브제로서 손색이없는 유니크한 디자인이다.
이처럼 캄파나 형제의 실험적이며 독창적이고 철학적인 깊이의 디자인들은 지금까지의
이탈리아와 프랑스, 북유럽에선 찾아볼 수 없었다. 그들만의 강렬한 유전자를 각인시키며
창의적이고 독보적인 메시지를 담은 디자인의 힘을 여전히 과시하고 있다.

이상과 같이 한정된 지면을 통해 세계적인 디자이너를 다 알 순 없지만, 우리에게 던져주는
한 가지는 있다. 무엇이든 스타일이 본질을 앞서가면 불러 세우고 다시 저마다 삶의 질곡들을
길어 올리며 결과물로 과정을 증명한 전념의 여정이었다는 것이다.
이 점에서 우리도 삶의 공감 영역 대를 넓힐 수 있지 않을까 기대해 본다.

● Stylist Point

- 찰스 & 레이 임스 (Charles 1907~1978 & Ray Eames)는 20세기 미국 태생의 현대 디자인의 선구자다.
  가장 혁신적이고 영향력 있는 신 분야를 개척하였다. 이 부부 디자이너를 빼놓고 논할 수 없을 정도로
  미학적인 아름다운 가구 디자인을 발표하였다.
  공동으로 첫 선을 보인 의자는 'DCW(Dining Chair Wood)' 와 'LCW(Lounge Chair Wood)' 였다.
  초기의 의자들은 나무 합판을 눌러 만든 성형합판으로 가공된 의자였다.
  당시에는 굉장히 혁신적인 재료와 획기적인 기술이었다고 한다.

특히 'LCW' 는 삼차원으로 가공한 최초의 의자로 인체 공학적 곡선이 드러나는 유기적인 디자인이다.

1999년 '타임' 잡지에서 세기의 의자로 선정되기도 했다.

임스 부부는 플라스틱을 이용한 ' DAR (Dining Armchair Rod)' 시리즈를 스틸 다리와 접목하여

다양하게 출시한다. 동시에 본격적인 대량생산 시스템을 갖춘 의자의 사용 매뉴얼이 되었고,

가볍고도 우아한 디자인으로 가구 대중화를 선도하였다.

이처럼 임스 부부는 실용성과 심미성을 모두 지닌, 사람을 위한 대량생산 가구를 디자인하였다.

그결과 모던 디자인 역사의 커다란 시대적 발자취를 남겼다.

- 페르난도 움베르토 앤 캄파나 (Fernando Humberto & Campana)는 남미를 대표하는

디자이너 중 가장 성공한 디자이너이자 최고의 형제 아티스트다.

공동의 스튜디오를 기반으로 틀에 얽매이지 않는

자유로움과 일상적이고 기성화 된 재료를 사용하였다.

가령 공산품이나 심지어 버려진 것들까지도 재활용하여

기존에 볼 수 없었던 독특하고 유니크한 작업들로 새로운 아트퍼니쳐의 지평을 열었다.

브라질 특유의 실험적이며 재치 있고 때로는 사회적 의미를 부여

철학적 디자인의 정체성을 창조하였다.

이들은 이탈리아 가구 브랜드 '에드라(Edra)' 를 떼어놓고는

설명할 수 없는 열정적인 협업을 통해 명성을 얻었다.

캄파나 형제의 실험적이며 독창적이고 철학적인 깊이의 디자인들은

지금까지의 이탈리아와 프랑스, 북유럽에선 찾아볼 수 없었다.

그들만의 강렬한 유전자를 각인시키며,

창의적이고 독보적인 메시지를 담은 디자인 파워를 여전히 과시하고 있다.

지금까지 알아본 세계적인 국가 디자이너분들의 흐름을 한 눈에 들어오도록 정리해 보았다.

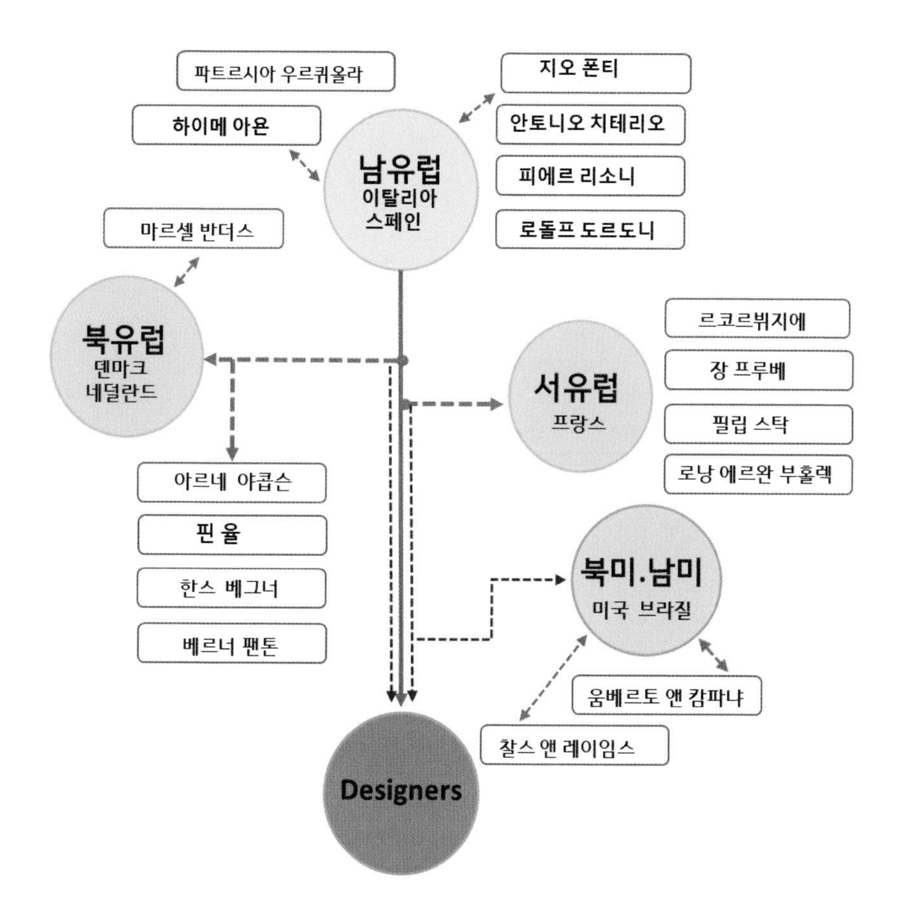

5. 디자이너 가구 어디서 만날까?

- 국내에 있는 해외 디자이너 가구 전시장

국내에서 정식 루트를 통해 수입된 명품가구는 논현동과 청담동을 중심으로 본사가 있다.

'플래그십 스토어(Flagship store)' 로 형성되어 있다.

"플래그십 스토어란 한 기업이 만든 여러 개의 브랜드를 한 곳에 모아 판매하는 매장이다.

최신 유행과 관련된 체험 기회를 받을 수 있다. 국내에서 정식 루트를 통해 수입된

오리지널 명품가구는 오랜 가구 거리의 역사를 자랑하는 논현동을 중심으로 시작되었다.

그 중심에 이탈리아와 프랑스 가구를 두루 섭렵하면서 청담동에도 포진해 있다.

이탈리아 가구와 북유럽 가구 더 나아가 남미 가구까지 볼 수 있다.

이런 국내 명품가구 시장은 현재 지형의 변동이 다수 생겼다.

서래 마을까지 영역이 넓혀졌으며 다른 지역으로 이어지고 있다.

지금까지 봐왔듯이, 여느 명품가구 브랜드에는 반드시 협업하는 간판급 디자이너가 있다.

그 디자이너들은 자신의 디자인 제품을 파트너 관계로 구현해 줄 회사가 필요하다.

회사는 유명 디자이너를 통해 브랜드 인지도와 매출을 높이는 것이 목적이다.

이렇게 서로 도움이 되면서, 나라마다 탁월한 회사의 시스템을 이용해 출시된

디자인 제품들이다. 그렇게 시간을 품어 유유히 현재까지 우리들 앞에서

자신의 존재감을 과시하고 있다.

그런 일련의 명품 브랜드들 가구는 먼저 논현동에는 이탈리아의 '카시나(Cassina' 와

몰테니앤씨(Molteni & c)가 있다.

두오모앤코(Duomo & Co)의 폴트로나 프라우(Poltrona Frau)와 디사모빌리(disamovili),

한국 가구, 플렉스 폼(Flexform), 에이스 에비뉴까지 전반적으로

이탈리아 가구와 프랑스 가구로 구분한다. 청담동에는 터줏대감인 인피니(Infini)에서

이탈리아 자존심인 B&B 이탈리아(B&B Italia)를 판매하고 있다.

미노티(Minotti), 비트라(Vitra), 자노타(Zanotta), 덴마크 가구 보컨셉(Boconcep),

에이스 에비뉴 분점이 있다. 남미 가구를 볼 수 있는 웰즈(Wellz)가 자리 잡고 있다.

1. 논현동

-카시나 (Cassina)

카시나는 단지 하이엔드 품질의 가구를 생산하는 게 아니라 전통과 현대를 이어가는 디자인 문화를 개척한 회사다. 카시나 컬렉션은 20세기를 빛낸 의자 디자인의 역사라 할 수 있다. 오랜 시간을 두고 사용할수록 그 가치가 올라감으로써 대를이어 물려주고 싶은 확실한 생명력이 있는 가구다. 1927년 세계 유수의 장인들을 불러 모아 가구회사를 설립하였다. 카시나는 1964년부터 르코르뷔지에(Le Corbusier)를 시작으로 샤롯트 페리앙(Charlotte Perriand), 프랑코 알비니(Franco Albini) 등 대가가 디자인한

국내 카시나 쇼룸

제품들을 '거장 마에스트리(I Maestri)' 컬렉션 시리즈에 대한 권리를 갖고 재생산하고 있다.
지오 폰티(Gio Ponti), 필립 스탁 (Phillip Starck)과 하이메 아욘(Jaime Hayon) 등
주목받는 디자이너의 제품을 '이 컨템포라니(I Contemporanei)' 로 나누어 출시하고 있다.
2016년부터 현재 파트르시아 우르퀴올라를 아트 디렉터로 영입해 현재 성공적으로
카시나를 이끌고 있다. '제품의 완벽성을 기하는 카시나는 디자인을 어떻게 기술적으로
구현할지 연구하고 개발한다. 여전히 A부터 Z까지 모두가 자체 생산한다.
2005년 이후 부터 폴트로나 프라우 (Poltrona Frau) 그룹의 패밀리가 되었다.
국내에서는' 크리에이티브 랩(CREATIVE LAB) '이라는 회사에서 2009년부터 카시나를
독점 판매하고 있다. 2000년도 부터 아르마니 까사(ARMANI CASA)를 국내에 론칭 하였고,
밀라노 빌리지 쇼룸에서 현재의 이름으로 회사명을 변경하였다.
이후 제품군을 보강하였다.
영국 최고급 호텔인 사보이 호텔을 위한 매트리스를 제작하는 사보아 침대(Savoir Bed)와
180년 된 영국의 가성비 좋은 솜너스(SOMNUS)등 매트리스를 라인업 하였다.
카시나를 독점 그룹인 실험적인 다른 라인의 디자인을 선보이는 '카펠리니(Cappellini)' 는
1946년에 설립되었다. 재스퍼 모리슨, 시로 구라마타, 마크 뉴슨, 톰 딕슨, 부훌렉 형제 등 많은
디자이너를 발굴해내 세계 디자이너들의 등용문이라고 불린다. 이탈리아의 가장 대중화된
명품가구 브랜드로 논현동 쇼룸에서 만날 수 있다. 이번 쇼룸 리뉴얼을 통해
다시 감각적인 밀라노의 감성 그대로를 재현 해 놓았다.

● Stylist Point

카시나는 디자이너가 한 분 한 분의 역사와 존재감으로 충분한 스토리 라인을 갖고 있다.
잘 알다시피 르코르뷔지에의 LC 시리즈나 필립 스탁등 이름만으로도 빛나는 어벤져스급

디자이너 라인을 알 수 있다. 각 디자이너 개별로 하나씩만 구매하여 공간에 들여도 충분한 존재감이 빛난다. 개인적으로는 요즘 파트르시아 우르퀴올라 디자인이 핫하다.

- 몰테니앤씨(Molteni & c)

몰테니는 이탈리아 가구의 상징이며, 가구 산업을 이야기할 때 빼놓을 수 없는 브랜드다.
몰테니가 축적한 풍부한 문화유산은 1935년에서 1970년 사이에 지오 폰티(Gio Ponti)가 디자인한 일련의 가구를 중심으로 한다. 새로운 헤리티지 컬렉션으로 대표된다.
몰테니의 가장 큰 장점은 시스템화된 모듈 가구 형식으로 고급스러우며 실용적이다.
이탈리아 장인 정신이 깃들어진 완벽한 마감이 특징이다.
이탈리아의 알도로시(Aldo Rossi)나 프랑스 장 누벨(Jean Nouvel), 영국의 노먼 포스터(Normon Foster) 등 거장과의 협업을 통해 큰 시선을 끌었다. 이와같이 오히려 건축가들이몰테니에게 의뢰하는 경우가 많다. 최고 건축가들이 몰테니를 찾는 이유는 간단하다.
그들의 독창적 아이디어를 제품으로 만들어낼 유일한 기술력을 가졌기 때문이다.
제품들은 실용적이고 튼튼하다.
거기에 완벽한 마감으로 아름답기까지 한 디자인 가구가 탄생되고 있다.

현재 몰테니앤씨는 중견그룹인 한샘이 이끄는 넥서스 플래그쉽 서울갤러리다.
인테리어 라이프 스타일을 제안하는 복합 프리미엄 문화 공간으로 발돋움하였다.
인테리어의 품격을 한 단계 높여 줄 수 있는 세계적인 브랜드들로 구성된 넥서스 플래그십이다. 이탈리아 몰테니(Molteni&C)와 명품부엌 가구의 대명사 다다(Dada)를 비롯해 이탈리아 수전 제시(Gessi), 이탈리아 조명 폰타나 아르테(Fontana Arte),

molteni

아웃 도어 케탈(Kettal) 등을 수입하여 판매한다. 패브릭에 관한 텍스타일 라인의 전문화된 시스템으로 감각적인 커튼과 베딩, 러그 등도 전문가에게 조화로운 맞춤 제안을 받을 수 있다. 이처럼 건축과 가구의 만남을 완벽히 구현한 논현 플래그십 스토어는 총 5개 층 규모의 감각적인 이탈리아 플래그십 스토어 매장을 그대로 느끼게 해주었다. 독창적인 디스플레이와 함께 세계적인 하이엔드 브랜드의 차별화된 리빙 트렌드를 주도하고 있다.

● Stylist Point

몰테니앤씨 가구는 원래 시스템 가구의 강자다. 워킹 클로젯에 대한 로망을 실현할 수 있다. 공간에 소파나 식탁 전체의 구성을 같이 가져가는 것이 세련된 통일감과 모던한 분위기를 주도할 수 있다. 일인용 라운지체어용 하나를 선택한다면 지오 폰티(Gio Ponti)의 디자인을 픽업하는 것도 다른 컨셉과 어우러지는 모던과 헤리티지를 다 갖는 현명한 선택이다. 로돌프 도르도니(Rodolfo Dordoni)는 전반적으로 요즘 트렌드답게 부드러운 곡선적 요소를 살린 개별적인 다양한 디자인 제품이 많다. 일인용 체어와 사이드 테이블, 다이닝 테이블등 등 제품 선택의 폭이 넓다는 점도 강점이다. 파트르시아 우르퀴올라(Patricia Urquiola)의 다이아몬드 식탁은 이제 스테디 셀러를 넘어 꾸준히 소재의 버전을 진화시키며 굳건한 매니아 팬 층이 있다.

- 두오모앤코(Duomo&Co)

두오모는 명실 공이 토털 리빙 업체다. 유럽의 수입 조명과 수입 욕실 제품인 타일, 바닥재를 소개하며 디자인 수입 가구의 외연을 넓혔다. 뉴욕에서 설립된 가구 브랜드 놀(Knoll)과 150년 된 역사의 워터 놀(Walter Knoll)을 먼저 진행하였다.
2019년 백 년 된 이탈리아 왕실 가구 공식 납품업체로서의 위상인

국내 두오모 쇼룸

'폴트로나 프라우(Poltrona Frau)' 를 패밀리로 영입하는 기염을 토했다.

심지어 일본 장인 가구 브랜드 리츠웰(Ritzwell)과

독일 명품 시스템 주방 가구 불탑(bulthaup)까지도 진용을 갖추고 있다.

두오모는 건축물 인테리어 전문 자재 및 디자인회사다. 최근 리모델링 및 인테리어에

대한 인식 향상으로 인해 제품들의 소비가 늘어나는 추세이다. 특히 가구, 조명, 욕실기기 등

모든 인테리어를 종합 판매하는 강점이 있다. 매년 제품 디자인 세미나와 문화 정보까지

원스탑으로 즐길 수 있어 타 업체와 차별화되어 있다. 이탈리아 모던 럭셔리 디자인 가구의

정수와 최고급을 지향하는 소비자들의 발길이 지속적으로 이어지고 있다.

● Stylist Point

워낙 수입 조명은 국내 입지가 굳혀져 있다.

가구 놀(Knoll)의 건축가 미스반 데어 로에(Mies van der Rohe)의

바르셀로나 (Barcelona) 체어와 마르셀 브루이어(Marcel Breuer)의 바실리(Wassily)체어는

이미 명성이 자자하다. 각별히 사심 있는 폴트로나의 '장마리 마소(Jean-Marie Massaud)'

디자인 라인은 꾸준한 인기의 스테디셀러다. 일인용 라운지 체어는 공간에 튀지 않으면서도 편안한

세련미가 일품이어서 지금까지 가장 많이 제안한 디자인 제품 중 하나다.

세계 최고의 가죽 브랜드답게 가죽 소재의 컬러 스펙트럼이 넓어 공간마다 맞춤 제안이 용이하다.

- 플렉스폼 (FlexForm)

국내 일반 가구 브랜드 생산회사인 '디자인 벤처스(Ddesign Ventures)' 사는

'플렉스폼(FlexForm)' 과의 독점 계약으로 국내에 브랜드를 공식 인수하였다.

원래는 개인 사업자 대표님이 오랫동안 청담동에서 진행하던 브랜드를 디자인 벤처스 회사가

flexform

인수하면서 논현동 매장에서 바톤을 이어간다. 1959년 갈림 베르티 삼 형제의 패밀리 비즈니스에서 시작되었다. 61년의 역사를 자랑하는 이탈리아 대표 프리미엄 가구 브랜드로 자리매김하고 있다. 잘 알려진 안토니오 치테리오(Antonio Citterio)가 아트 디렉터로 40년간 자리를 지키고 있다. 조 콜롬보(Jo Colombo) 등 세계적인 명성을 얻은 건축가들과의 협업으로 고급스러우면서도 소재와 착용감을 먼저 생각한 모던한 디자인 제품을 제안하고 있다.

'FlexForm' 은 "Flexible Form"의 줄인 말로, Flexible 유연함과 Form 형태의 합성어다. 모던하고 현대적인 스타일을 가미한 자연스러운 제품을 선보인다.
플렉스폼의 조화, 규율, 품격, 창의성을 강조한 가구는
이탈리아 디자인의 대명사로 등극하면서 과하지 않게,
우아한 고요함을 갖춘 라이프 스타일을 완성해준다.

● Stylist Point

우리나라 사람들은 소파는 가죽이라는 공식을 최근에서야 허물며, 패브릭에 대한 친화도를 보이기 시작하였다. 플랙스폼이 선보인 패브릭 소파는 몸을 감싸듯 그 자체의 편안함을 추구한다면 추천할 만하다. 세월과 같이 흐르는 형태가 갖는 자연스런 유연함을 즐기시기를 권한다.

-디사모빌리(disamovili)

1990년 창립 이래, 세계적인 유럽 명품가구를 소개해 온 디사모빌리는 국내 수입 가구 업계에서 탄탄한 정상 자리를 지켜오고 있다. 이탈리아의 폴리폼(Poliform), 최근에 야심차게 런칭한 모로소(Moroso), 프랑스의 리네 로제(Ligne Roset)를 비롯하여 독일 소파 에르뽀(erpo)와 이탈리아의 대중적 라인인 치에레(cierre),

디사모빌리 쇼룸

디사모빌리 쇼룸

북유럽산의 아티산(artisan)가구 등을 선보이고 있다. 이제 이탈리아의 하이엔드 가구의 자부심인 미노티 (Minotti)를 패밀리로 영입하여 최강의 라인을 정열한 국내 수입가구의 강자로 자리매김하고 있다.

리네 로제는 한 세기를 구가하는 프렌치 모던의 정수로 손꼽히는 가구다, 국내에서는 드문 프랑스 가구를 만날 수 있으며, 이탈리아 가구와 차별화된 컬러감과 디자인으로 정평이 나 있다. 세계적인 프랑스 리빙 브랜드로서도 위상을 갖추며, 미셀 폴랑(Michel Paulllang)의 헤리티지와 미셸 디카로(Michrl Ducaroy)의 '토고(Togo)는 일명 뒹굴 소파로 극강의 편안함을 준다. 그래서인지 리네 로제의 스테디셀러다.

에르메스의 아트 디렉터를 역임한 꼼꼼한 필립 니그로(Philippe Nigro)와 부홀렉 형제 중 형의 아내인 잉가 상페(Inga Sempe)의 디자인도 사랑스럽다.

잘 알려진 디자이너 파트르시아 우르퀴올라를 성공적인 데뷔로 이끈 모로소(Moroso)를 인수하였다.

이로써 막강한 라인업을 완성하였다.

모로소는 1952년 설립된 가구 브랜드로 이탈리아 가구회사 중 유일하게 여성 경영인이 운영하는 곳으로 유명하다.

섬세하고 여성적 감성이 돋보이는 유니크한 브랜드로 우르퀴올라 디자이너와 같이 성장한 회사라 해도 과언이 아니다.

독일 브랜드 에르뽀는 독일 특유의 묵직한 디자인의 리클라이너로 하이테크 기술이 결합되어있다. 기능과 디자인을 갖춘 지속적인 판매율을 기록하고 있다.

이탈리아의 중저가 브랜드 치에레 소파는 가성비가 좋아 꾸준히 소비자들의 편안한 선택을 받는다.

● Stylist Point

리네 로제는 프랑스적인 부드러움과 기품이 있다. 특히, 비비드한 컬러를 공간에 포인트로 두고 싶을 때 제안한다. 모로소 제품도 유니크하고 톡톡 튀는 디자인이 더해져서 개성을 느끼게 해준다. 컬러감과 하나하나가 신선한 재미를 주는 가구 배치가 가능하다.

거기에 디사모빌리는 주방가구와 매트리스 소품 조명등 리빙 제품을 한 곳에서 볼 수 있는 멀티숍으로서 제안할 수 있는 아이템이 넘친다. 금액별로 제안 할 디자인 가구 선택 폭이 넓다.

의자 디자인이 라인별로 갖춰져 있어 단독 의자들을 진행해야 할 때 가심비가 좋아 자주 방문한다.

- 한국 가구

1966년에 설립된 가구 수출 제조업체로 출발하였다. 논현동 가구시장의 터줏대감으로 역사를 일구어낸 유일하게 상장된 가구회사다.

현재는 프랑스의 하이엔드 프렌치 스타일 '로쉐 보부아(Roche Bobois)' 와 이탈리아 침대 명품 브랜드인 '플로우(flou)' , '카르텔(Kartell)' 을 론칭 하였다.

카르텔은(Kartell) 플라스틱 가구 브랜드 하면 떠오를 정도로 인지도가 높다.

roche-bobois

세계 최초로 플라스틱 가정용품과 가구를 제작한 역사를 자랑한다.

세계적인 디자이너의 인프라를 십분 활용하여 디자이너에게 재료적 한계를 뛰어넘는다.

다양한 디자인의 형태를 시도해 볼 수 있는 실험의 장으로서도 매력적인 브랜드다.

플라스틱 외 신소재의 연구개발로 기능적이며 실용적인 디자인이 매해 새롭게 출시된다.

국내에 정통 모던 스타일을 지향하는 프랑스 가구 '리네 로제(ligne Roset)' 와

더불어 국내 두 번째로 선보이는 프랑스 가구 '로쉐 보부아(Roche Bobois)다.

컨템포러리 스타일과 프렌치 클라식 라인의 다양한 버전으로 실용적이다.

트렌디한 화려한 컬러를 무기와 우아한 프렌치 스타일을 선보이고 있다.

"가구는 곧 삶의 예술이다" 는 이념으로 고객의 자유로운 라이프 스타일의 표현을 위한

디자인으로 다양한 스타일의 가구를 선보인다.

선택의 폭을 넓히기 위한 러그와 색다른 디자인 조명도 갖추고 있다.

마르셀 반더스와 장 누벨, 장 폴 고티에 등 간판급 디자이너들이 활약 중이다.

● Stylist Point

카르텔은 이젠 너무 친숙한 플라스틱 재료로 20세기의 디자인계 가구 혁명이라 할 만큼

전 세계적으로 사랑받은 디자이너들의 콜라보 집합체다. 이런 카르텔은 제품은 고객에게 제안하기에

제일 편안한 가격대와 디자인이 총망라 되어있다. 젊은 층에서도 명품가구라는 문턱을 넘기 쉽다.

로쉐 보부아 가구는 때론 가벼움과 기교가 어우러진 패셔너블함의 디자인적 요소가 공존한다.

요즘 뜨고 있는 맥시멀리즘에 부합되는 제품들이 많다. '스틱 (Stic)' 이라는 작은 칵테일

테이블 디자인은 대 중소의 세 가지 크기로 상판이 각기 다른 패턴의 장식성이 부각 되는

디자인 테이블이다. 공간에 모여 해체의 기능과 함께 실용적인 디자인에 패턴과 컬러의 믹스가

색다른 분위기를 기대할 수 있다.

noblesse

- 에이스 에비뉴

에이스 에비뉴는 국내 굴지의 침대회사인 에이스사가 운영하는 명품가구 전시장이다.

쇼핑은 물론, 가구 트렌드와 가구 문화를 선도하고 접할 수 있는

하이 퀄리티 컬쳐 & 트렌드 샵 이다.

예술 작품과도 같은 수입 가구를 유럽 현지 가격 그대로 만날 수 있다.

수입 가구의 가격 거품을 없애고자 에이스 에비뉴의 가격은 유로화로 표기되어 있다.

에이스의 명품라인인 이탈리아 최고 가죽의 자부심인 박스터(Baxter)' , 이탈리아의 모던함을

키치로한 '알플렉스(Aflex)' 와 장인의 수공예적 손길을 느낄 수 있는 '포라다 (Porada)' ,

친환경 자연 재료인 나무로 구성된 백 년된 '리바 1920 (Riva)'

그리고 노르웨이의 리클라이너 '스트레스리스(Stressless)' 등

명품가구 브랜드를 한 곳에서 만날 수 있는 하이퀄리티 멀티숍이다.

● Stylist Point

개인적으로 알플렉스사의 디자이너 '프랑코 알비니(Franco Albimi)' 가 디자인한 피오렌자(Fiorennza)' 일인용 체어 디자인을 추천하고 싶다. 모던 클랙식 디자인으로 가성비와 함께 공간을 격 있게 만들어준다. 걸출한 여류 디자이너 파올라 나보네(Paola Navone)가 이끈 박스터사의 디자인은 유니크한 모던 클래식이다. 물이 빠진 듯한 쉐비 쉬크(Shabby Chic)의 정수를 보여주었다. 2000년대 이후로는 다수의 유명 디자이너와 협업해 혁신적이고 자유로운 박스터 스타일을 구축하고 있다. "최신 트렌드를 예측하고 디자인 애호가가 열광할 만한 요소를 연구한다. 색채 마술사처럼 다채로운 색상의 조화를 꾀하는 것" 도 박스터의 매력이다. 무엇보다 문외한인 사람이 보기에도 고급진 가죽을 다루는 기술적 차별화와 가죽의 품질이 대를이어 물려주고 싶을 정도로 임팩트하게 전해진다. 가죽 특유의 럭셔리함과 보기 드문 다양한 컬러의 조화롭고 독창적인 디자인으로 시선을 충분히 사로잡는다. 그 외 백년 된 리바(Riva)도 다시 조용히 움직이기 시작한다. 포라다(Porada)' 는 한층 더 모던한 나무의 맛을 느끼게 해준다. 알플랙스(Aflex)는 언제 둘러봐도 매력적인 패브릭 제품이 많다.

2. 청담동

- 인피니(Infini)

1989년 설립된 인피니는 청담동의 시그니처 매장 건물로도 유명하다.
모던, 컨템퍼러리, 클래식 등 다양한 스타일의 하이엔드 가구를 선보이고 있는 청담동의 터줏대감이다. 하이엔드 럭셔리 리빙을 표방하며 건축, 가구, 공간디자인의 통일된 정수를 제안하고 있다. 2012년 전 세계 하이엔드 컨템퍼러리 리빙 디자인을 선도하는 '비앤비 이탈리아(B&B Italia)' 는 한국 독점 파트너가 되었다.
안토니오 치테리오가 아트 디렉터로서 활동하는 막살토(Maxalto)가 대표적인 브랜드다.

인피니 쇼룸

이제는 매우 세련된 재료를 결합하여 전통적인 스타일 양식으로 재작업한 이주세나(Azucena)와 프랑스 디자이너 크리스토퍼 델쿠르트(Christoph Delcourt)의 콜렉션을 모셨다. 크래프트맨십의 폭넓은 재료를 사용하여 오브제와 아트 사이의 간극을 좁힌 제품 라인을 보강하였다. 영국 왕실에서 사용하는 핸드메이드 프리미엄 침대 바이스프링(Vispring)도 오랜 제품군으로 국내에 소개하고 있다. 이젠 청담동의 명품가구 필수 코스가 된 인피니 매장은 디자이너 가구의 품격을 느끼는 것과 아울러 감각적이고 세련된 디스플레이로 스타일링을 배우기에 충분한 명소가 되어있다.

● Stylist Point

일본 무지의 아트 디렉터였던 '나오토 후카사와' 의 '그랜드 파필리오 (Grand Papilio)' 디자인 체어와 안토니오의 치테리오 (Antonio Citterio)의 미니멀한 디자인의 정수를 느낄 수 있는 지속적인 소파 제품들이 있다.

어느 곳에 두어도 그 테이블 상판의 나뭇결이 주는 유니크함이 매력적인

유칼립토 '알코르(ALCOR)' 테이블은 가장 많은 고객에게 제안된 원 픽 다이닝 테이블이다.

프랑스의 젊은 디자이너인 텔쿠르트의 제품은작품이라 제안 할 만큼

아트 크래프트적인 요소와 오브제 같은 존재감으로

공간에 신선함과 무게감을 동시에 느끼게 해주는 매력적인 제품군이다.

- 자노타 (Zanotta)

1954년에 설립된 자노타는 국내 한샘 계열에서 론칭한 컨셉이 다른 이탈리아 브랜드다.

역삼동에서 아템포 (a' Tempo)로 매장을 진행하다, 최근 청담동으로 둥지를 새롭게

국내 자노타 쇼룸

이전하면서 합류하였다. 이탈리아 산업 디자인 분야에서 인정받는 리더 중 하나로

1960년대부터 주로 북부 이탈리아에서 운영, 생산되며 기술적으로 가장 앞선 공급업체가

만든다고 한다. 의자, 테이블, 액세서리 및 다양한 가구 품목의 특정 모델에 대해

조립 및 마감 작업이 수행된다. 자노타 생산은 100% "Made in Italy"라는

자부심과 함께 이태리 디자인의 한 획을 긋는 '아킬리오 가스틸리오니(Achille Castiglioni)' 와

카를로 몰리노(Carlo Mollino) 등 당대 최고의 디자이너들과 협업하였다.

시대를 반영하는 아이코닉한 제품들을 만들어왔다.

그들의 디자인의 역사가 갖는 무게감을 내려놓고 제품만 보면 조형미와 기능성 두 가지

모두를 충족하는 경쾌한 제품들도 있다. 북유럽 디자인과도 잘 어울린다.

이탈리아라는 디자인이 주는 공감대도 생활 속 니즈를 재치 있고 아름다운 모습으로

담고 있다. 시간이 지나도 꾸준히 사랑받는 아이템으로 지속적인 가치를 인정받고 있다.

● Stylist Point

자노타의 심볼 의자는 뭐니 뭐니해도 가스틸리오니 형제가 만든 '메자드로(Mezzadro)' 스툴이다.

어디에 놓아도 악센트 기능을 하며 잠시 걸쳐 앉을 때 유용하다.

화이트 테이블에 블랙 모눈 줄이 처져 있는, '콰데르나(Quaderna)' 다이닝 테이블도

자노타의 유니크함과 감각적인 모던함의 아이콘이다. 평범한 공간을 순간,

비범하게 보이게 하는 착시적인 역할로 직선적 라인이 감각적이며 미니멀하다.

그 테이블에 어울리는 '엘립스(Elipse)' 다이닝 체어는 등받이 가운데에 원형 구멍이 뚫려있다.

위트를 더하며 레드 컬러와의 매치는 공간을 유쾌하고 신선하게 만들어주는 일등 공신이다.

이외 일인 체어들도 앉아보면 그 진가가 발휘되어 꼭 착석해보길 권한다.

- 웰즈 (Wellz)

청담동의 또 다른 시그니처 가구매장이다.

크레아라는 그룹이 총괄적인 디자인 브랜드를 이끌고 있다. 세계적으로 독특하고 유니크한 가구와 조명들뿐만 아니라 초창기엔 국내 가구 디자이너팀까지 제품 디자인에 참여했었다. 카펫과 시계며 액세서리까지 다양한 볼거리를 제공하는 원스톱 리빙 제품군을 갖춘 탄탄한 중견 매장이다. 대표적으로는 네덜란드 브랜드 '모오이 (Moooi)' 는 앞서 설명한 마르셀 반더스가 이끄는 디자인 회사다. 브랜드의 독점권으로 웰즈에서만 만나 볼 수 있다. 얼마 전 20주년을 맞은 '에드라(Edra)' 는 앉아서 '철학적인 대화를 나눈다' .라는 의미를 지니고 있다. 브랜드가 중요한 이유는 남미의 드문 형제 디자이너인 움베르토 깜파나(Fernando Humberto & Campana)의 제품을 유일하게 볼 수 있기 때문이다. 이탈리안 장인의 손끝에서 완성되는 예술품과 디자이너의 상상력이 결합한 독창적인 가구다.

wellz

작품성으로 아트 퍼니처의 새장을 열고 있다.

하이메 아욘(Jaime Hayon)의 바르셀로나(BD Barcelona Design) 가구와

이탈리아의 세라믹 브랜드 보사 (Bosa)의 리빙 오브제 제품도 만날 수 있다.

우리의 생활 전반 깊숙이 스며든 디자인이 유쾌하게 전시되어 있다.

● Stylist Point

에드라 제품인 프란체스코 빈파레(Francesco Binfare)가 디자인한 '스파토(Sfatto)' 라는

소파는 "단정치 못한, 흐트러진" 이란 뜻을 지니고 있다. 마치 일상 생활로 구겨진

패브릭 소재가 자연스러운 형태로 휴식을 취하고 싶은 욕구가 일어나는 제품이다.

사이즈가 3인용으로 나와 있어 공간에 제약이 적다.

- 보컨셉 (Boconcep)

60년된 덴마크 모던 디자인 가구 브랜드인 보컨셉은 원래 인테리어 디자인 회사로 출발하였다.

가구에서부터 디자인 러그까지 가성비 좋은 사이즈별 가격대와

다양한 계절별 액세서리 소품까지 구색을 갖춘 토털 인테리어 서비스를 경험할 수 있다.

관계자는 "자신의 삶을 즐기는 휘게 라이프가 인기를 얻으면서 덴마크 인테리어 가구를

찾는 고객들이 많아졌다" 고 설명한다. 합리적인 가격으로 가구의 소재, 디자인,

색상의 맞춤 개별화가 가능하다. 다이닝룸, 베드룸, 홈오피스 등 공간별 스튜디오로

구성되어 있다. 광고에서 자주 볼 수 있는 시그니처 아이템인

'이몰라 체어' 는 공간의 존재감과 함께 편안한 자세를 만들어 줄 수 있는 최적의

디자인을 품고 있다. 특히 이집트 출신의 디자이너 '카림 라시드(Karim Rasid)' 가 디자인한

boconcept

'오타와(Ottawa)' 다이닝 테이블 컬렉션은 젊은 층으로부터 폭넓은 인기를 구가하고 있다. 보컨셉의 가구는 오히려 제작기간이 타 국가에 비해 비교적 짧은 정도이다.

● Stylist Point

오타와 테이블은 익스텐션형으로 작은 공간에도 구애받지 않아 유용하다.

상황에 따라 확장하여 사용할 수 있어 젊은층으로부터 좋은 호응을 얻고 있다.

라운드 모서리 가 편안하며 심플한 다리 디자인과 잘 맞아 공간을 여유롭게 보이게 한다.

이몰라 체어는 사실 부피감이 커서 상공 간에서 보는 것보다 집에 두면 꽉 차 보일 수 있다.

착석감이 주는 편안함보다 실제 공간에 여유는 있는지,

다른 가구와 부딪치지 않는지 스케일을 잘 따져봐야 한다.

- 비트라 (Vitra)

비트라는 국제적으로 이름 값을하는 수많은 디자이너가 항구에 디자인의 닻을 내리는 곳이다. 비트라도 역사적인 맥락을 빼놓을 수 없는 세계적인 가구 브랜드다. 장 프루베(Jean Prouve), 베르너 팬톤(Verner Panton), 필립 스탁(Philippe Starck), 찰스 & 레이임스(Charles & Ray Eames) 등 디자이너들의 이름을 익히 앞에서 친절하게 설명해두었다. 다시 들어도 비트라의 위상을 쉬이 짐작할 수 있다.
이들의 가구가 꾸준히 애용되는 이유는 비트라가 추구하는 시대적 연속성인 지속가능성의 철학적 가치와 맞닿아 있기 때문이다. 가구에 조금이라도 관심이 있는 사람이라면 임스 부부의 라운지체어를 기억할 것이다. 비트라에서 1957년에 생산된 후 지금까지 스테디셀러로 판매되는 제품이다. 이들은 시계 디자이너로도 알려진 조지 넬슨(George Nelson) 같은

vitra

전설적인 디자이너의 제품을 생산하는데 만족하지 않고 시대를 거스르는 '불멸의 가구' 를 만들고자 한다. 그들은 형태와 품질, 등 모든 면에서 이에 부합되는 가구를 만들고자 심혈을 기울였다. 그래서 당대 최고의 디자이너들을 모셔와 디자이너에게 모든 재량권을 준다. 비트라의 제품은 나무, 가죽, 패브릭, 알루미늄, 플라스틱등 다양한 재료를 바탕으로 제작된다. 디자이너들의 고유한 개성을 지키며 한데 모으는 에디터의 역할로 비트라는 디자인팀을 별도로 채용하지 않는다. 대신 프로젝트에 따라 아웃소싱의 외부 디자이너와 콜라보의 활발한 행보를 중시한다. 시장 논리에 연연하지 않는 혁신적인 시스템을 기본으로 한다. 발칙한 유쾌함으로 신선한 가구들을 꾸준히 선보이며 비트라라는 그들만의 정체성을 이어가고 있다.

● Stylist Point

비트라에서 거장으론 미국계 일본인 조각가 '이사무 노구치와(Isamu Noguchi)' 를 거론하지 않을 수 없다. 그의 유기적인 형태의 커피 테이블(Coffee Table)과 조약돌의 부드러움에서 모티브를 따온 '자유형 소파(Freeform Sofa)' 는 비트라의 상징적 디자인 제품이다.

빛나는 두 산업 디자이너로는 영국 디자이너 '제스퍼 모리슨(Jasper Morrison)' 과 이탈리아의 '콘스타 그리치치(Konstantin Grcic)' 가 단연 돋보인다.

제스퍼 모리슨의 슈퍼 노멀의 아이코닉한 디자인은 롱런을 지키고 있다.

그리치치의 의자 제품 디자인도 눈여겨보면 기존과 다른 멋을 느낄 수 있다.

수 년 전만 해도 공간 벽면에 시계를 꼭 구비해야 할 때가 있었다.

가장 편하게 제안한 제품이 '조지 넬슨(George Nelson)' 의 다양한 시계 디자인이다.

지금은 다른 제품들이 많이 나와 있지만, 그 당시 가장 퀄리티와 무난한 디자인으로 선택된 제품들이었다. 조지 넬슨은 의자와 조명 디자인으로도 이미 친숙하게 알려져 있다.

■ 스타일리스트의 디자이너 가구 선택 시 후회 없는 조언 세 가지

1. 일단 끌리는 제품에 대한 관점을 자신에게 묻는다.

끌리는 가구의 기준이 무엇인지 먼저 살핀다.

디자인이 먼저 마음에 들어 선택하려는 것이라면

한눈에 혹해 너무 유행만을 존중하지는 않는지,

오래 같이 봐도 금방 질리지 않을지 다시 생각해본다.

그 외에 우리 집 공간에 부합되는 크기인지 머릿속에 놓일 공간을 그려본다.

소파나 의자라면 본인의 인체에 편안한지 착석감을 느껴보고 예산은 적당한지 묻는다.

기능성과 소재가 실용성에 부합되는지 쓸모의 선택을 고려한다.

가족 모두가 공유하게 되면 편안할 아이템인지도 반려자 고르듯,

전 방위적으로 기준을 들이대며 고른 가구라면 합격점을 주어도 좋다.

2. 역사를 품은 디자이너 가구를 선택한다.

가구 구매에도 연습이 필요하다.

디자이너 가구는 장거리 연애하듯이 시간을 갖고 자주보면서

자신의 관점과 안목을 높인다.

그 과정에서 역사까지 품은 것을 선택하면

고전이라는 무기가 주는 고유의 진가를 발견하게 된다.

그 진가는 한 시대에 통용된 디자인뿐만 아니라, 소재에 이르기까지

시대를 견딘 가치가 녹아있다.

이런 시간 속에서 검증된 제품은 견고한 평가 속에서 지속적이다.

유유히 흐르는 강물처럼 또 그렇게 우리 곁에 안정되게 흐를 것이다.
지금까지 봐왔듯이 디자이너 가구는 이렇다 할 유행이 없다.
조류에 따라 아이템이 주목받아 재조명될 뿐이다.
다만 금액이 다소 부담스럽다고 느끼며, 같이 살아갈 동반자적인
시선으로 투자할 만한 가구를 고르면 된다.

3. 동고동락할 가구별 쓰임과 기한도 생각해본다.
아르네 야콥센의 말처럼 "가구는 필요성에 의해 디자인 됐듯이",
우리 공간에 친구처럼 필요를 느끼며 같이 살아갈 동반자적인 시선으로
투자할 만한 가구를 고르면 된다.
물론 나이대에 따른 가구 선택의 기간은 존재한다.
주거공간에 어떤 자신만의 기준이나 취향적 선택이 만나
공간에 활력을 부여하는 건 감각적이다.
오랜 유산처럼 선순환의 대물림이 가능한 가구를 선별하는
안목의 쓸모는 필요하다.
알랭 드 보통이 "뭔가 매력적인 것을 사랑하는 것이야말로
심리적인 건강성의 증표" 라고 〈행복한 건축〉에서 말한다.
아름다움에 대한 동경이야말로 생명력이 긴 헤리티지를
우리 공간으로 만드는 비결이다. 이제 가족 같은 가구를 맞아들이자.

Chapter 5

머물고 싶은 공간을 제안하다

1. 다시 가구를 읽는 시간

우리가 누리는 모든 일상에는 디자인적인 요소가 녹아있다.

이제 디자인은 의식하든 안 하든 계층 구분 없이 누구나 누리는 혜택이 되었다.

필자의 경험을 밝히자면, 그냥 일상 속에서 봐 왔던 디자이너 가구가 나의 취향을 발견하는 계기가 되었다. 그 가구들을 알아보니 각자의 시대를 풍미하며 한 획을 그으며 만들어졌다.

이런 디자이너 가구들이 우리 공간에 어디까지 스며들었는지 궁금했다.

그들의 우여곡절 과정의 긴이야기와 메시지를 전하고 싶었다.

그들은 스타일보다 인간 세상에 변하지 않은 본질을 앞세웠다.

그들도 우리처럼 낙심하거나, 치열했을 삶의 중심에서 결과물을 길어 올린 보통 사람인 까닭이다. 역사 속 디자이너가 현재까지 이어지는 그 작은 감동을 이 책을 통해 조금이나마 공유하고 싶었다.

인생이란 바다에 파도가 없길 바랄 수 없다. 살다 보면 삶이 마치 영화의 한 정지 장면처럼 멈춘 듯한 시기가 누구에게나 있을 수 있다.

필자도 삶의 한가운데서 심리적 상실감과 삶의 변곡점(Break point)에 서 있었다.

그렇게 잠시 정지되듯 했다. 그때 '멈춤' 이라는 시간을 통해 숨을 참으며 뒤를 돌아볼 계기가 되었다. 돌이켜 보니, 마음의 커다란 한 자리가 휑하게 비어 있을 때 오히려 예상하지 못했던 일을 하게 되었다. 그 빈 마음을 메꾸어 줄 심리적인 노동과 나만의 감각을 펼칠 현장이 나를 기다리고 있을 줄 예상이나 했던가!.

누구에게나 삶에 전환점은 있기 마련이다.

오히려 반전으로 내 삶의 나아갈 방향과 의지도 희망과 함께 떠오르며 가구세계에 입문하게 된 계기가 되었다.

그렇게 가구는 내 삶에 크고 작은 균열을 통한 삶의 희로애락 곁에 서 있었다.
나를 품고 쉬게 하면서 때론 울 때 묵묵히 등을 토닥여 주던 절친 같았다.
김춘수 시인의 '꽃' 이라는 시(詩)처럼 가구가 기꺼이 내게로 와서 꽃이 되었다.
세계가 되어주었다. 그렇게 인생에서 찾은 힐링의 오아시스가 바로 가구였다.

장 누벨이라는 건축의 거장을 밀라노가구 페어에서 만난 것은 내겐 의미가 있었다.
세계적인 디자이너로서 가슴 벅찬 첫 대면이었기에 기억에 오래 남아있기도 했다.
다만 그때 그 시간, 그 공간에서 그분을 몰랐더라면 그저 스쳐 지나쳤을 것이다.
그러나 한눈에 척 알아볼 수 있었던 것은 그래도 가구 공부를 한 덕분이었다.
지금도 그때 첫 여행을 떠나는 사람처럼 들떠서 짐을 꾸린다. 불꽃 같은 눈으로 좇아다니며
악착같이 보러 다니던 그 열정이 내 가슴엔 아직도 모닥불처럼 남아있다.
일을 진행하다 보면 몇 번의 미팅으로 지쳐 축 늘어져 있다가도,
가구 얘기만 나오면 언제 지쳐있었냐는 듯 벌떡 일어난다. 다시 일어나 일을 시작한다.
겪어보니, 역시 좋아하는 일엔 셀프 에너지가 보충되나 보다.

북유럽 디자인 가구는 내게 참 친숙하다. 이탈리아 가구의 시크함에도 매료된다.
프랑스 디자인 가구의 여성적인 프렌치한 감성도 느낄 수 있었다.
그리고 스페인과 브라질 가구는 일상적이지 않은 신선함이 있다.
물론 이런 디자이너 가구만이 공간을 살리는 것은 아니다.
국내 디자이너 가구도 멋진 제품이 많이 나와 있다. 다만 다양한 가구들을 스캐닝하면서
자신만의 눈썰미를 키워나가는 것이 중요하다. 나아가 자신의 취향을 대변할
멋진 가구를 픽업할 자신의 선택을 믿는 걸음으로 안내되길 바란다.

국내에 소개되어 친근하거나 어렴풋이 알고는 있지만 명확하게 잡히지 않은
디자이너 제품들을 주변에서 많이 만난다. 때론 그냥 훅 지나쳐버리기도 한다.
무심코 카페에서 앉았던 디자이너 의자가 "아, 이 가구가 그분 것이었구나!" 하면서!,
돋보기 렌즈처럼 확대되어 보인다.
숨어 있던 보석 같은 디자이너들을 이젠 눈빛을 반짝이며 알아가는 즐거운 여정이 되었다.
앞서 얘기한 덴마크 사람들의 첫 월급의 의미 있는 선택을 떠올려 보라.
자국의 디자이너 의자를 자신에게 선물하는 것임을 상기해 보자.
진짜 디자이너 제품 하나 가슴에 품으며, 그 가구 하나를 위시 리스트 첫 줄에 올리는 변화도
기대해 보고 싶다. 명품 디자이너 가구는 비싸다! 는 금액이 주는 편치 않은 부담감이 있다.
그러나 당장은 버겁더라도 끌리는 작은 의자 하나부터 눈여겨본다.
가구 적금을 부어 공간에 들이겠다고 구체적으로 마음먹는 그것부터가 시작이다.
그건 벌써 디자이너 가구의 매력과 자기 취향에 눈뜬 것이다.

이렇게 신중히 고른 마음에 드는 가구는 다르게 다가온다.
개별적인 싱글 오브제 같은 존재감으로 같이 나이가 들어가면서 애착 친구가 된다.
때론 대를이어 물려 줄 정도로 확실한 가치가 반영되어 있다.
그러기에 사실 이런 가구는 단순히, 가구 이상의 그 무엇을 준다.
그런 매력적인 요소가 무엇인지를 알고 끌리는 것에 대한 분명한 선언,
그것의 취향과 가치를 이젠 설명할 수 있는 근거가 있다.
이론이 앞서 받쳐주고 감각이 후광이 되어있기 때문이다. 지긋이 애정하는 가구는
삶의 질을 끌어올린다. 그 분위기에서 나오는 감성으로도 충분히 행복해질 수 있다.
우리 삶과 밀착되어있는 가구를 통해 새로운 시각으로의 풍요로움을 발견하게 되기를 바란다.

필자도 그렇게 가구에 입문했고 삶을 큐레이팅했다.

다시 가구를 바라보며...

2. 공간이 달라졌다. 공간의 재발견

사람들은 왜 자기 공간을 꾸밀까?

인간의 기본적인 욕구 중에 사회적으로 인정받고 싶다는 심리적인 욕구가 크다고 한다.

자기가 몸담은 공간은 자기표현의 숨겨진 욕구가 드러난 곳이다.

대부분 오랫동안 계획한 인테리어를 통해 자신만의 감각을 가까운 사람들에게 보여주고 싶어 한다. 그래서 지인들을 집들이에 초대한다. 현관에 들어서면서부터 보이는 신발장 색상과 벽면에 걸린 그림 한 점의 포컬 포인트로 첫인상이 파악된다.

분위기가 칭찬으로 시작되면 성공적이다. 거실에 들어서면 소파 디자인이 주는 중심의 메시지로 주인장의 전체 감각을 알게 된다.

무엇을 중시하는지, 그 집안만의 분위기를 단박에 알아차린다. 감탄으로 이어지면 자부심으로 충만 된 인테리어 마감일 것이다.

이렇게 집을 꾸민다는 것은 가까운 사람들이 나의 가치를

인정해주는 일이다. 같이 즐길 수 있는 새 공간이 만들어졌다는 것은,
더 나은 환경이 주는 심리적인 안정감에 기인한다.
무엇보다 가족들과 새로운 공간을 공유하는 즐거움,
그 진정한 보금자리로서의 가치가 삶에 중요한 이유일 것이다.

이제 집은 손님들에게 열려있는 공간으로 자랑하고 싶은 곳이 됐다.
스타일링을 하기 위해 만나는 다양한 고객분들의 인테리어 공간은 기존의 라이프 스타일
연장선에 있다. 그 연결 선상에서 자신이 살아오신 데로 편안함을 유지하게 해드려야 한다.
그러면서 한 차원 더 세련됨의 적절한 균형을 맞추는 일이 스타일리스트로서 중요한 일이다.
때론 드물게 너무 보여주기 위해 과한 장식으로 화려한 멋을 부리려 요구하기도 한다.
공간에 부담을 주는 규모의 가구 등을 고집하는 클라이언트도 간혹 만난다.
그렇게 다양한 고객들의 요구를 귀담아듣는다. 그분들이 즐겁게 살 공간이므로
늘 조화와 균형을 이끌려고 매 현장 애쓴다.
사실 공간에 정답이 없듯이, 공간도 사람의 기분에 따라 달라 보인다.
곧, 기분에 따라 변화될 수 있어야 자기 공간이라 부를 수 있다. 하루하루가 똑같지 않듯,
오늘은 기분에 따라 일인용 체어의 방향을 반대로 틀어 본다. 커피 테이블도 이동시켜본다.
플로어 스탠드 조명의 위치도 움직여 보면, 분명 다르게 보인다.
이동된 물건들의 시각적 재편성으로 기분도 변화에 반응할 것이다.
아무리 손바닥만 한 공간이라도 자기 공간에서만 느껴지는 그 자유로움이 있다.
그런 자유로움으로 커피 한 잔 마음의 여유가 생긴다. 잔잔한 즐거움과 만족감을 얻게 되면
성공적이라 할 수 있다. 부분적으로라도, 자기 삶의 정해놓은 기존 규칙이나
관습적인 배치에 너무 얽매이지 말자. 공간을 자유로이 지휘하듯 재배치를 통해

기존의 다른 분위기를 기대할 수 있다.

유도된 시선들은 공간의 모호함을 즐기며 자유로움을 주기에 충분하다.

우리가 보통 공간을 넓게 보이게 하려는 일반적인 진행이 있다. 전체 도장을 하거나 혹은, 전체 벽지의 메인 색상은 되도록 밝은 색감으로 선택된다. 이렇게 무조건 밝게만 하는 획일화 된 인테리어가 우리에겐 기본이 됐다,
하지만 외국에서는 농담으로 'K-Interior', 코리아 인테리어라 부른다고 한다.
우리는 인테리어를 너무 심각하게 받아들이며 살아왔던 관성의 습관이 있다.
물론 금액의 지출 부담이 크기에, 한 번 바꾸면 장기적으로 유지해야 한다는 부담감이 있을 것이다. 그래서 개성을 추구하는 쪽보다는, 기존의 중간색이나 튀지 않은 얌전한 색상을 지금도 고수하고 있다. 그것이 컨셉이 되어 소심함으로 일관된다.
그러나 MZ세대는 자기만의 개성을 표현하기 위한 공간의 디자인적 관심이 높다.
그런 요소를 다양하게 표출하려고 노력 중이다. 그러한 시도는 자기 방부터 바꿔 나가면서 그러저러한 경험을 쌓아야만 한다. 쌓인 경험은 다채로운 감정과 기억으로 남아 자기 공간에 대한 확실한 취향을 유지 할 수 있게 해준다. 이렇듯 차선이 모여 최선이 되듯, 친절하지 안은 우리들의 삶을 조금이나마 변화시키고자 한다.

모든 사람이 개인 공간을 요구하기 시작한 것은 20세기에 들어서 부터라고 한다.
"기술이 발전하면서 공간의 개념은 점차 약해진다.
집이 사무실로, 사무실이 집으로 변신할 수 있는 세상이 됐다. 물리적인 제약이 사라지며, 오늘날 공간은 일종의 '오픈 플랫폼(open platform)' 이 돼가고 있다.
그런 생각과 일치된 하나의 공간에서, 다양한 작업을 수행할 수 있게 되었다.

이렇게 된 만큼 공간은 늘 변화할 준비가 돼 있어야 한다." 라고 말한
부홀렉 형제의 말에 전적으로 동감한다.
이렇게 공간은 고정된 것이 아니라, 멀티플(Multipul) 하고 능동적이며 능숙한 유연함을
지녀야 한다. 가구는 하이브리드(Hybrid)적인 기능과 함께 심미성까지 까다롭게 요구한다.
이젠 공간을 채우는 물건도 개개인에 맞춰 디자인되어야 하는 맞춤형 세상이다.
기업에서도 선보인 가전제품들은 디자인 가구처럼 오브제적인 요소가 될 수 있다.
대놓고 가전제품이 아니라, 가구 같은데 자세히 보면,
다양한 기능이 탑재된 디자인 제품들이 계속 출시될 것이다.
사람들은 가족이라는 친밀한 관계 속에서도 나만의 아지트 공간을 원하는 게 사실이다.
그래서 사적인 영역의 프라이버시는 계속해서 요구될 것이다. 그에 따른 자기만의 공간에
대한 필요성과 기대감으로 인테리어 디자인과 가구 디자인의 향방을 잡을 것이다.

앞서 언급 했듯이 내 공간에 주인공이 되기 위한 첫걸음은 취향 발견이다.
나를 드러내기 위한 취향의 본 연료도 준비되었다. 적극적으로 공간을 바꾸는 동기부여도
충분하다. 주변에 친숙하거나 혹은 낯설기도 한 세계적인 오리지널 디자이너의 가구를
알아가는 여정을 보냈다. 이제 우리는 소품 하나를 사더라도 자기의 개성을 중시한다.
어디에도 부합되어 공간을 빛나게 할 줄 안다. 유혹에서 깊이까지,
주연과 조연을 구분한다. 마치 시나리오 작가처럼 공간의 등장인물을 유연하게
배치할 줄 알게 되었다. 명품 스카프 하나 고르듯이 다양한 질감의 소재와의 레이어드는
공간의 단조롭고 지루함을 탈피하게 만든다. 단순한 라인의 가구와 그에 맞는 적절한 조명,
패브릭의 조화는 공간의 매력도와 완성도를 높여준다.
변화를 드러내고 공간에 에너지를 부여한다. 그렇게 자신이 의도하고 싶은 대로 꾸민 공간에

재배치의 프리미엄을 더해보자. 심미적인 공간으로의 만족도와 애착으로 이어질 수 있다.

현장을 누비며 진행했던 가구는 한 번의 스캐닝으로 어디 제품을 어디에다 두었는지,

다 눈으로 기억된다. 그렇지만 새로운 공간에서 다시 만나는 가구는

매번 다른 옷을 입은 모델처럼 신선하다. 이렇게 공간은 달라진다.

셀프 스타일링 시대가 왔다. 이젠 너도나도 집 꾸미기에 재미가 붙었다.

이때 자유로움과 공간의 위트를 주는 다양한 요소들을 꼭 추가할 것을 권한다.

그것은 소품일 수도 있고 그림일 수도 있다.

기존의 방식으로 충분히 봐왔던 붙박이 가구 배치는 이젠 지루할 것이다.

공간을 파노라마 돌리듯이 사각 벽면의 방향을 바꿔가며 재배치해보자.

제약은 있겠지만, 다른 분위기에서 오는 신선함을 경험할 수 있을 것이다.

맞고 틀리고의 개념이 아니다. 자기 공간을 프로듀싱 하듯, 입체적으로 재배치해 보라.

그 시도만으로도 유연한 시각의 자율성을 확보할 수 있다.

자율성이 부여되면 공간에 따라 유연한 리듬감도 보여준다.

이처럼 기대하지 않고 예상치 못했던 뜻밖의 요소는 공간 보정의 새로운 해석과 함께

활력과 재미를 부여한다. 그만큼 머물고 싶어진다.

공간의 재발견으로 획득된 삶은 즐거움과 긍정적인 기운을 부여하기 때문이다.

3. 가구가 바꾼 일상, 일상이 바뀐 라이프 스타일

일상이 바뀌면 생각도 바뀐다.

주거공간에 멋진 디자이너 가구로만 차 있다고 편안하다고 말할 수는 없다.

집은 그저 나를 품고 돌아가서 쉬고 싶고, 거기에 내가 좋아하는 그 무엇이 있으면 된다.

그것은 기다리는 사람일 수도, 반려견일 수도 있다.

때론 누울 수 있는 안락한 소파일 수도 있다.

공간의 가치는 결국 거주자가 만드는 것이고 그것의 편안함이 가치다.

공간이 바뀌니까 마치 사람마저 바뀐 듯하다.

새로운 공간에 대한 즐거움으로 남편분들의 귀가 시간이 빨라졌다고 한다.

자녀들도 달라진 자기 방에 문패를 달 듯, 비로소 자리를 잡고 애착을 갖는 모습들을

보면서 흐뭇해한다. 공간 귀속감이 채워준 일상이 바뀐 생활 방식이다.

가족 공동체의 행복감도 높아지면서 그만큼 본인의 행복 지수도 올라간다.

이런 고객들의 반응을 살피는 것도 스타일리스트에게 큰 즐거움을 준다.

바로 보상의 감정으로 연결되기 때문이다.

그렇게 현장을 다니며 스타일링했던 고객들 간의 에피소드들은

내 즐거운 추억의 서랍에 자리 잡고 있다. 고객에게 제안하는 세계적인 디자이너 가구의

숨은 스토리라인을 제품과 공간을 연결해 가볍게라도 설명해드린다.

그러면 그 가구를 바라보는 가치와 시각이 많이 달라졌다는 고객들의 반응을 경험하였다.

물론 명품 디자이너 제품을 구매해도 행복이라는 부록이 딸려오는 것은 아니다.

그러나 그 가구 브랜드의 히스토리와 디자이너의 감성을

고객들의 주거공간과 연결 지어 공감할 수 있게 풀어 놓는다.

이런 공간 스타일링의 홈퍼니싱 작업을 통해 가구가 일상을 바꾸는 경험을 선물한 것이다.

공간의 처방은 결국 친근감과 안락함을 주는 매력적인 공간으로의 변신이다.

이것이 사람들에게 주는 궁극의 행복감을 이끈다.

이처럼 공간이 달라지면 사람도 긍정적으로 변한다. 공간이 우리를 만들기 때문이다.

사실 필자는 연예인에 빠져 본 기억은 별로 없다.

그렇지만 그 기분을 이해할 수 있는 근거는 있다. 연예인처럼 가구도 치명적이며 매혹적이다.

그런 끌리는 요소가 넘쳐 이미 애호가가 되어있다,

하트 눈빛으로 사랑스러운 어린아이를 보듯,

마주치면 기분이 좋아지는 감정의 밀도를 경험하는 이유에서다.

무언가에 쏟는 관심이 어떤 심리적인 안정감을 줄 수 있다는 연구 결과가 있다.

가구라는 세상이 분명 내겐 드라이한 삶에 물길을 대주는 샘물같은 역할을 하였다.

때론 건조한 삶에 크림을 발라 수분을 채우듯,

까칠했던 시기를 거치면서 일상과 링크된 삶의 루틴이 되어 지금도 가구세계를 서핑한다.

코로나 이후 우리의 삶은 분명한 변화를 겪었다.

그 분명한 변화는 예전의 삶의 방식 전반의 일상을 흔들었다. 주거공간에 대한

자신만의 카렌시아적인 곳과 더 넓은 공간을 선호하는 벌크업 사이징 공간을 원하게 되었다.

공간은 룸 앤 룸과 룸인 룸의 여러 용도별로 나누어진다.

기존 쓰임의 용도가 허물어지며 하이브리드형과 트랜스포머형의 자유로운

개성을 펼칠 수 있다. 그런 알파 룸과 멀티 룸의 기능이 더욱 주목받게 되었다.

이것은 예측된 시대적인 조류라기보다, 솥뚜껑 보고 놀란 가슴처럼

이젠 예정된 주거공간에 변화를 이끌 것이다.

필자는 유달리 가구를 바라보는 특별한 열정과 애정이 있다.

박람회에서 그래도 배낭을 싸 봤고 또 풀어 놓은 구력이 있다.

그래서 지금도 고객의 공간을 완성하는 일을 하고 있다.

그런데도 여전히 묻는다. 나는 지금 내 모든 상황 여하를 떠나 아직도 어떤 꿈을 꾸고 있는지?

나의 삶을 이끌며 매일 꿈을 실현하는 과정에 있는지.

누군가에게는 급하지도 어찌 보면 중요하지도 않아 보일 수 있다.

그러나 내가 시도하고 무언가를 했다면 누군가도 할 수 있다.

절박함은 환경을 이긴다는 그 희망의 근거와 선한 영향력으로,

새 빛을 끌어다 주는 일을 우리가 모두 자기 자리에서 해야 할 일이라고 믿는다.

이렇게 가구가 바꾼 일상이 우리 삶의 스타일을 풍요롭게 하며 격을 높이는

부스터 역할을 앞으로도 할 것이라 기대한다.

이제 변화된 일상의 공간을 새로운 추억으로 채워가자.

선택은 각자의 몫이고 즐기는 것은 선택자의 몫이다.

Epilogue……

조던 매터(Jordan Matter)의 사진집 "우리 삶이 춤이 된다면" 에서
우리 삶이 춤출 수 있다 면으로 살짝 틀어 더 명랑해지고 싶다.
그런 밝은 공간에 살고 싶다.

내가 사는 공간을 둘러보며 다시 한 발치 뒤에서 바라보게 되었다.
그릇 장수 집에 쓸 만한 그릇이 없다지만, 그래도 내겐 하나씩 집에 들인 얘기가 있는
의자와 가구들 소소한 소품들이 많이 있다.
아마 집이 더 넓었다면 볼 때마다 눈에 든, 이쁜 유혹의 제품들을 다 안고 왔을 것이다.
이제는 하나를 사면 하나는 정리한다. 채워진 것들을 비우며,
꼭 필요한 사물과 공간을 다시 바라보며 조화를 즐기려고 노력한다.

책을 쓰는 내내 공간 스타일리스트로 현장에서의 즐거운 작업이 회상되면서
순간순간 선물을 풀 듯 행복감을 느꼈다.
마치 지나온 삶에 엑스레이를 찍어 하나씩 관찰하듯, 부끄러움과 마주하기도 했다.
이 책을 써나가는 짧지 않은 과정에서,
그동안 공간에 대한 새로운 의미와 애정하는 디자이너 가구 하나하나를 다시 살펴보게 되었다.
그 디자이너분들의 삶 전체, 혹은 부분들이 만들어 낸 섬세함과 아름다움을
새록새록 다시 알아갈 수 있어 감사했다.

무엇보다 이 책이 자기 공간을 다시 바라보는 계기가 되었으면 좋겠다.
고양이의 느긋한 일상의 편안한 자세로 책장을 넘기다 문득,
냉큼 일어나 기존의 의자 위치 한 번 바꿔보는 실행의 동기가 부여되길 바라본다.

이제 누구나 셀프 리빙 스타일리스트가 되어
소소한 행복을 자기 공간에서 맘껏 누리면 좋겠다.

챕터 1. 2장 은 한성아이디 인테리어 회사에서 진행한 현장 사진이 대부분이다.
몇 컷은 다른 현장 사진과 온라인상에서 출처를 밝히며 사용하였다.
챕터 4장에 수록된 개별 사진들은 가구 회사에서 찍은 것도 있고,
온라인상에서 출처를 표기하며 올린 것이 혼용되어 사용되었음을 밝혀둔다.

스스로 마케팅 채널이 돼 주지 못해도 믿고 출판을 제안한
조현수 대표님께 감사를 드린다.
인테리어 회사를 꿋꿋하게 지켜 십수 년의 인연을 함께 한 한성아이디 남천희 대표님께도
심심한 감사를 표한다.
이 책을 쓰도록 용기를 북돋아 주신 이지영 대표님에게도
특별한 마음의 감사 말을 전하고 싶다.
가족들과 지인들의 응원과 지지는 늘 힘이 되어준다는 보편적 진리인 팩트와 함께,
이 모든 영광 받기 합당하신 하나님께 무한한 감사를 올려드린다.

이 책을 통해 자기 취향의 공간이 발현되길 바라며… …

이 정 란

참 | 고 | 문 | 헌

〈논문〉

- 럭셔리 가구 브랜드의 마케팅 요소로서 럭셔리 공간 연출에 관한 연구/ 양송이(2021) / 공간디자인학회
- 생활 가전제품이 홈퍼니싱에 미치는 영향 연구 (밀레니얼 세대를 중심으로) / 디지털융복합연구제18권 제4호 / 정미경, 김승인(2020)
- 이탈리아 가구산업의 성공요인 확립기(1945~1970)를 중심으로 디자인학 연구 / Journal of Korean Society of Design Science 통권 제73호 /정은미(2007) / 상명대학교
- 베르너 펜톤 디자인에 나타난 팝아트적 특성에 관한 연구 / 정용해 / 세명대학교
- 한스 J. 웨그너 의자 디자인 특성에 관한 연구 / 김상권(2017) / 한국 가구 학회지
- 하이메 아욘 공간의 비일상적 특성 연구 / 강나현(2017) /공간디자인학회 제12권

〈단행본〉

- 건축가들이 디자인한 의자들/ AGATA TOROMANOFF / 시공사 /2016
- 명품가구 40선 / 최경원 / 도트북 /2021
- 의자 디자인 / 한국 실내 디자인학회 / 기문당 /2003
- 의자의 세계 / 김상규 / 이유출판 /2021
- 20가지 인테리어 법칙 / 아라이 시마 / 즐거운 상상 / 2020
- 20세기 디자인 / 조나단 M 우드햄 / 시공사 /2007
- 공간은 경험이다 / 이승윤 / 북스톤 / 2019
- 공간을 쉽게 바꾸는 조명 / 안자이 테쓰 / 마티 / 2016
- 공간의 심리학 / 바바라 페이팔 / 동양북스 / 2017
- 굿 라이프 / 최인철 / 21세기북스 / 2018
- 나를 사로잡은 디자인 가구 / 김명한 / 중앙북스 /2012
- 디자인 인문학 /최경원 / 허밍버드 /2014
- 명품 가구의 비밀 / 조 스즈키 / 디자인 하우스 /2016

- 북유럽의 집 / 토마스 슈타인 벨트 외 / 한스미디어 /2013

- 이탈리아 브랜드 철학 / 임종애 / 부즈펌/ 2017

- 사랑과 슬픔의 르코르뷔지에 / 이치가와 토모코 저 / 기문당 /2008

- 작은 집 / 르코르뷔지에 / 열화당 / 2012

- 세상의 가장 영향력 있는 50인의 건축 / 존 스톤스 저 / 미술 문화 / 2011

- 색채의 상호 작용 / 요제프 알버스 / 경당 / 2013

- 컬러, 좋아 보이는 것들의 비밀 개정판 / 김정해 / 길벗 / 2018

- 조명 인테리어 셀프 교과서 / 김은희 / 보누스 /2021

- 앉지 마세요 앉으세요 / 안그라픽스 /김진우 /2021

- 언제나 아름다운 우리집 인테리어 룰 / 미즈코시 미에코 / 이아소 /2017

- 우리는 취향을 팝니다 / 이경미, 정은아 / 쌤앤파커스 / 2019

- 친절한 트렌드 뒷담화 2021 / 이노션 인사이트 전략팀 / 싱긋 / 2020

- 운테리어 / 박성준 / 소미미디어 / 2021

- 인테리어 디자인과 스타일링의 기본 / 프라다 람스테드 / 책사람집 / 2021

- about happiness / 어맨다 텔벗 / 디자인 하우스 /2016

〈기타 플랫폼〉

- [브런치 Brunch] 스페이스 브랜딩의 시작: 프라다 에피센터 The Beginning of Space Branding: Prada Epicenter / 작성자 김주연교수

- [월간중앙] 부국굴기(富國屈起) - 자유시장경제의 원류를 찾아서 II / 2019

- [웹사이트] Arts & Culture(http://www.artsnculture.com)

- [웹사이트] 인사이트코리아(http://www.insightkorea.co.kr)

- [웹사이트] https://www.opensurvey.co.kr/ 오픈서베이 리빙 트렌드 리포트 / 2020, 2021

〈이미지 출처〉

- casa_ de_ jerry
- www.behance.net/gallery/92784213/Apartaments-II
- www.pinterest.com
- www.hpix.co.kr
- 행복이가득한 집 디자인하우스 (월간디자인 2009년 9월호) designhouse.co.kr
- www.moroso.it
- www.husos.info
- www.iloom.com
- www.liacollection.co.kr
- www.home-designing.com
- img.maisonkorea.com
- www.elledeco.com
- www.pantone.com
- piknic
- www.lge.co.kr
- www.guud.com
- www.the_edit.co.kr
- www.duomonco.com
- www.louispoulsen.de
- www.etsy.com
- www.alessi.com
- www.artemide.com
- www.jomalone.co.kr
- www.shop.design-milk.com
- www.ilva.co.kr

- www.m.thingoolmarket.com
- www.fondazioneprada.org.
- www.prada
- wallpapers.2x4.org/work/prada-wallpapers
- www.hermes.com/kr/ko/story/maison-dosan-park
- 아뜰리에 에르메스
- www.maison-objet.com/en/paris
- www.salonemilano.it/it/design
- www.molteni.it
- 덴마크 헤이(Hey) 본사 입구
- upload.wikimedia.org
- 덴마크 '디자인 뮤지엄'
- www.fritzehansen.com
- www.pinterest.com
- www.danishdesignstore.com
- www.hivemodern.com
- m.blog.naver.com/33heeeun/221071889353
- www.finnjuhl.com/collection
- www.houseoffinnjuhl.com
- www.carlhansen.com
- www.static.dezeen.com
- www.vitra.com
- 러시아의 〈성 바돌로매오 성당〉
- www.verner-panton.com
- www.modernity.se
- www.marcelwanders.com

- www.moooi.com.

- www.media.gq.

- www.molteni.it

- Molteni Museum

- www.bebitalia.com

- www.antoniocitterioandepartners.it

- www.bvlgal.com

- www.kartell.com

- www.cassina.com

- www.minotti.com

- www.livingdivani.it/en/company/history

- www.designhouse.co.kr

- www.patriciaurquiola.com

- www.moroso.it

- www.hayonstudio.com

- 하이메 아욘 전시회

- www.hayonstudio.com

- www.noblesse

- https://cdn.kbmaeil.com/news/photo

- m.blog.naver.com/PostView

- www.starck.com

- www.andreuworld.com/en

- www.bouroullec.com

- www.ligneroset.com

- www.static.wixstatic.com

- www.news.samsung.com/kr

- www.static.vitra.com

- www.galeriekreo.com

- www.hivemodern.com

- www.hermanmiller.com

- blog.naver.com/PostView

- img.maisonkorea.com/2020-8-15

- www.static.vitra.com/media

- www.wright20.com

- www.1stdibs.com/furniture

- us.louisvuitton.com/eng-us/magazine/articles/the-objets-nomades-collection#

- 국내 카시나 쇼룸

- 국내 두오모 쇼룸

- www.flexform.it

- 디사모빌리 쇼룸

- www.roche-bobois.com

- 국내 인피니 쇼룸

- 국내 자노타 쇼룸

- www.wellz.co

- www.zanotta.it

- www.boconcept.de

- www.vitra.com

Life
Changing
Space
Styling

삶을 바꾸는 공간 스타일링

-스타일리스트의 맛있는 공간 레시피
특별한 가구 테이스트

초판인쇄 2022년 07월 27일
초판발행 2022년 08월 10일

지은이 이정란
발행인 조현수
펴낸곳 도서출판 더로드
마케팅 최관호, 최문섭
IT 마케팅 조용재
교정 · 교열 이승득
디자인 디렉터 한태윤 HANDesign

ADD 경기도 고양시 일산동구 장백로 8 (백석동)
넥스빌오피스텔 704호

전화 031-925-5366~7
팩스 031-925-5368
이메일 provence70@naver.com

등록번호 제 2015-000135호
등록 2015년 06월 18일

정가 25,000원
ISBN 979-11-6338-294-2 13590